条码技术与应用

（高职高专分册·第三版）

张成海 主编

清华大学出版社
北京

本书封面贴有清华大学出版社防伪标签，无标签者不得销售。

版权所有，侵权必究。举报：010-62782989，beiqinquan@tup.tsinghua.edu.cn。

图书在版编目（CIP）数据

条码技术与应用. 高职高专分册 / 张成海主编. --3版. --

北京：清华大学出版社, 2025.3. -- ISBN 978-7-302-68683-5

Ⅰ. TP391.44

中国国家版本馆 CIP 数据核字第 2025G12H19 号

责任编辑：吴　雷
封面设计：汉风唐韵
版式设计：方加青
责任校对：宋玉莲
责任印制：刘　菲

出版发行：清华大学出版社
　　　网　　址：https://www.tup.com.cn, https://www.wqxuetang.com
　　　地　　址：北京清华大学学研大厦 A 座　　　邮　编：100084
　　　社 总 机：010-83470000　　　　　　　　　邮　购：010-62786544
　　　投稿与读者服务：010-62776969, c-service@tup.tsinghua.edu.cn
　　　质 量 反 馈：010-62772015, zhiliang@tup.tsinghua.edu.cn
　　　课 件 下 载：https://www.tup.com.cn, 010-83470332
印 装 者：三河市春园印刷有限公司
经　　销：全国新华书店
开　　本：185mm×260mm　　　印　张：16.75　　　字　数：390 千字
版　　次：2010 年 2 月第 1 版　　2025 年 4 月第 3 版　　印　次：2025 年 4 月第 1 次印刷
定　　价：55.00 元

产品编号：107647-01

前　言

条码作为一种编码与自动识别技术，已在全球范围内得到了十分广泛的应用，并且成为识别万物、连接万物、沟通物理世界与数字世界的重要桥梁和手段。与条码技术相伴相生的 GS1（global standards1）系统在商品零售、电子商务、医疗卫生、新闻出版、工业制造、食品追溯、政府采购、军民融合、海关贸易等关系国计民生的重要领域中的应用程度日益加深，成为各行各业实现数字化转型的重要支撑。

随着数字经济的发展，条码技术在包括全球物流和供应链管理等领域也迎来了快速发展，其在世界各地也得到了广泛的应用。习近平总书记在党的二十大报告中指出，要"加快发展物联网，建设高效顺畅的流通体系，降低物流成本。加快发展数字经济，促进数字经济和实体经济深度融合，打造具有国际竞争力的数字产业集群"。党的二十大对加快我国数字经济的建设和畅通流通体系提出了新要求，而数字经济建设和畅通流通体系离不开物品身份的精确识别。物品统一编码和条码是物品身份精准识别的重要手段，在未来，其基础和支撑作用将进一步凸显。GS1 系统作为物品编码、识别与数据共享的全球标准，应用前景十分广阔，必将在未来的数字化转型和流通增效中发挥更加重要的作用。

2023 年，国家标准委、教育部等多部委联合发布了《标准化人才培养专项行动计划（2023—2025 年）》，提出要加强标准化普通高等教育，推进标准化技术职业教育，开展标准化相关职业技能竞赛。中国物品编码中心与中国条码技术与应用协会共同开展的高校条码标准化人才培养工作，为我国条码事业的发展培育了大批条码后备人才，积极推动了条码标准化教育的发展。

为助力我国条码事业健康稳定地发展，中国物品编码中心与中国条码技术与应用协会在广大高校、社会团体等各界的支持认可下，逐步建立起覆盖全国条码标准化人才培养的体系，并已在社会中初步获得了良好的反响。截至 2024 年 6 月，中国物品编码中心与中国条码技术与应用协会共举办了 32 期条码教师培训班，全国共有 32 个省份 706 所校次的 1 050 名高校教师参加了条码教师培训；组织了 144 场条码知识巡讲和物品编码知识讲座，共约 1.7 万名学生参加了巡讲活动；2007—2023 年共举办了 16 期"年度全国大学生物品编码（条码）自动识别知识竞赛"，近 18 万名学生参加了历届竞赛，累计 280 所高校的 31 680 名学生学习了条码知识。这些活动有力推动了 GS1 系统在我国的发展应用，为我国培育了大量条码专业领域的储备人才。不少高校通过专项条码人才培养提升了教学能力与科研能力。部分老师在讲授条码课程以后，也对物品编码相关知识进行了深入的研究，并且结合教学实际，取得了一系列教学成果。例如，广西职业技术学院以条码教学为题，获得了教育部物流教学指导委员会评选的专业二等奖，西安外事学院和郑州铁路职业技术学院的条码课程均被评为省级精品课程。"中国条码推进工程"促进了我国条码产业的迅速发展，一个与国际接轨、完整、庞大而且不断发展的自动识别产业正在我国逐渐形成。产业的发展迫切需要大批的条码自动识别专业技术人才。为进一步推动条码自动识别技术在我国的普及应用，必须大规模培养我国条码自动识别产业发展进程中所需要的懂标准、高素质、复合型人才。

《条码技术与应用》（高职高专分册）一书自 2010 年出版以来，得到了高校和相关技术人员的广泛好评，成为物流管理、物流工程、物联网工程、电子商务、自动化、工业互联网等专业相关课程（"条码技术与应用"和"自动识别技术与应用"）的首选教材。

随着物联网、工业互联网、大数据、云计算等技术在企业数字化转型中的广泛应用以及数字资产得到越来越多的重视，数据标准化的重要性也越来越凸显。2021 年 12 月，国务院印发了《"十四五"数字经济发展规划》，规划中指出："数字经济是继农业经济、工业经济之后的主要经济形态，是以数据资源为关键要素，以现代信息网络为主要载体，以信息通信技术融合应用、全要素数字化转型为重要推动力，促进公平与效率更加统一的新经济形态。"财政部 2024 年 1 月发布的《关于加强数据资产管理的指导意见》"主要任务"中提出，"完善数据资产相关标准。推动技术、安全、质量、分类、价值评估、管理运营等数据资产相关标准建设"。这凸显了在数据资产管理中标准的重要性和先行性。为此，2023 年 12 月，国家标准委、教育部、科技部、人力资源社会保障部、全国工商联五部门联合印发了《标准化人才培养专项行动计划（2023—2025 年）》（以下简称《计划》）。该《计划》指出："实施新时代人才强国战略和标准化战略，创新标准化人才培养机制，完善标准化人才教育培训体系，优化标准化人才发展环境，统筹推进标准科研人才、标准化管理人才、标准应用人才、标准化教育人才、国际标准化人才等各类标准化人才队伍建设，为全面推进中国式现代化提供强有力的标准化人才支撑。"

与此同时，GS1 技术体系也在不断发展和完善，在 2023 年 3 月发布的 11.1 版本中，提出了"开放价值网络"的概念。开放价值网络是指完整的贸易伙伴群体事先未知且随时间变化，贸易伙伴一定程度上可以彼此交互的价值网络。为了贸易伙伴之间能够彼此交互，开放价值网络需要基于标准的接口。GS1 标准支持在价值网络中交互的最终用户的信息需求，这些信息的主体是参与业务流程的实体。这些实体包括：公司之间交易的物品，如产品、原材料、包装等；执行业务流程所需的设备，如容器、运输工具、机械设备等；业务流程所在的物理位置；公司等法律实体；服务关系；业务交易和文件等。

在这样的大背景下，我们进行了《条码技术与应用》（高职高专分册）的修订，旨在为读者提供 GS1 技术体系中的新思想和技术标准，培养学生的标准化意识和标准化能力。随着条码自动识别技术产业的发展，人才市场对条码技术专业人才需求的细分，根据全国各高校在"条码技术与应用"课程教学过程中的实践，参考现行修订的相关国家标准，以及高等职业教育"三教"改革的深入，本次修订的特色主要体现在以下几个方面。

（1）突出标准引领，结合近年来条码自动识别技术领域相关标准的修订，以及 GS1 标准体系的发展，调整了相关内容，将现行相关国家标准融入教材，并通过资源拓展、链接标准原文，使学生在学习教材的同时了解标准的规范与要求，培养学生的标准意识。

（2）坚持"立德树人"，将社会主义核心价值观巧妙地融入每个项目，在潜移默化中培养学生对祖国的自豪感、对职业的认同感以及精益求精的职业精神与创新创业意识。

（3）顺应"三教"改革要求，采用"立体化"教材的形式进行编写，充分利用信息化技术和资源平台，扩充本书的学习资源，学生可以通过扫描二维码获取丰富的拓展知识资料、国家标准、视频微课、能力测试等学习资源，激发自主学习的积极性。

（4）本书采用项目化教学形式编写，每个项目包含项目目标、知识导图、引导案例、学习任务、能力测试、项目综合实训等内容，体现了"项目载体，任务驱动，行动引领"的理念。

（5）结合各高校教师使用旧版教材的反馈意见，以"工学结合"为指导思想，将理论知识与实践技能紧密结合，并融入行业技能竞赛理念和要求，对每个项目的实训内容进行了重新设计。所有实训内容共同构成一个完整的综合实训，作为课程结课的实操考核。

（6）结合条码和其他自动识别技术的快速发展和普遍应用，增加了"条码技术与新兴技术的融合"的内容，并对 GS1 标准体系、代码标准、条码检测标准等内容进行了更新和补充。

本书以条码国家标准宣传贯彻为纲，各章均以条码标准引领，讲解条码技术，指导条码应用，是中国物品编码中心和中国条码技术与应用协会唯一指定的条码标准化人才培训项目高校教材，也是全国高校"条码技术与应用"课程的指定教材。

本书由中国物品编码中心主任张成海主编，参加编写的还有郑州铁路职业技术学院陆光耀、赵俊卿，山东轻工职业学院巩向玮、韩云凤，广西职业技术学院阮晓芳、吴砚锋，湖南现代物流职业技术学院谢艳梅、杨晓峰，中国物品编码中心黄泽霞、冯宾、李素彩、王佩亮、林强，中国条码技术与应用协会梁栋、田金禄、李铮、孙雨平、刘原、于娇，北京交通大学张铎、侯汉平、张秋霞，北京工商大学赵守香，21世纪电子商务网校刘娟、叶全府等。

本书是依据国家标准化管理委员会近年来颁布实施的物品编码标识、条码自动识别系列国家标准，同时紧密结合教学实际进行的一次有效探索。希望本书的出版能为全国高校"条码技术与应用"课程推广，为我国条码自动识别技术人才的培养、为以标准化促进我国条码产业的蓬勃发展贡献一份力量。由于编者水平所限，书中难免有不妥之处，敬请读者批评指正。

编　者

2024 年 6 月

第二版前言

中国物品编码中心自2003年开展"中国条码推进工程",实施全国高校"条码技术与应用"课程推广项目以来,在全国各高校教师的共同努力下,高校条码人才培养工作取得了优异成绩。"中国条码推进工程"促进了我国条码产业的迅速发展,一个与国际接轨的完整、庞大且不断发展的自动识别产业正在我国逐渐形成。产业的发展迫切需要大批的条码自动识别专业技术人才。

随着条码自动识别技术产业的发展,人才市场对条码技术专业人才的需求逐渐细化,根据全国各级各类高校在"条码技术与应用"课程教学过程中的实践,参考现行修订的相关国家标准,在前版的基础上,本次作了较大的调整和修改。首先,结合各高校教师使用本教材的反馈意见,以"工学结合"为指导思想,将理论知识与实践技能紧密结合,对每章节的实训内容进行了重新设计,新版教材中大部分实训内容的开展不受学校实训资源配置的限制;其次,结合条码技术在各个领域的最新应用成果,使用最新案例替换了(第一版)教材中的陈旧案例;再次,结合近年来对条码自动识别技术领域相关标准的制修订,以及GS1标准体系的最新发展调整了相关内容;最后,结合条码和其他自动识别技术的快速发展和普遍应用,增加了"各类自动识别技术概述"章节和商品二维条码等重要内容,并对GS1标准体系、代码标准,以及条码符号生成标准等重要章节进行了内容的更新和补充;另外,删除了不适合高职管理类专业学生学习的偏信息技术相关内容,并对教材中部分内容顺序进行了调整。

本书由中国物品编码中心主任、中国自动识别技术协会理事长张成海先生,北京交通大学经济管理学院物流标准化研究所所长、21世纪中国电子商务网校校长张铎先生,天津中德应用技术大学张志强先生,郑州铁路职业技术学院陆光耀先生联合主编。中国物品编码中心黄泽霞、梁栋,天津中德应用技术大学薛立立,21世纪中国电子商务网校刘娟、田金禄、张秋霞等参加了本书的编写工作。本书为全国高校"条码技术与应用"课程的指定教材。

本书是依据国家标准化委员会近年来颁布实施的物品编码标识条码自动识别系列国家标准,同时紧密结合教学实际进行的一次有效探索,希望本书的出版能为全国高校"条码技术与应用"课程推广,为我国条码自动识别技术人才的培养、推动以标准化促进我国条码事业的蓬勃发展贡献一份力量。由于时间仓促及编者水平所限,书中难免有不妥之处,敬请读者批评指正!

编　者
2017年6月8日

第一版前言

条码人才培养是"中国条码推进工程"的重点项目之一。自 2003 年 6 月到 2009 年 6 月，我国高校条码师资培训班共举办了 15 期，全国 277 所高校的 448 名教师通过培训，取得了"中国条码技术培训教师资格证书"，遍及除西藏、台湾外的全国 30 个省、自治区、直辖市。全国 200 余所本、专科院校开设了"条码技术与应用"课程，培训在校大学生 5 万余人，其中 2 万余名学生取得了"中国条码技术资格证书"。

随着条码自动识别技术产业的发展，人才市场对条码技术专业人才的需求逐渐细分。根据全国各级各类高校在"条码技术与应用"课程教学过程中的实践，参考现行修订的相关国家标准，在前两版的基础上，编者本次作了较大的调整和修改。

第一，将《条码技术与应用》修订为系列教材，分为本科分册和高职高专分册。

第二，本科分册从供应链管理与供应链协同应用入手，根据供应链上业务协同与信息实时共享的需要，依据 GS1 系统的编码体系，重点介绍了条码技术在整个供应链管理中的地位、作用及其应用。高职高专分册从岗位培训入手，根据不同应用领域的实际情况，重点介绍了条码技术及其产品的基本原理和实际使用。

第三，本科分册和高职高专分册将分别作为"中国条码技术资格（高级）证书"和"中国条码技术资格证书"考试的指定教材，也是每年举办的"全国大学生条码自动识别知识竞赛"的指定参考书。

第四，高职高专分册是一本校企合作教材。本书在遵循中国物品编码中心重新修订的条码相关国家标准的前提下，整合并提升了中国条码推进工程全国高校条码实验室示范基地（天津交通职业学院和郑州铁路职业技术学院）条码技术与应用课程教学改革经验，紧密结合企业实际岗位工作内容设计教材内容，同时融入了北京网路畅想科技有限公司开发的卖场管理系统（POS）、仓储管理系统（WMS）、综合物流管理（LMS）软件模拟实训内容，特别适合用于现代职业院校教学和企业员工岗位培训。

本书从岗位培训入手，根据不同应用领域的实际需要，重点介绍了条码技术及其产品的基本原理和实际使用。本书整体思路基于条码技术在企业实际应用中的作业流程设计，章节结构紧紧围绕企业实际操作程序，内容选取紧密结合岗位工作需要，其中第 1 章主要介绍条码技术的发展历史及基本概念；第 2 章介绍 GS1 系统；第 3 章介绍条码的编码技术、生成技术与检测技术，同时设计了条码生成、检测的实训内容；第 4 章介绍条码的识读技术，同时设计了条码识读的实训内容；第 5 章采用案例驱动，重点介绍条码技术在零售店的应用，同时介绍了卖场综合管理系统软件模拟实训；第 6 章采取案例驱动，重点介绍条码技术如何在仓库管理中应用，同时介绍了仓储管理系统软件模拟实训；第 7 章主要介绍条码技术在物流领域中的应用，采取案例驱动，重点介绍条码技术如何在物流管理中应用，同时介绍了物流一体化管理软件模拟实训；第 8 章主要介绍前面章节中未涉及的常见条码，意在拓宽读者视野；第 9 章主要介绍如何进行条码应用系统设计；第 10 章介绍了条码应用案例。

本书由中国物品编码中心主任、中国自动识别技术协会理事长张成海先生，北京交通大学经济管理学院物流标准化研究所所长、21 世纪中国电子商务网校校长张铎先生，天津交通职业学院物流工程系主任张志强先生联合主编。中国物品编码中心罗秋科、韩继明、黄燕滨、李素彩、熊立勇、王泽，天津交通职业学院高永富、牛晓红、王鹏、马浩，郑州铁道职业技术学院陆光耀，21 世纪中国电子商务网校李维婷、刘娟、臧健、寇贺双、田金禄等参加了本书的编写工作。

本书作为全国高校"条码技术与应用"课程的指定教材，同时也是《中国条码技术资格证书》的指定教材。中国物品编码中心、中国条码技术与应用协会、中国自动识别技术协会联合授权北京网路畅想科技发展有限公司也在 21 世纪中国电子商务网校上开设了"条码技术与应用"网络课程。学习者访问 21 世纪中国电子商务网校网站（www.ec21cn.org），即可通过远程教育的方式进行系统学习。通过网上考试者，亦可获得"中国条码技术资格证书"。

本书是在原版教材的基础上，依据中国物品编码中心重新修订的条码相关国家标准，同时紧密结合教学实际进行的一次有效探索。希望本书的出版能为全国高校"条码技术与应用"课程推广，为我国条码自动识别技术人才的培养和中国条码事业的蓬勃发展贡献一份力量。由于时间仓促及编者水平所限，书中难免有不妥之处，敬请读者批评指正！

编　者

2009 年 9 月

目 录

项目一　走进条码 ··· 1
　　项目目标 ··· 1
　　知识导图 ··· 1
　　导入案例 ··· 2
　　任务 1.1　解读条码技术的发展 ·· 2
　　任务描述 ··· 2
　　任务知识 ··· 2
　　任务 1.2　掌握条码基础知识 ·· 10
　　任务描述 ··· 10
　　任务知识 ··· 10
　　【项目综合实训】·· 18
　　【思考题】··· 18

项目二　自动识别技术的选择 ·· 19
　　项目目标 ··· 19
　　知识导图 ··· 19
　　导入案例 ··· 20
　　任务 2.1　认识 RFID 技术 ··· 22
　　任务描述 ··· 22
　　任务 2.2　认识生物识别技术 ··· 27
　　任务描述 ··· 27
　　任务 2.3　熟悉其他识别技术 ··· 32
　　任务描述 ··· 32
　　【项目综合实训】·· 36
　　【思考题】··· 36

项目三　走进 GS1 ··· 37
　　项目目标 ··· 37
　　知识导图 ··· 37
　　导入案例 ··· 37

IX

任务 3.1　解读 GS1 标准体系的内容 ··· 39
　　任务描述 ··· 39
　　任务知识 ··· 40
　　任务 3.2　GS1 标准体系的应用 ··· 50
　　任务描述 ··· 50
　　任务知识 ··· 50
　【项目综合实训】 ··· 52
　【思考题】 ··· 52

项目四　物品编码技术 ·· 53

　项目目标 ··· 53
　知识导图 ··· 53
　导入案例 ··· 54
　　任务 4.1　代码的编码 ··· 54
　　任务描述 ··· 54
　　任务知识 ··· 54
　　任务 4.2　条码的编码 ··· 59
　　任务描述 ··· 59
　【项目综合实训】 ··· 69
　【思考题】 ··· 70

项目五　条码的生成与印制 ··· 71

　项目目标 ··· 71
　知识导图 ··· 71
　导入案例 ··· 72
　　任务 5.1　条码符号的生成与印制技术 ··· 72
　　任务描述 ··· 72
　　任务知识 ··· 72
　　任务 5.2　条码的制作 ··· 78
　　任务描述 ··· 78
　　任务知识 ··· 79
　【项目综合实训】 ··· 86
　【思考题】 ··· 88

项目六　条码的检测 ··· 89

　项目目标 ··· 89
　知识导图 ··· 89
　导入案例 ··· 90

  任务 6.1 认识条码检测的概念与检测项目 90
    任务描述 90
    任务知识 91
  任务 6.2 条码质量检测与分析 97
    任务描述 97
    任务知识 97
  任务 6.3 了解条码检测设备 102
    任务描述 102
    任务知识 103
  【项目综合实训】 105
  【思考题】 108

项目七 条码的识读 109

  项目目标 109
  知识导图 109
  导入案例 110
  任务 7.1 解密条码的识读 111
    任务描述 111
    任务知识 111
  任务 7.2 认识常用条码识读设备 119
    任务描述 119
    任务知识 119
  任务 7.3 条码的识读操作 126
    任务描述 126
    任务知识 126
  【项目综合实训】 131
  【思考题】 132

项目八 条码技术应用于零售商品 133

  项目目标 133
  知识导图 133
  导入案例 134
  任务 8.1 给商品编码 134
    任务描述 134
    任务知识 135
  任务 8.2 商品条码的符号表示 142
    任务描述 142
    任务知识 142

任务 8.3 商品二维码	154
任务描述	154
任务知识	154
任务 8.4 商品条码的应用与管理	160
任务描述	160
任务知识	160
【项目综合实训】	163
【思考题】	164

项目九 条码技术应用于仓储管理······165

项目目标	165
知识导图	165
导入案例	165
任务 9.1 储运包装代码的编码	166
任务描述	166
任务 9.2 储运包装条码符号的选择	169
任务描述	169
【项目综合实训】	177
【思考题】	177

项目十 条码技术应用于物流······178

项目目标	178
知识导图	178
导入案例	179
任务 10.1 物流单元的编码与条码表示	180
任务描述	180
任务 10.2 认识应用标识符	186
任务描述	186
任务 10.3 物流标签的设计与应用	190
任务描述	190
【项目综合实训】	197
【思考题】	197

项目十一 认识其他常见条码······198

项目目标	198
知识导图	198
导入案例	199
任务 11.1 认识常见一维条码	200

任务描述 ··· 200
　　任务知识 ··· 201
　任务 11.2　认识常见二维条码 ·· 208
　　任务描述 ··· 208
　　任务知识 ··· 208
　任务 11.3　认识复合条码 ·· 215
　　任务描述 ··· 215
　　任务知识 ··· 215
　【项目综合实训】··· 217
　【思考题】 ·· 217

项目十二　条码技术与新兴技术的融合 ·· 218

　项目目标 ·· 218
　知识导图 ·· 218
　导入案例 ·· 219
　任务 12.1　条码与智能手机的结合 ·· 219
　　任务描述 ··· 219
　　任务知识 ··· 219
　任务 12.2　认识 GS1 全球二维码迁移计划 ·· 223
　　任务描述 ··· 223
　　任务知识 ··· 223
　【项目综合实训】··· 226
　【思考题】 ·· 226

项目十三　条码应用系统设计 ··· 227

　项目目标 ·· 227
　知识导图 ·· 227
　导入案例 ·· 228
　任务 13.1　条码应用系统开发 ·· 229
　　任务描述 ··· 229
　　任务知识 ··· 229
　任务 13.2　条码应用系统软硬件的选择 ·· 237
　　任务描述 ··· 237
　　任务知识 ··· 237
　【项目综合实训】··· 246
　【思考题】 ·· 248

参考文献 ··· 249

项目一　　走进条码

项目目标

知识目标：

1. 熟悉条码的基本概念，掌握条码的分类；
2. 理解条码技术的特点、条码技术的研究对象；
3. 了解条码技术的历史和发展方向，熟记常见条码符号的字符集。

能力目标：

1. 能归纳总结条码发展史上有代表性的重大事件；
2. 能归纳总结条码技术的优缺点；
3. 能区分一维条码和二维条码。

素质目标：

1. 培养文字总结能力；
2. 提升自我学习能力。

知识导图

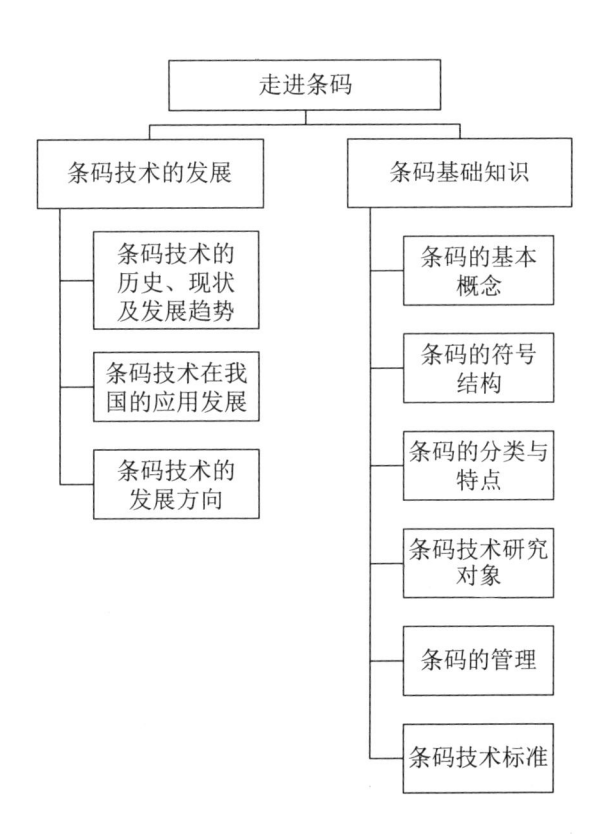

```
                         走进条码
                    ┌───────┴───────┐
              条码技术的发展        条码基础知识
              ├─ 条码技术的历史、    ├─ 条码的基本概念
              │  现状及发展趋势      ├─ 条码的符号结构
              ├─ 条码技术在我国的    ├─ 条码的分类与特点
              │  应用发展            ├─ 条码技术研究对象
              └─ 条码技术的发展方向  ├─ 条码的管理
                                    └─ 条码技术标准
```

导入案例

数字化信息时代，条码无处不在

我们去超市购物结账的时候，总会看到收银员拿着一个扫描器，在商品的某个部位轻轻一扫，随后嘀的一声，收银员面前的电脑上便会出现商品的名称、价钱、产地等。收银员把商品全部扫描完后，面前的计算机上就会自动计算出本次购物一共消费了多少钱。这是怎么做到的呢？原来，在每一件商品上，都印刷着一列由黑白两种颜色相间构成的宽窄不一的竖条，它就是条码，可记录商品的信息。

在这个快节奏的数字化时代，条码已经成为现代人日常生活中常见的"标配"。这些由黑条和白空组成的图案代表各种商品信息或个人信息等。根据不同的组合，其有相应的不同含义。

这种条码技术是一种能够快速、及时、准确地收集、存储和处理信息的高新技术。在我们日常生活的方方面面，都会用到条码。一天的开始，从扫二维码买早餐，到中午在小超市、便利店买零食、饮料，收银员扫商品条码，便可完成结算，我们不用带现金，更不用麻烦地等着找零钱。晚上回家取快递的时候，也会看到快递员用条码扫描器扫描快递单进行确认。有了条码大大方便了我们的生活。

随着零售和消费市场的迅速扩大，促进了中国条码标签业务的增长，越来越多的地方需要使用标签和条码。总体而言，条码和自动识别系统以及数据采集技术在全球范围内继续发挥着至关重要的作用。

（资料来源：https://www.buxiuga.com/post/1790.html.）

任务1.1 解读条码技术的发展

任务描述

目前条码已经广泛应用于人们生活、学习、工作的很多方面，在商业领域、工业领域、物资流通领域、交通运输业、邮电通信业等都有普遍的应用。条码技术已经成为实现现代化管理的必要手段。通过完成该学习任务，了解国际条码技术的发展与现状，熟悉我国条码技术的发展历程、掌握条码技术的发展趋势。

任务知识

1.1.1 条码技术的历史、现状及发展趋势

条码技术的迅速发展和其在诸多领域的广泛应用，已引起许多国家的重视。如今世界各国从事条码技术及其系列产品开发研究的单位和生产经营的厂商越来越多，条码技术产品的品种近万种。

条码技术诞生于20世纪40年代，但其实际应用和迅速发展还是在近40年。条码技术在欧美、日本已得到普遍应用，而且在世界其他各地迅速推广普及，其应用领域还在不断扩大。

早在 20 世纪 40 年代后期，美国乔·伍德兰德（Joe Wood Land）和贝尼·西尔佛（Beny Silver）两位工程师就开始研究用条码表示食品项目以及相应的自动识别设备，并于 1949 年获得了美国专利。这种条码图案如图 1-1 右上图所示，该图案很像微型射箭靶，也被称作"公牛眼"条码。靶的同心环由圆条和空白绘成。在原理上，"公牛眼"条码与后来的条码符号很接近，遗憾的是当时的商品经济还不十分发达，而且当时的工艺也没有达到印制这种条码的水平，所以该条码并没有被普遍使用。然而 20 年后，乔·伍德兰德作为 IBM 公司的工程师成为北美地区统一代码——UPC 码的奠基人。吉拉德·费伊塞尔（Girad Feissel）等人于 1959 年申请了一项专利，将数字 0～9 中的每个数字用 7 段平行条表示。但是这种条码机器难以阅读，人读起来也不方便。不过，这一构想促进了条码码制的产生与发展。不久，E.F.布林克尔（E.F.Brinker）申请了将条码标识在有轨电车上的专利；20 世纪 60 年代后期，西尔韦尼亚（Sylvania）发明了一种被北美铁路系统所采纳的条码系统。1967 年，辛辛那提市的 Kroger 超市安装了第一套条码扫描零售系统。

1970 年，美国超级市场 AdHoc 委员会制定了通用商品代码——UPC（universal product code）代码。此后许多团体也提出了各种条码符号方案，如图 1-1 右下及左边部分所示。

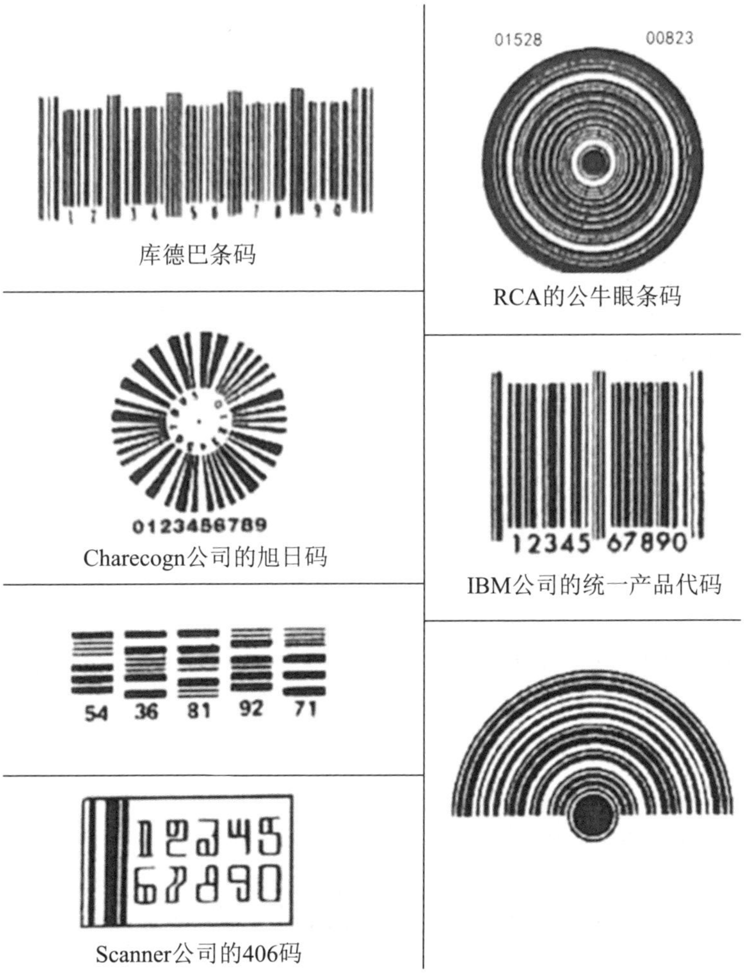

图 1-1　早期条码符号

UPC 商品条码首先在杂货零售业中试用，这为以后该码制的统一和广泛采用奠定了基础。1971 年，布莱西公司研制出"布莱西码"及相应的自动识别系统，用于库存验算。这是条码技术第一次在仓库管理系统中的应用。1972 年，莫那奇·马金（Monarch Marking）等人研制出库德巴条码（Coda Bar），它主要应用于血库，是第一个利用计算机校验准确性的码制。1972 年，交插 25 码由 Intermec 公司的戴维·阿利尔（David Allair）博士发明，提供给 Computer-Identics 公司，此条码可在较小的空间内容纳更多的信息。至此，美国的条码技术进入新的发展阶段。

美国统一代码委员会（Uniform Code Council，UCC）于 1973 年建立了 UPC 商品条码应用系统，同年 UPC 条码标准宣布。食品杂货业把 UPC 商品条码作为该行业的通用商品标识，为条码技术在商业流通销售领域里的广泛应用起到了积极的推动作用。1974 年，Intermec 公司的戴维·阿利尔博士推出 39 条码，它很快被美国国防部所采纳并作为军用条码码制。39 条码是第一个字母、数字式的条码，后来广泛应用于工业领域。

1976 年，美国和加拿大在超级市场上成功地使用了 UPC 商品条码应用系统，这给人们以很大的鼓舞，尤其使欧洲人产生了很大的兴趣。

1977 年，欧洲物品编码协会在 12 位的 UPC-A 商品条码基础上，开发出与 UPC-A 商品条码兼容的欧洲物品编码系统（European article numbering system，简称 EAN 系统），并签署了欧洲物品编码协议备忘录，正式成立了欧洲物品编码协会（European Article Numbering Association，EAN）。直到 1981 年，由于 EAN 组织已发展成为一个国际性组织，于是改称为"国际物品编码协会"（International Article Numbering Association）。2002 年 11 月 26 日 EAN 正式接纳 UCC 成为 EAN 的会员。2005 年 2 月，EAN 正式更名为 GS1（Globe Standard 1）。

20 世纪 80 年代以来，人们围绕如何提高条码符号的信息密度开展了多项研究工作。信息密度是描述条码符号的一个重要参数。通常把单位长度中可能编写的字符数叫作信息密度，记作：字符个数/厘米。影响信息密度的主要因素是条空结构和窄元素的宽度。EAN-128 条码和 93 条码就是人们为提高信息密度而进行的成功尝试。1981 年 128 码由 Computer Identic 公司推出。EAN-128 条码于 1981 年被推荐应用，而 93 条码于 1982 年投入使用。这两种条码的符号密度均比 39 条码高近 30%。此后，戴维·阿利尔又研制出第一个二维条码码制——49 码。这是一种非传统的条码符号，它比以往的条码符号具有更高的密度。特德·威廉斯（Ted Williams）于 1988 年推出第二个二维条码码制——16K 条码。该码的结构类似于 49 码，是一种比较新型的码制，适用于激光系统。1990 年 Symbol 公司推出二维条码 PDF417。1994 年 9 月，日本 Denso 公司研制出 QR Code。2003 年中国龙贝公司研制出龙贝码，矽感公司研制出二维半条码码制——Compact Matrix。

2005 年年底，由中国物品编码中心和北京网路畅想科技有限公司承担的国家"十五"重大科技专项《二维条码新码制开发与关键技术标准研究》取得突破性成果，我国拥有完全自主知识产权的新型二维条码——汉信码诞生，汉信码填补了我国在二维条码码制标准应用中没有自主知识产权技术的空白，它的成功研制有利于打破国外公司在二维条码生成与识读核心技术上的商业垄断，降低我国二维条码技术的应用成本，推进二维条码技术在我国的应用进程。2007 年，《汉信码》国家标准（GB/21049）正式发布；2011 年，汉信码相关标准成为 AIM 国际标准；2021 年 8 月 27 日，国际标准化组织（ISO）和国际电工协会（IEC）正式发布汉信码 ISO/IEC 国际标准 ISO/IEC 20830：2021《信息技术 自动识别与数据采集技术汉信码条码符号规范》，该国际标准是中国提出并主导制定的第一个二维码码制国际标准，是我国自动识别与数据采集技术发展的重大突破，填补了我国国际标准制修订领域的空白，彻底解决了我国二维码技术"卡脖子"的难题。

随着条码技术的发展和条码码制种类的不断增加，条码的标准化显得愈来愈重要。为此，美国曾先后制定了军用标准：交插 25 条码、39 条码和 Coda Bar 条码等 ANSI 标准。同时，一些行业也开始建立行业标准，如 1983 年汽车工业行动小组（AIAG）选用 39 码作为行业标准。这是第一个采用"现场标识"来识别条码的行业标准。1984 年医疗保健业条码委员会采用 39 码作为其行业标准。1990 年，条码印刷质量美国国家标准 ANSI X3.182 颁布，以适应社会发展的需要。

与此同时，相应的自动识别设备和阅读器技术也得到了长足发展。1951 年 David Sheppard 博士研制出第一台实用光学字符（OCR）阅读器。此后 20 年间，50 多家公司和 100 多种 OCR 阅读器进入市场。1964 年，识读设备公司（Recognition Equipment Inc.）在美国印第安纳州的 Fort Benjamin Harison 安装了第一台带字库的 OCR 阅读器，它可以用来识读普通打印字符。1968 年，第一家全部生产条码相关设备的公司 Computer Identics 由 David Collins 创建。1969 年，第一台固定式氦—氖激光扫描器由 Computer Identics 公司研制成功。1971 年，Control Module 公司的 Jim Bianco 研制出 PCP 便携式条码阅读器，这是首次在便携机上使用的微处理器和数字盒式存储器，此存储器提供 500KB 存储空间（这在当时是最大的），该阅读器重 27 磅。同年，第一台便携笔式扫描装置 Norand 101 在 Norand 公司问世，它预示着便携零售扫描应用的大发展和自动识别技术的一个崭新领域。它为实现"从货架上直接写出订单"提供了便利，大大减少了制订订货计划的时间。识别设备公司开发出手持式 OCR 阅读器，应用于 Sears，Roebuck（西尔斯·罗巴克公司）。这是仓储业使用的第一台手持 OCR 阅读器。1974 年 Intermec 公司推出 Plessey 条码打印机，这是行业中第一台"demand"接触式打印机。第一台 UPC 条码识读扫描器在俄克拉何马州的 Marsh 超级市场安装，那时只有 27 种产品采用 UPC 条码，商场设法自己建立价格数据库，扫描的第一种商品是十片装的 Wrigley 口香糖，标价 69 美分，由扫描器正确读出。许多来自各地的人们，纷纷前来观看机器的操作运行。十几年后，美国大多数的超级市场采用了扫描器，到 1989 年，17 180 家食品店装上了扫描系统，此数量占全美食品店的 62%。1978 年，第一台注册专利的条码检测仪，Lasercheck 2701 由 Symbol 公司推出。从此专门的条码检测设备诞生了。1980 年 Sato 公司第一台热转印打印机 5323 型问世，它最初是为零售业打印 UPC 码设计的。1981 年，条码扫描与 RF/DC（射频/数据采集）第一次共同使用。第一台线性 CCD 扫描器 20/20 由 Norand 公司推出。1982 年 Symbol 公司推出 LS7000，这是首部成功的商用手持式、激光光束扫描器，它标志着便携式激光扫描器应用的开始。Dest 公司推出首台桌面电子 OCR 文件阅读器，该装置每小时可阅读 250 页。

同时，与条码相关的学术、管理机构组织的学术活动也蓬勃发展起来。例如，1971 年自动识别技术制造商协会（AIM）成立，当时有 4 家成员公司（Computer-Identics、Identicon、3M、Mekoontrol）。在此之后，1986 年成员发展到 85 家，到 1991 年年初，成员发展到159家。1982年，第一本《条码制造商及服务手册》由《条码讯息》(*Bar Code News*)出版。首届Scan-Tech展览在美国达拉斯举行，共有55家厂商参展。1984年，条码行业第一部介绍性著作《字里行间》(*Reading Between the Lines*)出版，作者是Craig K.Harmon和Russ Adams。同年，第一届欧洲Scan-Tech在阿姆斯特丹举行。1985年，自动编码技术协会（FACT）作为AIM的一个分支机构成立。成立初期，该协会包括10个行业。到1991年，FACT已有22个行业参加。1985年，第一期《自动识别通讯》(*Automatic ID News*)出版。1986年由《自动识别系统》(*ID System*)杂志主办的自动识别技术展览（ID EXPO）在旧金山举办。1987年，在James Fales教授的努力下，"自动识别中心"在俄亥俄大学建立。该中心在AIM的协助下，为讲授自动识别技术课程培养教师。1989年，在旧金山举行的自动识别技术展览上Scan-Tech'89成为历史上的"扫描大震动"。

1.1.2 条码技术在我国的应用和发展

1. 我国条码应用发展历程

我国的条码技术在近些年得到了迅速发展和广泛应用。1988年，原国家技术监督局会同国家科委、外交部和财政部向国务院提交了成立中国物品编码中心并加入国际物品编码协会的请示报告。请示获批后，1988年12月28日，中国物品编码中心正式成立。1991年4月，经外交部批准，中国物品编码中心代表我国加入国际物品编码协会，中国大陆商品获得以"690"（前缀码）开头的国际通用的商品条码标识，之后随着中国物品编码事业的发展壮大，国际物品编码组织将前缀码"691～699"分配给中国物品编码中心；2023年8月，国际物品编码组织向中国物品编码中心授予商品条码前缀码"680～689"码段，已累计为120万余家中国企业提供了商品条码服务。截至2024年4月，我国登记使用商品条码消费品总量达1.959亿种，位居全球第一。

（1）条码技术研究与应用的起步。1986年，原国家标准局信息分类编码研究所将"条码技术研究"课题列入研究计划，开始进行条码技术基础研究，并掌握了条码的编码原理和扫描识读原理等基础技术。1989年，原国家科委重点项目"条码系统研究"正式立项。课题组进行了条码检测技术、条码生成技术和胶片制作技术等研究，并在国内率先开发出条码打印软件。1992年11月，"条码系统研究"通过鉴定。该项成果填补了国内商品条码技术的空白，对条码技术的发展起到了指导作用。1991年，上海食品一店应用条码的POS系统正式投入运行。这是我国自行研制拥有自主知识产权的商业POS系统。

拓展阅读1.2:
从亮相法兰克福书展说起

（2）"八五"期间条码技术的应用与发展。1993年，中国物品编码中心创办了科技期刊《条码与信息系统》，这是我国最早的条码技术刊物。1995年8月，《流通领域电子数据交换规范EANCOM》正式翻译出版。1996年1月17日，国家"八五"重点科技攻关项目"交通运输、仓储、物流条码的研究"科技成果鉴定会在北京召开，并通过了鉴定。课题确定了物流条码体系、贸易单元物流的表示内容和码制选择及条码的生成、识读及质量保证等技术，并就物流条码与EDI的接口及物流条码的应用进行了研究。1997年年初，由中国物品编码中心矫云起、张成海编著的《二维条码技术》一书出版。此书的出版标志着"八五"期间我国对二维条码的技术攻关取得了阶段性成果。

（3）"九五"期间条码技术的应用与发展。1997年4月，中国物品编码中心承担了国家科委"九五"重点项目"二维条码技术研究与应用试点"的研究工作。同年，编制发布了国家标准《四一七条码》（GB/T 17172—1997），该标准是我国自动识别技术领域内第一个二维条码国家标准。它的制定标志着PDF417条码在我国的应用进入了正规有序的发展阶段。1998年8月，中国物品编码中心在对商品条码技术的推广应用情况进行了全面调查、分析之后，根据当时需要，对《商品条码》（GB 12904）进行了修订。修订后的标准在实用性和可操作性方面都有了较大提高。2000年，完成了"二维条码技术研究与应用试点""EDI位置码的研究与应用"等三项国家"九五"重点攻关项目。同时，还完成了国家技术监督局"供应链管理标准体系及运作模式的研究""条码印制品质量控制与质量管理研究"等三项科研项目，以及《128条码》《快速响应矩阵条码》等五项国家标准的制定和修订工作。

（4）"十五"期间条码技术的应用与发展。"十五"计划明确提出"要加强条码和代码信息标准化基础工作"，此时我国条码事业也进入了一个前所未有的发展时期。2002年1月，中国物品编码中心、中国ECR委员会发布"连续补货实施指南"。该指南从操作角度入手，给出了实施连续补货过程的基本概念和技术要求以及成功案例等，便于供应链中各参与方从高效补货中受益。2002年7月，中国物品编码中心承担了国家质量技术监督局青年科技基金项目"基于条码和EDI/XML的连续补货流程研究"的研究工作。该课题深入研究了国际上连续补货内容和基本流程的发展，在分析国内供应链管理现状的基础上，提出我国供应商与零售商之间的补货过程以及在我国实施的连续补货流程。2003年1月，中国标准研究中心等单位承担了"物流配送系统标准体系及关键标准研究"课题。2003年4月，中国物品编码中心启动了"中国条码推进工程"。2003年6月，中国物品编码中心发布了《ANCC全球统一标识系统用户手册》。该手册对于ANCC广大用户特别是中国商品条码系统成员的工作具有现实的指导意义。

在推进国家科研项目过程中，中国物品编码中心及有关机构完成了7项与条码、商业EDI相关的国家标准制修订任务：通过开展相关标准化的研究与制修订工作，推广应用EAN·UCC系统（全球统一物品标识系统），编写了《EAN·UCC系统用户手册》，加强对EAN·UCC系统行业解决方案与物流标准化的研究与应用，为"十五"期间条码技术研究、发展与应用打下了良好的基础。

2. 中国条码推进工程

党的十六大报告明确指出："以信息化带动工业化，优先发展信息产业，在经济和社会领域广泛应用信息技术。"条码技术推广应用工作作为我国信息化发展的重要基础工作之一，已被国家列入"十五"计划纲要。这充分表明在世界经济一体化的今天，条码推广应用工作在我国经济建设中已具有举足轻重的作用。截至2002年12月31日，我国共有8万家企业成为中国商品条码系统成员。为了使条码工作面向市场，适应加入WTO的需要，满足我国经济发展的需求，中国物品编码中心于2003年4月启动"中国条码推进工程"。

"中国条码推进工程"的总体目标是：根据我国条码发展战略，加速推进条码在各个领域的应用，利用 5 年时间，共发展系统成员 15 万家，到 2008 年实现系统成员数量翻一番，系统成员保有量位居世界第二；使用条码的产品总数达到 200 万种；条码的合格率达到 85%；条码技术在零售、物流配送、连锁经营和电子商务等国民经济和社会发展的各个领域得到广泛应用，形成以条码技术为主体的自动识别技术产业。

"中国条码推进工程"还提出要"建立中国条码培训中心，加大条码技术的教育和培训力度，在 10 所高校内开设条码技术课程，建立条码技术应用实验室，为条码技术的推广应用打下人才基础"。系统性、全国性的条码人才培养工作就此拉开序幕。到 2009 年 12 月底，全国已有 183 余所大专院校开设了"条码技术与应用"课程，9 所高校建立了国家级条码实验室，总计培训在校大学生 67 118 人，其中 28 241 名学生取得了由中国物品编码中心、中国自动识别技术与应用协会和中国条码技术与应用协会联合颁发的《中国条码技术资格证书》。

3. 我国商品条码应用发展历程

在中国物品编码中心的组织和推动下，我国商品条码的发展主要经历了以下几个阶段。

第一阶段（1986—1995 年），主要解决产品出口对条码的急需，促进了我国的对外贸易。

通过技术研究，抓住商品条码发展的难得机遇，成功实现了创业，形成了全国工作网络；把国内的物品编码工作纳入国际体系，解决了国家产品出口的急需，基本形成了国内物品编码工作的核心能力。在此期间，完成了以下里程碑式工作：

（1）1989 年 5 月，开发完成国内第一套条码生成软件。

（2）1992 年 6 月，杭州解放路百货商店 POS 系统正式投入使用。

（3）1993 年 5 月，联合全国 177 家商店发出《加速商品条码化的步伐》倡议书。

第二阶段（1996—2002 年），主要满足我国商品零售需求，促进商业流通模式变革。

随着国家零售业对外开放，围绕国内超市的条码需求，通过技术研发、标准制定和应用领域拓展，积极推动事业快速发展，满足了商业自动化和国内商业流通的需要。在此期间，完成了以下里程碑式工作：

（1）加大科研攻关和标准化工作，基本建成我国物品编码、商品条码技术和标准体系，为促进我国商贸流通和各行业信息化奠定了基础。

（2）规范管理，《商品条码管理办法》正式实施。

（3）建立了国家条码质量监督检验中心。

（4）使用商品条码的产品近 100 万种，应用条码技术进行零售结算的超市近万家，我国商品条码的应用初具规模。

第三阶段（2003—2009 年），主要满足各行业信息化需求，提升信息化水平。

在解决了我国产品的出口和国内零售结算对商品条码的需求之后，中国物品编码中心坚持"以标准促应用，以应用促发展"的战略，通过加大科研与标准化、人才培养力度，实施"条码推进工程"，极大地推进了商品条码在零售以外的各个行业及领域应用。

（1）增强科研实力，完成了一系列国家重大科研项目和标准制修订工作，获得了国家有关部委的高度评价。

（2）加大人才培养，在全国拥有500多个工作站，3 000多名专业技术人员；在200所高校开设课程，培养了200多名高校专业教师和5万多名大学生。

（3）建立国家射频识别产品质量监督检验中心。

（4）推动行业应用，条码技术从商业零售拓展到物流配送、食品药品追溯、服装、建材、生产过程管理、证照管理等对国民经济有重大影响、与百姓生活密切相关的领域。

第四阶段（2010年至今），主要满足产品追溯需求，提升监管水平；满足电子商务需求，促进网络经济发展。

随着物联网、网络经济的快速发展，对物品编码也提出了新的要求。我们围绕物品编码体系、食品安全追溯和物联网，在继续做好商品条码核心业务的基础上，充分发挥标准化对物品编码工作的支撑作用，加强顶层设计和前瞻性研究，开展了大量科研和标准化工作，重点加强了国家物品编码体系建设研究，以服务各行业的信息化应用。在此期间，完成了以下里程碑式工作：

（1）制定物联网统一标识标准体系。

（2）加强自主创新，推动汉信码（二维条码）形成开放系统的应用，并成为国际标准。

（3）提出物联网物品统一标识Ecode，建立我国首个物联网标准。

（4）搭建国家产品基础数据库，服务社会经济发展。

（5）服务网络经济，推进电子商务发展。

（6）服务产品质量追溯，推进其在政府监管领域的应用。

4. 我国商品条码发展过程中的主要成绩

我国商品条码工作一直与国际接轨。随着国家经济、信息化的快速发展，特别是经过这些年来的努力拼搏，我国在物品编码战略研究、理论研究等方面全球领先。物品编码工作取得了世界瞩目的成绩。

（1）国际化进程加快，推动我国阿里巴巴、华联的高层管理人员加入GS1全球管理委员会。

（2）中国物品编码中心主任担任GS1全球顾问委员会委员、GS1管理委员会委员。

（3）我国获全球物品编码工作成就奖。

（4）在国际物品编码工作中发挥着编码大国的重要作用。

1.1.3 条码技术的发展方向

目前世界各国特别是经济发达国家条码技术的发展重点正向着生产自动化、交通运输现代化、金融贸易国际化、医疗卫生高效化、票证金卡普及化和安全防盗防伪保密化等方向推进。各国除大力推行13位商品标识代码外，同时重点推广、应用贸易单元128码、EAN位置码、条码应用标识、二维条码等。国际上一些走在前列的国家或地区已在商业批发零售和分配、工业制造、金融服务、政府行政管理、建筑和房地产、卫生保健、教育和培训、媒介出版和信息服务、交通运输、旅游和娱乐服务等领域推广应用条码技术并取得了十分明显的成果。

（1）条码技术与其他技术相互渗透。条码识读器的可识别和可编程功能可以应用在许多场合。它通过扫描条码编程菜单中相应的指令，使自身可设置成许多特定的工作状态，因而可广泛用于电子仪器、机电设备以及家用电器中。

（2）在无线数据采集器方面。近年来，180°甚至360°全向激光扫描器越来越多地应用到POS系统中，由于对扫描角度要求不高，因而适应性很强。各种扫描器的首读率一般应达到95%以上，而分辨率一般应达到中等水平，目前正在着力解决高分辨所需的光电转换器件和光路系统。虽然便携式数据采集器的技术难度较大，但它代表了今后的产品发展方向，我们要解决高集成度的专用芯片的生产工艺问题以及研发专用的供电电池。在工业生产和仓库管理中，为了适应自动流水生产线上的数据自动采集，还需要研制出有较大景深和扫描工作距离的固定式扫描器。

（3）在生成与印制技术设备的研制方面。国内已开发出中英文轻型印刷系统，适合于大批量印制的设备也已研制成功。因此，今后应重点发展适合于小批量印制的包括现场专用打码机在内的各种专用印制机，以满足广大用户的需要。

（4）在标识载体方面。标识载体方面目前已初步体现出小型化、多样化和智能化的发展趋势，从自动识别载体的角度讲，符号所占面积将越来越小，载体形式将更加多样化，性能方面更加智能化。

（5）在二维条码方面。随着智能手机功能和图像处理能力的不断进步，以颜色作为承载信息第三维度的"三维码"将在不久的将来真正成熟；另外，三维打印技术的日趋完善和全息技术的兴起，兼具防伪功能的全息二维条码或出现并引领二维条码产业的新潮流。从二维条码的应用方面来说，作为互联网的入口，二维条码的应用已经逐步渗透到我国的各行各业，二维条码将成为加快我国工业、农业、商业和服务业的信息化建设的纽带和桥梁。二维条码在各行业的应用将朝标准化和统一化方向发展。

任务1.2 掌握条码基础知识

任务描述

条码主要分为一维条码和二维条码，每种不同的条码都有自己的特点和编码规则，但条码的共性特点是一致的。通过完成该学习任务，了解条码的基本概念、符号结构，熟悉条码的分类、特点和研究对象，初步了解条码相关技术标准。

任务知识

1.2.1 条码的基本概念

1. 条码（bar code）

条码是由一组规则排列的条、空及其对应字符组成的标记，用以表示特定的信息。

条码通常用来对物品进行标识。这个物品可以是用来进行交易的一个贸易项目，如一瓶啤酒或一箱可乐；也可以是一个物流单元，如一个托盘或一个集装箱。所谓对物品的标识，就是首先给某一物品分配一个代码，然后以条码的形式将这个代码表示出来，并且标识在物品上，以便识读设备通过扫描识读条码符号而对该物品进行识别。图 1-2 为标识在某商品上的条码符号。条码不仅可以用来标识物品，还可以用来标识资产、位置和服务关系等。

图 1-2　标识在某商品上的条码符号

2. 代码（code）

代码是指用来表征客观事物的一个或一组有序的符号。代码必须具备鉴别功能，即在一个信息分类编码标准中，一个代码只能唯一地标识一个分类对象，同样的一个分类对象只能有一个唯一的代码。比如按国家标准"人的性别代码"规定，代码"1"表示男性，代码"2"表示女性，而且这种表示是唯一的。我们在对项目进行标识时，首先要根据一定的编码规则为其分配一个代码，然后再用相应的条码符号将其表示出来。如图 1-2 所示，图中的阿拉伯数字"6949999900073"即是该商品的商品标识代码，而由条和空及其对应的标识代码组成的条码符号则是该代码的符号表示。

在不同的应用系统中，代码可以有含义，也可以无含义。有含义的代码可以表示一定的信息属性，如某厂的产品有多种系列，其中，代码"60000～69999"是电器类产品；"70000～79999"为汤奶锅类产品；"80000～89999"为压力锅类炊具等。从编码的规律可以看出，代码的第一位代表了产品的分类信息，是有含义的。无含义代码则只作为分类对象的唯一标识，只代替对象的名称，而不提供对象的任何其他信息。

3. 码制

条码的码制是指条码符号的类型。每种类型的条码符号都是由符合特定编码规则的条和空组合而成。每种码制都具有固定的编码容量和所规定的条码字符集。条码字符中字符总数不能大于该种码制的编码容量。常用的一维条码码制包括 EAN 条码、UPC 条码、GS1-128 条码、交插 25 条码、39 条码、93 条码和库德巴条码等。

4. 字符集

字符集是指某种码制的条码符号可以表示的字母、数字和符号的集合。有些码制仅能表示 10 个数字字符，即 0～9，如 EAN / UPC 条码；有些码制除了能表示 10 个数字字符外，还可以表示几个特殊字符，如库德巴条码。39 条码可表示数字字符 0～9、26 个英文字母 A～Z，以及一些特殊符号。几种常见码制的字符集如下：

① EAN 条码的字符集：数字 0～9。

②交插 25 条码的字符集：数字 0～9。

③ 39 条码的字符集：数字 0～9，字母 A～Z，特殊字符：—、·，$，%，空格，/，+。

5. 连续性与非连续性

条码符号的连续性是指每个条码字符之间不存在间隔。相反，非连续性是指每个条码字符之间存在间隔，如图 1-3 所示，该图为 25 条码的字符结构。从图 1-3 中可以看出，字符与字符间存在着字符间隔，所以是非连续的。

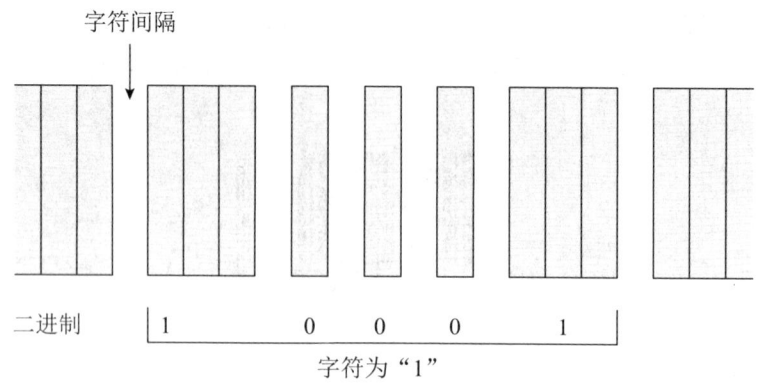

图 1-3 25 条码的字符结构

从某种意义上讲，由于连续性条码不存在条码字符间隔，所以密度相对较高。而非连续性条码的密度相对较低。所谓条码的密度是单位长度的条码所表示的条码字符的个数。但非连续性条码字符间隔引起误差较大，一般规范不给出具体指标限制。而对连续性条码除了控制条空的尺寸误差外，还需控制相邻条与条、空与空的相同边缘间的尺寸误差及每一条码字符的尺寸误差。

6. 定长条码与非定长条码

定长条码是条码字符个数固定的条码，仅能表示固定字符个数的代码。非定长条码是指条码字符个数不固定的条码，能表示可变字符个数的代码。例如，EAN/UPC 条码是定长条码，它们的标准版仅能表示 12 个字符，39 条码则为非定长条码。

定长条码由于限制了表示字符的个数，其译码的误识率相对较低，因为就一个完整的条码符号而言，任何信息的丢失都会导致译码的失败。非定长条码具有灵活、方便等优点，但受扫描器及印刷面积的限制，它不能表示任意多个字符，并且在扫描阅读过程中可能产生因信息丢失而引起错误的错误译码。这些缺点在某些码制（如交插 25 条码）中出现的概率相对较大，但是这个缺点可以通过增强识读器或计算机系统的校验程度来克服。

7. 双向可读性

条码符号的双向可读性，是指从左、右两侧开始扫描都可被识别的特性。绝大多数码制都可双向识读，所以都具有双向可读性。事实上，双向可读性不仅仅是条码符号本身的特性，也是条码符号和扫描设备的综合特性。对于双向可读的条码，识读过程中译码器需要判别扫描方向。有些类型的条码符号，其扫描方向的判定是通过起始符与终止符来完成的，如 39 条码、交插 25 条码和库德巴条码。有些类型的条码，由于从两个方向扫描起始符和终止符所产生的数字脉冲信号完全相同，所以无法用它们来判别扫描方向，如 EAN 和 UPC 条码。在这种情况下，扫描方向的判别则是通过条码数据符的特定组合来完成的。对于某些非连续性条码符号，如 39 条码，由于其字符集中存在着条码字符的对称性，在条码字符间隔较大时，很可能出现因信息丢失而引起的译码错误。

8. 自校验特性

条码符号的自校验特性是指条码字符本身具有校验特性。若在一个条码符号中，一个印刷缺陷（例如，因出现污点把一个窄条错认为宽条，而将相邻宽空错认为窄空）不会导致替代错误，那么这种条码就具有自校验功能。如 39 条码、库德巴条码、交插 25 条码都具有自校验功能；而 EAN 和 UPC 条码、93 条码等就没有自校验功能。自校验功能也能校验出一个印刷缺陷。对于大于一个的印刷缺陷，任何自校验功能的条码都不可能完全校验出来。某种码制是否具有自校验功能是由其编码结构决定的。码制设置者在设置条码符号时，均须考虑自校验功能。

9. 条码密度

条码密度是指单位长度条码所表示条码字符的个数。显然，对于任何一种码制来说，各单元的宽度越小，条码符号的密度就越高，也越节约印刷面积。但由于印刷条件及扫描条件的限制，我们很难把条码符号的密度做得太高。39 条码的最高密度为 9.4 个 /25.4mm（9.4 个 / 英寸）；库德巴条码的最高密度为 10.0 个 /25.4mm（10.0 个 / 英寸）；交插 25 条码的最高密度为 17.7 个 /25.4mm（17.7 个 / 英寸）。

条码密度越高，所需扫描设备的分辨率也就越高，这必然增加扫描设备对印刷缺陷的敏感性。

10. 条码质量

条码质量指的是条码的印制质量，其判定主要从外观、条（空）反射率、条（空）尺寸误差、空白区尺寸、条高、数字和字母的尺寸、校验码、译码正确性、放大系数、印刷厚度和印刷位置等几个方面进行。条码的质量检验需严格按照有关国家标准进行。条码的质量是确保条码正确识读的关键。不符合条码国家标准技术要求的条码，不仅会因扫描仪器拒读而影响扫描速度，降低工作效率，还可能造成误读进而影响信息采集系统的正常运行。因此，确保条码的质量是十分重要的。

1.2.2 条码的符号结构

一个完整的条码符号是由两侧空白区、起始字符、数据字符、校验字符（可选）、终止字符以及供人识读字符组成，如图 1-4 所示。

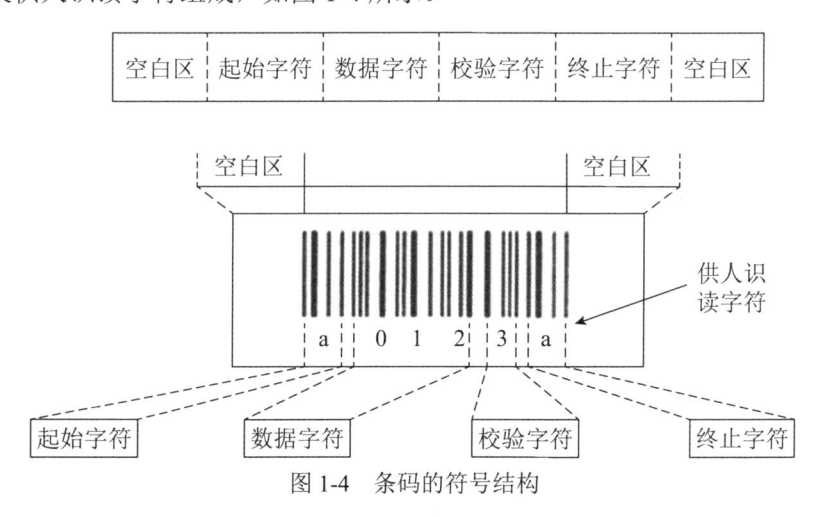

图 1-4 条码的符号结构

相关术语的解释如下：

（1）空白区（clear area），即条码起始符、终止符两端外侧与空的反射率相同的限定区域。

（2）起始符（start character, start cipher, start code），位于条码起始位置的若干条与空。

（3）终止符（stop character，stop cipher，stop code），位于条码终止位置的若干条与空。

（4）条码数据符（bar code character set），表示特定信息的条码字符。

（5）条码校验符（bar code check character），表示校验码的条码字符。

（6）供人识别的字符，位于条码字符的下方，与相应的条码字符相对应的、用于供人识别的字符。

1.2.3 条码的分类与特点

1. 条码的分类

条码按照不同的分类方法和编码规则可以分成许多种，现在已知的世界上正在使用的条码就有260种之多。条码的分类方法主要依据条码的编码结构和性质来决定。例如，就一维条码来说，按条码字符个数是否可变可分为定长和非定长条码，按排列方式可分为连续型和非连续型条码，按校验方式又可分为自校验型和非自校验条码等。

条码可分为一维条码和二维条码。一维条码是我们通常所说的传统条码。一维条码按照应用可分为商品条码和物流条码。商品条码包括 EAN 条码和 UPC 条码；物流条码包括 GS1-128 条码、ITF-14 条码、39 条码、库德巴条码等。二维条码根据构成原理和结构形状的差异可分为两大类型：一类是行排式二维条码（2D stacked bar code）；另一类是矩阵式二维条码（2D matrix bar code）。

2. 条码技术的特点

条码技术是电子与信息科学领域的高新技术，所涉及的技术领域较广，是多项技术相结合的产物，经过多年的研究和应用实践，现已发展成为较成熟的实用技术。

在信息输入技术中，采用的自动识别技术种类很多。条码作为一种图形识别技术与其他识别技术相比有如下特点：

（1）简单。条码符号制作容易，扫描操作简单易行。

（2）信息采集速度快。普通计算机的键盘录入速度是 200 字符/分，而利用条码扫描录入信息的速度是键盘录入的 20 倍。

（3）采集信息量大。利用条码扫描，一次可以采集几十位字符的信息，而且可以通过选择不同码制的条码增加字符密度，使录入的信息量成倍增加。

（4）可靠性高。键盘录入数据，误码率为 1/300，利用光学字符识别技术，误码率约为 0.01%。而采用条码扫描录入方式，误码率仅有 0.000 1%，首读率可达 98% 以上。

（5）灵活、实用。条码符号作为一种识别手段可以单独使用，也可以和有关设备组成识别系统实现自动化识别，还可和其他控制设备联系起来实现整个系统的自动化管理。同时，在没有自动识别设备时，也可实现手工输入。

（6）自由度大。识别装置与条码标签相对位置的自由度比 OCR 大得多。条码通常只在一维方向上表示信息，而同一条码符号上所表示的信息是连续的，这样即使是标签上的条码符号在条的方向上有部分残缺，仍可以从正常部分识读正确的信息。

（7）设备结构简单，成本低。条码符号识别设备的结构简单，操作容易，无须专门训练。与其他自动化识别技术相比较，推广应用条码技术所需费用较低。

1.2.4 条码技术的研究对象

条码技术主要研究的是如何将需要向计算机输入的信息用条码这种特殊的符号加以表示，以及如何将条码所表示的信息转变为计算机可自动识读的数据。因此，条码技术的研究对象主要包括编码规则、符号表示技术、识读技术、生成与印制技术、条码应用系统设计等五大部分。

1. 编码规则

任何一种条码，都是按照预先规定的编码规则和有关标准，由条和空组合而成的。人们将为管理对象编制的由数字、字母或者数字和字母组成的代码序列称为编码。编码规则主要研究编码原则、代码定义等。编码规则是条码技术的基本内容，也是制定码制标准和对条码符号进行识别的主要依据。为了便于物品跨国家和地区流通，适应物品现代化管理的需要，以及增强条码自动识别系统的相容性，各个国家、地区和行业都必须遵循并执行国际统一的条码标准。

2. 符号表示技术

条码是由一组按特定规则排列的条和空及相应数据字符组成的符号。条码是一种图形化的信息代码。不同的码制，条码符号的构成规则也不同。目前较常用的一维条码码制有EAN商品条码、UPC商品条码、GS1-128条码、交插25条码、库德巴条码、39条码等。二维条码较常用的码制有PDF417码、QR Code码等。符号表示技术的主要内容是研究各种码制的条码符号设计、符号表示以及符号制作。

3. 识读技术

条码自动识读技术可分为硬件技术和软件技术两部分。

自动识读硬件技术主要解决将条码符号所代表的数据转换为计算机可读的数据以及与计算机之间数据通信的问题。硬件支持系统可以分解成光电转换技术、译码技术、通信技术以及计算机技术。光电转换系统除传统的光电技术外，目前主要采用电荷耦合器件——CCD图像感应器技术和激光技术。软件技术主要解决数据处理、数据分析及译码等问题，数据通信是通过软硬件技术的结合来实现的。

在条码自动识读设备的设计中，考虑到其成本和体积，往往以硬件支持为主，所以应尽量采取可行的软措施来实现译码及数据通信。近年来，条码技术逐步渗透到许多技术领域，人们往往把条码自动识读装置作为电子仪器、机电设备和家用电器的重要功能部件，因而减小体积、降低成本更具现实意义。

自动识读技术主要由条码扫描和译码两部分构成。扫描的功能是利用光束扫读条码符号，并将光信号转换为电信号。译码是将扫描器获得的电信号按一定的规则翻译成相应的数据代码，然后输入计算机（或存储器）。

当扫描器扫读条码符号时，光敏元件将扫描到的光信号转变为模拟电信号，模拟电信号经过放大、滤波、整形等信号处理，转变为数字信号。译码器按一定的译码逻辑对数字脉冲进行译码处理后，便可得到与条码符号相应的数字代码。

4. 生成与印制技术

只要掌握了编码规则和条码标准，把所需数据用条码表示就不难解决。然而，如何把它印制出来呢？这就涉及生成与印制技术。我们知道条码符号中条和空的宽度是包含着信息的。首先用计算机软件按照选择的码制、相应的标准和相关要求生成条码样张，再根据条码印制的载体介质、数量选择最适合的印制技术和设备。因此，在条码符号的印刷过程中，对诸如反射率、对比度以及条空边缘粗糙度等均有严格的要求。必须选择适当的印刷技术和设备，以保证印制出符合规范的条码。条码印制技术是条码技术的主要组成部分，因为条码的印制质量直接影响识别效果和整个系统的性能。条码印制技术所研究的主要内容是：制片技术；印制技术和研制各类专用打码机；印刷系统以及如何按照条码标准和印制批量的大小，正确选用相应技术和设备等。根据不同的需要，印制设备大体可分为三种：适用于大批量印制条码符号的设备，适用于小批量印制的专用机以及灵活方便的现场专用打码机等。条码印制技术既有传统的印刷技术，又有现代制片、制版技术和激光、电磁、热敏等多种技术。

5. 条码应用系统设计

条码应用系统由条码、识读设备、电子计算机及通信系统组成。应用范围不同，条码应用系统的配置也不同。一般来讲，条码应用系统的应用效果主要取决于系统的设计。条码应用系统设计主要考虑以下几个因素：

（1）条码设计。条码设计包括确定条码信息单元、选择码制和符号版面设计。

（2）符号生成与印制。在条码应用系统中，条码印制质量与系统能否顺利运行关系重大。如果条码本身质量高，即使性能一般的识读器也可以顺利读取。虽然操作水平、识读器质量等是影响识读质量不可忽视的因素，但条码本身的质量始终是系统能否正常运行的关键。据统计资料表明，在系统拒读、误读事故中，条码标签质量原因占事故总数的50%左右。因此，在印制条码符号前，要做好印制设备和印制介质的选择，以获得合格的条码符号。

（3）识读设备选择。条码识读设备种类很多，如在线式的光笔、CCD识读器、激光枪、台式扫描器等，不在线式的便携式数据采集器、无线数据采集器等，它们各有优缺点。在设计条码应用系统时，必须考虑识读设备的使用环境和操作状态以进行正确的选择。

1.2.5　条码的管理

中国物品编码中心是统一组织、协调、管理我国商品条码、物品编码与自动识别技术的专门机构，隶属于国家市场监督管理总局，1988年成立，1991年4月代表我国加入国际物品编码组织（GS1），负责推广国际通用的、开放的、跨行业的全球统一标识系统和供应链管理标准，向社会提供公共服务平台和标准化解决方案。

中国物品编码中心在全国设有47个分支机构，形成了覆盖全国的集编码管理、技术研发、标准制定、应用推广以及技术服务于一体的工作体系。物品编码与自动识别技术已广泛应用于零售、制造、物流、电子商务、移动商务、电子政务、医疗卫生、产品质量追溯、图书音像等国民经济和社会发展的诸多领域。全球统一标识系统是全球应用最为广泛的商务语言，商品条码是其基础和核心。截至目前，编码中心累计向100多万家企业提供了商品条码服务，全国有上亿种商品印有商品条码。

中国物品编码中心的主要职责如下：

（1）负责拟定并组织实施全国商品条码、物品编码、产品电子代码与标识工作的规章制度及工作规划。

（2）统一组织、协调全国条码工作，承担全国商品条码、物品编码、产品电子代码与标识管理的实施工作，并负责统一注册、统一赋码。

（3）履行国际物品编码组织（GS1）成员职责，参加有关国际组织的各项活动，按照国际通用规则推广、应用和发展全球统一标识系统及相关技术。

（4）组织建立国家物品编码体系及自动识别技术标识体系，开展物品编码、条码、二维码、射频等自动识别技术研究。

（5）承担物品编码及自动识别技术领域相关国家标准和技术规范的制修订工作。

（6）承担国家物品编码与标识体系的推广应用工作，承担市场监管相关业务领域中的编码与标识服务工作。

（7）承担国家物品编码信息数据库的建设和管理，组织开展相关信息服务工作。

（8）组织开展对全国商品条码系统成员的培训、咨询及条码质量检测等技术服务工作。

（9）承办国家市场监督管理总局交办的其他工作。

1.2.6　条码技术标准

从条码应用系统来看，在物流管理中应用条码技术主要涉及的标准有条码基础标准、码制标准、条码生成设备标准、条码识读设备标准、条码符号检验标准以及条码应用标准，目前我国条码码制标准基本上已成体系，但条码设备标准缺乏，条码标准体系尚不完善。

相应标准如下：

《商品条码 参与方位置编码与条码表示》（GB/T 16828-2021）

《商品条码 店内条码》（GB/T 18283-2008）

《商品条码 条码符号印制质量的检验》（GB/T 18348-2022）

《商品条码 储运包装商品编码与条码表示》（GB/T 16830-2008）

《商品条码 零售商品编码与条码表示》（GB 12904-2008）

《商品条码 物流单元编码与条码表示》（GB/T 18127-2009）

《商品条码 应用标识符》（GB/T 16986-2018）

《商品条码 条码符号放置指南》（GB/T 14257-2009）

《商品条码 服务关系编码与条码表示》（GB/T 23832-2022）

《商品条码 资产编码与条码表示》（GB/T 23833-2022）

《库德巴条码》（GB/T 12907-2008）

《RSS 条码》（GB/T 21335-2008）

《中国标准书号条码》（GB/T 12906-2008）

《商品条码印刷适性试验》（GB/T 18805-2002）

《条码术语》（GB/T 12905-2019）

《贸易项目的编码与符号表示导则》（GB/T 19251-2003）

《商品条码 128 条码》（GB/T 15425-2014）

《汉信码》（GB/T 21049-2022）

《信息技术 自动识别与数据采集技术 条码码制规范 交插二五条码》（GB/T 16829-2003）

《四一七条码》（GB/T 17172-1997）

《中国标准刊号（ISSN 部分）条码》（GB/T 16827-1997）

《信息技术 自动识别技术与数据采集技术 条码符号印制质量的检验》（GB/T 14258-2003）

《信息技术 自动识别技术和数据采集技术 条码符号规范 三九条码》（GB/T 12908-2002）

《二维条码符号印制质量的检验》（GB/T 23704-2017）

【项目综合实训】

1. 调研一家企业对一维条码和二维条码的应用情况并完成调研报告，然后根据所学知识，进一步具体分析条码的应用领域。

2. 通过浏览中国物品编码中心官方网站（www.ancc.org.cn）或关注"中国编码"微信号，了解条码技术发展的最新动态，搜集条码技术资料。制作PPT并进行小组汇报。

【思考题】

1. 简述条码技术在我国的主要应用和发展历程。
2. 什么是条码？它主要用来做什么？
3. 总结并梳理条码的基本概念。
4. 条码技术的研究对象有哪些？研究对象和条码之间有什么关系？
5. 中国物品编码中心的主要职责有哪些？

【在线测试题】

扫描二维码，在线答题。

项目二　自动识别技术的选择

项目目标

知识目标

1. 掌握各类自动识别技术的相关基础知识；
2. 理解各类技术的原理及适用场合。

能力目标

1. 能够根据实际需要选用合理的自动识别技术；
2. 能熟练应用RFID技术解决实际问题；
3. 熟悉图像、生物及磁卡等识别技术的应用领域。

素质目标

1. 提高信息化素养；
2. 培养创新创业的思维。

知识导图

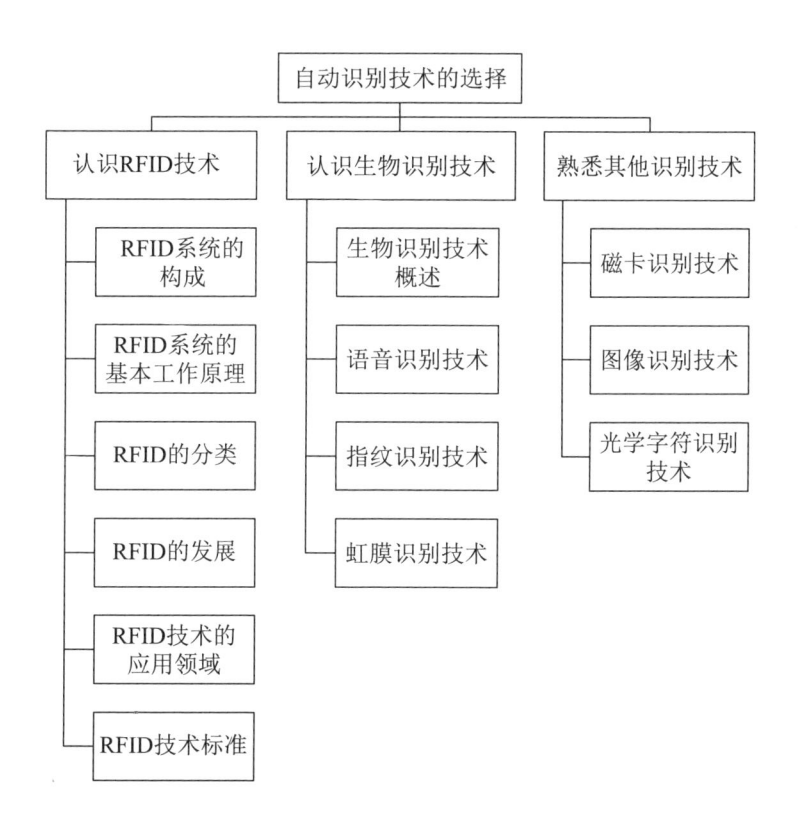

```
                       自动识别技术的选择
        ┌──────────────────┼──────────────────┐
    认识RFID技术        认识生物识别技术       熟悉其他识别技术
        │                    │                    │
    RFID系统的          生物识别技术         磁卡识别技术
      构成                  概述
        │                    │                    │
    RFID系统的          语音识别技术         图像识别技术
   基本工作原理
        │                    │                    │
    RFID的分类          指纹识别技术       光学字符识别技术
        │                    │
    RFID的发展          虹膜识别技术
        │
    RFID技术的
      应用领域
        │
    RFID技术标准
```

导入案例

基于RFID技术的智能化养殖管理

随着科技的发展和普及，智能化管理在各个领域的应用越来越广泛。在畜牧业中，将RFID技术应用在养殖管理中的企业也越来越多，这为养殖企业的智能化管理提供了有力的支持。

一、基于RFID技术的猪舍门读卡器

猪舍门读卡器是一种基于RFID（射频识别）技术的智能设备，用于实现猪舍门的自动化管理和控制。它通过读取猪圈内猪只身上携带的RFID标签信息，实现对猪只进出猪舍的自动识别和控制。基于RFID技术的猪舍门读卡器不仅提高了猪舍管理的效率，还改善了猪只健康管理的精确性和可靠性。

（1）自动识别猪只身份：将RFID标签植入猪只耳朵，猪舍门读卡器可以自动识别猪只的身份信息，包括品种、日龄、体重等。这有助于实现精细化管理，对猪只进行个性化照顾和管理。

（2）自动统计猪只数量：通过安装多个猪舍门读卡器，可以实现进出猪舍的自动统计。当猪只通过猪舍门读卡器时，系统会自动记录进出数量，方便管理者实时掌握猪舍内的猪只数量。

（3）自动控制猪舍门：结合自动化控制技术，猪舍门读卡器可以根据猪只的身份信息自动控制猪舍门的开启和关闭。例如，对于未达到出栏日龄的猪只，门读卡器将自动阻止其通过，从而确保猪只不会被提前释放。

（4）数据分析与优化管理：通过收集和分析猪舍门门读卡器的数据，可以发现猪只饲养中的问题，优化管理策略。例如，通过分析进出数据，可以发现某些猪只的行动轨迹异常，从而及时发现和治疗疾病。

二、猪舍门读卡器的优势

（1）提高管理效率：猪舍门读卡器可以自动识别和统计猪只，减少人工干预和管理成本，提高管理效率。

（2）提升数据准确性：相比于传统的人工计数和记录方式，门读卡器可以自动记录和统计数据，减少误差和错误，提高数据的准确性。

（3）实现智能化控制：门读卡器可以与自动化控制设备结合使用，实现智能化控制和管理，提高生产效率和品质。

（4）降低疾病风险：通过自动控制猪舍门的开启和关闭，可以避免疾病在猪群中的传播，降低疾病风险。

三、RFID技术在畜牧业中的应用

1. 实时环境控制和智能化信息采集

基于RFID的物联网技术为养殖场提供了便利条件，养殖场的环境状况对畜禽生长至关重要，养殖场可通过光照、温度、湿度、气体传感设备等收集畜禽场环境信息，再把收集到的信息通过蓝牙、Wi-Fi、云平台、4G等现代化的信息化技术传送至服务器，在系统中心，将收集到的数据信息与数据库内的标准数据信息分别进行比对，依据系

统数据库精确地计算出养殖场养殖的各项环境数据指标，再将其发送到用户端，利用光照强度控制器、温度控制器等自动化的控制技术方式对养殖场生长环境进行科学准确的控制，为畜禽养殖提供适宜的生长环境，促进畜禽产品提质增效。

2. 畜禽个体识别和跟踪管理

无线射频识别技术可以实现非接触式的目标物体的自动识别，读取速度快，并且可以同时识别多个目标物。在畜禽场的畜禽身上或耳朵上装上 RFID 电子标签，这些标签都记录有相应的动物个体信息，一旦目标畜禽到达 RFID 阅读器的识别区域，电子标签被激活，阅读器可立刻读取目标动物的相关数据信息并进行目标识别，然后把识别出的信息传送到 RFID 的中央信息系统，即数据中心，从而完成对目标畜禽的识别和跟踪。RFID 可把畜禽出生产地信息、品种类别等信息存储在电子标签中，电子标签中也可以登记养殖场信息、畜禽出生产地信息、出栏日期等。由于对饲料生产厂商、饲料名称、添加剂使用状况进行了记录存储，如果饲料有任何问题也可以及时进行查询。养殖场可以通过后台管理信息系统，有针对性地查询畜禽的当前状况，确保养殖场健康有序地运行。

3. 畜禽育种监测管理

畜禽的选种育种可通过 RFID 电子标签的储存信息进行筛选，通过 RFID 电子标签记录的信息，把携带不良基因的畜禽删除备选之列，提高品种质量。在畜禽育种管理中，利用 RFID 技术能实现畜禽的信息化选种、育种，提高畜牧业生产管理的科学性和有效性，也可从源头上保证畜禽产品的安全可控性，同时，也为实验教学和课堂教学提供了宝贵的试验数据和原始资料。

4. 畜禽疾病防控防疫管理

RFID 作为物联网的核心技术，通过无线通信方式实现非接触式的识别目标，从而获取目标物体的相关数据信息，适合各种恶劣环境下的工作，无须人工干预。在畜禽身上安装无线射频标签，每一个电子标签都具有唯一代码，可以作为畜禽的电子身份识别码，记录畜禽的详细信息，如什么时间生病进行了药物治疗，什么时间进行了免疫检疫，什么时间进行了消毒检测等，这些信息都可被电子标签清楚地记录，畜禽场管理人员和当地畜牧兽医部门可以据此掌握牲畜的具体信息，以便在疫情发生时及时进行查询和目标锁定，联系最近的兽医站点进行紧急防疫和治疗。

5. 畜禽产品质量溯源管理

在畜禽产品的供应链中，通过使用 RFID 技术，可用电子标签记录和存储畜禽产品的繁育喂养信息、出栏屠宰信息、流通加工信息、药物残留指标、检疫检测信息，建立畜禽产品的溯源信息管理系统，保障畜禽类产品供应链中的可追溯性。一旦出现问题，可以迅速查出问题环节和部门，找出问题的原因和根源，有针对性地对不合格的畜禽产品进行召回或销毁处理，避免不合格畜禽产品的社会流通，降低其对消费者的风险危害系数，保障畜禽产品的质量和社会食品安全。

（资料来源：1. 中国自动识别技术协会，http://www.aimchina.org.cn/new61/31116.jhtml；2. 刘秀敏，魏冬霞. RFID 技术在畜牧业中的应用探析 [J]. 家畜生态学报，2020, 41（01）：78-80.）

任务 2.1 认识 RFID 技术

任务描述

RFID 是"Radio Frequency Identification"的缩写，即射频识别。它是一种非接触式的自动识别技术，通过射频信号自动识别目标对象并获取相关数据，识别工作无须人工干预，无须识别系统与特定目标之间建立机械或者光学接触，可工作于各种恶劣环境。通过完成该学习任务，要掌握 RFID 技术的构成、工作原理及其具体的应用领域。

2.1.1 RFID 系统的构成

RFID 系统一般包括以下几部分。

1. RFID 标签

RFID 标签俗称电子标签，也称应答器（tag，transponder，responder），根据工作方式可分为主动式（有源）和被动式（无源）两大类，本书主要研究被动式 RFID 标签及系统。被动式 RFID 标签由标签芯片和标签天线或线圈组成，利用电感耦合或电磁反向散射耦合原理实现与读写器之间的通信。RFID 标签中存储一个唯一编码，通常为 64 位、96 位等，其地址空间大大高于条码所能提供的空间，因此可以实现单品级的物品编码。当 RFID 标签进入读写器的作用区域，就可以根据电感耦合原理（近场作用范围内）或电磁反向散射耦合原理（远场作用范围内）在标签天线两端产生感应电势差，并在标签芯片通路中形成微弱电流。如果这个电流强度超过一个阈值，就将激活 RFID 标签芯片电路工作，从而对标签芯片中的存储器进行读/写操作。RFID 标签芯片的内部结构主要包括射频前端、模拟前端、数字基带处理单元和 EEPROM 存储单元四部分。

2. 读写器

读写器也称阅读器、询问器（reader，interrogator），是对 RFID 标签进行读/写操作的设备，主要包括射频模块和数字信号处理单元两部分。读写器是 RFID 系统中最重要的基础设施，一方面，RFID 标签返回的微弱电磁信号通过天线进入读写器的射频模块中转换为数字信号，再经过读写器的数字信号处理单元对其进行必要的加工整形，最后从中解调出返回的信息，完成对 RFID 标签的识别或读/写操作；另一方面，上层中间件及应用软件与读写器进行交互，实现操作指令的执行和数据汇总上传。在上传数据时，读写器会对 RFID 标签原子事件进行去重过滤或简单的条件过滤，将其加工为读写器事件后再上传，以减少与中间件及应用软件之间数据交换的流量，所以在很多读写器中还集成了微处理器和嵌入式系统，实现一部分中间件的功能，如信号状态控制、奇偶位错误校验与修正等。读写器具有智能化、小型化和集成化的发展趋势，还将具备更加强大的前端控制功能，如直接与工业现场的其他设备进行交互，甚至是作为控制器进行在线调度。在物联网中，读写器已成为同时具有通信、控制和计算（communication，control，computing）功能的 3C 核心设备。

3. 天线

天线是 RFID 标签和读写器之间实现射频信号空间传播和建立无线通信连接的设备。RFID 系统中包括两类天线，一类是 RFID 标签上的天线，由于它已经和 RFID 标签集成为一体，所以不再单独讨论；另一类是读写器天线，既可以内置于读写器中，也可以通过同轴电缆与读写器的射频输出端口相连。目前的天线产品多采用收发分离技术来实现发射和接收功能的集成。天线在 RFID 系统中的重要性往往被人们所忽视，在实际应用中，天线设计参数是影响 RFID 系统识别范围的主要因素。高性能的天线不仅要求具有良好的阻抗匹配特性，还需要根据应用环境的特点对方向特性、极化特性和频率特性等进行专门设计。

4. 中间件

中间件是一种面向消息的、可以接受应用软件端发出的请求、对指定的一个或者多个读写器发起操作并接收、处理后向应用软件返回结果数据的特殊化软件。中间件在 RFID 应用中除了可以屏蔽底层硬件带来的多种业务场景、硬件接口、适用标准造成的可靠性和稳定性问题，还可以为上层应用软件提供多层、分布式、异构的信息环境下业务信息和管理信息的协同。中间件的内存数据库还可以根据一个或多个读写器的读写器事件进行过滤、聚合和计算，抽象出对应用软件有意义的业务逻辑信息构成业务事件，以满足来自多个客户端的检索、发布/订阅和控制请求。

5. 应用软件

应用软件是直接面向 RFID 应用最终用户的人机交互界面，协助使用者完成对读写器的指令操作以及对中间件的逻辑设置，逐级将 RFID 原子事件转化为使用者可以理解的业务事件，并使用可视化界面进行展示。由于应用软件需要根据不同应用领域的不同企业进行专门制定，所以很难具有通用性。从应用评价标准来说，使用者在应用软件端的用户体验是判断一个 RFID 应用案例成功与否的决定性因素。

2.1.2　RFID 系统的基本工作原理

射频识别技术的基本原理是电磁理论。标签进入磁场后，接收解读器发出的射频信号，凭借感应电流所获得的能量发送出存储在芯片中的产品信息（无源标签或被动标签），或者由标签主动发送某一频率的信号（Active Tag，有源标签或主动标签），解读器读取信息并解码后送至中央信息系统进行相关数据处理。

射频信号是通过调成无线电频率的电磁场，把数据从附着在物品上的标签传送出去，以自动辨识与追踪该物品。某些标签在识别时从识别器发出的电磁场中就可以得到能量，无须电池供电；有的标签本身拥有电源，并可以主动发出无线电波（调成无线电频率的电磁场），由于标签包含了电子存储的信息，数米之内都可以识别。与条码不同的是，射频标签不需要处在识别器视线之内，甚至可以嵌入被追踪物体内，识别过程如图 2-1 所示。

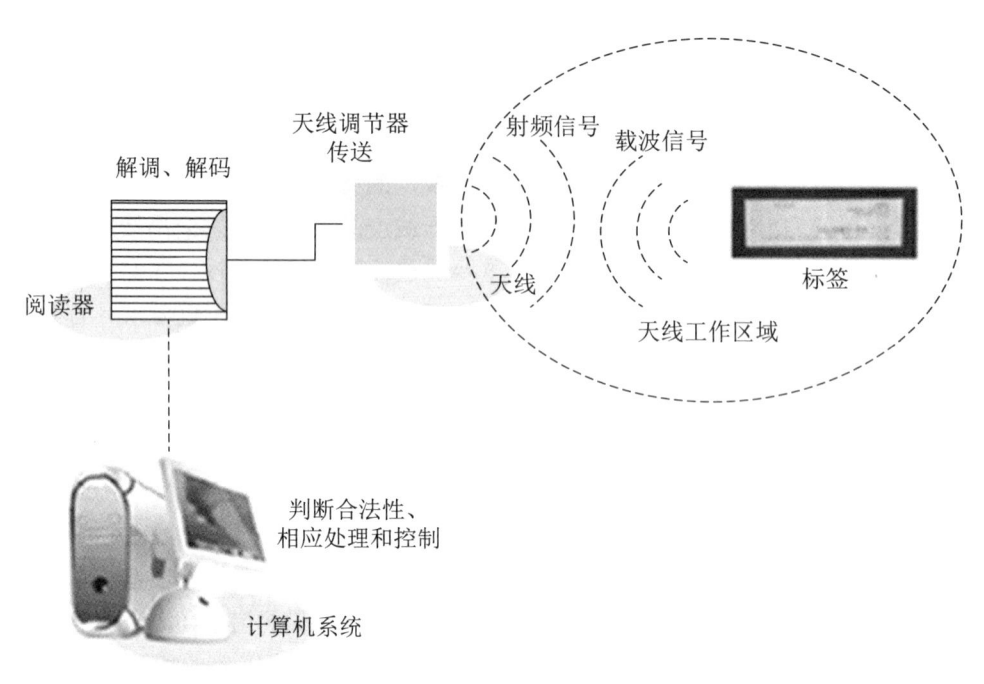

图 2-1　射频识别原理

2.1.3　RFID 的分类

RFID 按应用频率的不同可分为低频（LF）、高频（HF）、超高频（UHF）和微波（MW）。

（1）低频 RFID：通常工作在 125 kHz 到 134 kHz 的频率范围内。这类 RFID 的读取距离较短，通常只有几厘米，常应用在动物追踪、车辆入场控制以及医疗设备标签等方面。

（2）高频 RFID：通常工作在 13.56 MHz 的频率上。这种频率的 RFID 可以提供更长一点的读取距离（通常几厘米到一米），常应用在图书追踪、票务系统以及支付系统。

（3）超高频 RFID：一般工作在 860 MHz 到 960 MHz 的频率范围内。UHF RFID 可提供更长的读取距离，可达几米甚至更远，常应用于物流与供应链管理的货物监控和库存控制。

（4）微波频率 RFID：工作在 2.45 GHz 和 5.8 GHz 等更高频段，拥有高速数据传输和长距离读取能力，但受环境因素影响较大。常应用于高速数据传输以及港口的集装箱管理。

RFID 按照能源的供给方式可分为无源 RFID、有源 RFID 以及半有源 RFID。无源 RFID 读写距离近，价格低；有源 RFID 可以提供更远的读写距离，但是需要电池供电，成本要更高一些，适用于远距离读写的应用场合。

2.1.4　RFID 的发展

RFID 电子标签的发展大概经历了以下几个阶段：

（1）初创期。20 世纪 90 年代初期，RFID 技术开始得到应用，但当时 RFID 电子标签生产技术还不够成熟，主要依靠手工贴签等方式。

（2）发展期。20世纪90年代末期，随着RFID技术的不断发展以及逐步普及，RFID电子标签生产技术开始得到快速发展，出现了专门的标签印刷设备。

（3）成熟期。进入21世纪以后，RFID技术得到了更广泛的应用，RFID电子标签技术也日益成熟，开始进行批量生产。

（4）创新期。随着RFID技术的不断进步和创新，RFID电子标签技术也在不断改进和升级，如纳米印刷、激光打孔、凹版印刷等开始逐渐应用于RFID电子标签的生产过程中。

2.1.5 RFID技术应用领域

随着互联网技术的发展，射频识别技术的应用越来越广泛。RFID技术的研究和RFID产业的发展具有重要的战略意义，对社会信息化水平的提升与社会经济可持续发展起到了重要的作用。射频识别标签是一种标签形式，可将特殊的信息编码进电子标签。标签被粘贴在需要识别或追踪的物品上，如货架、汽车、自动导向的车辆、动物等。由于射频识别标签具有可读写能力，对于需要频繁改变数据内容的场合尤为适用。

在智慧交通领域，RFID技术的应用为出行者提供全方位交通信息服务和便利、高效、经济的交通运输服务。在交通运输领域，RFID技术在轨道交通中的应用主要有门禁系统、报警系统、信号灯管理系统、巡更系统、自动售检票系统等；RFID技术在城市公共交通系统中可用于公交场管理、公交收费管理、公交智能调度、公交客流信息采集、公交站点指示牌管理，其主要采用无线射频通信对分布站点和监测点上的读写器构成的信息采集网络对车载电子标签进行识别，以实现对行进中的公交进行定位，调度中心能实时收集车辆当前位置、行驶速度、运行轨迹等数据信息。在车辆管理方面，对进出车辆进行全自动化的数据采集和分析，可实现无卡、无人的进出场自动化、规范化管理，且能同时在多车道完成车辆的不停车通行且互不干扰。

在产品跟踪领域，因为电子标签能够无接触地快速识别，在网络的支持下可以实现对附有RFID标签物品的跟踪，并可清楚了解物品的移动位置，如我国的铁路列车监控系统。

在智慧物流领域，借助RFID技术，可以连续、快速地识别和处理货物信息，及时建立货物与互联网之间的连接，从而在最有效的时间内发挥货物储存的作用，实现仓储管理自动化。

RFID技术在医疗卫生领域的应用包括对药品监控预防，对患者持续护理、不间断监测、医疗记录的安全共享、医学设备的追踪、进行正确有效的医学配药，以及不断地改善数据显示和通信，还包括对患者的识别与定位功能，减少因信息差错产生的医疗事故。

拓展阅读2.1：RFID技术的应用

2.1.6 RFID技术标准

射频技术能够创建实时的、更加智能化、具有更高响应度和更具适应性的供应网络，在国外物流管理中已经有非常广泛的应用。国内由于企业的技术条件以及经济条件和管理观念的影响，RFID 技术一直没有得到广泛的应用，也没有相应的国家标准。但随着企业技术的进步和管理观念的逐步改变，射频技术在企业物流管理中必然有十分广泛的应用。

目前和 RFID 技术领域相关的标准可分为以下四大类：技术标准、数据结构标准、一致性标准和应用标准。

1. 技术标准

技术标准定义了应该如何设计不同种类的硬件和软件。这些标准提供了读写器和电子标签之间通信的细节、模拟信号的调制、数据信号的编码、读写器的命令及标签的响应；定义了读写器和主机系统之间的接口以及数据的语法、结构和内容。

ISO/IEC 14443-1 至 ISO/IEC 14443-4：定义了射频接口的特性、初始化和防冲突机制、数据传输协议等内容，通常用于近距离无线通信的标准，如智能卡和近场通信（NFC）系统。

ISO/IEC 15693-1 至 ISO/IEC 15693-3：定义了 RFID 系统的通信协议、数据格式、功率要求等，通常用于对接近场通信（vicinity coupling）RFID 系统的标准，如物品跟踪和库存管理。

ISO/IEC 18000-6：定义了询问者与标签之间在不同频率上的空中接口，覆盖了不同频段和应用领域的 RFID 系统。

EPC Gen2：定义了频率在 860～890 MHz 之间的空中接口标准，广泛应用于物流、零售等领域。

2. 数据结构标准

数据结构标准定义了从电子标签输出的数据流的含义，提供了数据可在应用系统中表达的指导方法；详细说明了应用系统和标签传输数据的指令；提供了数据标识符、应用标识符和数据语法的细节。

ISO/IEC 15424：数据载波和特征标识符。

ISO/IEC15418：EAN/UCC 应用标识符及柔性电路数据标识符和保护。

ISO/IEC 15434：高容量 ADC 媒体传输语法。

ISO/IEC 15459-1 至 ISO/IEC 15459-6：物品管理的唯一 ID。

ISO/IEC 15961-1 至 ISO/IEC 15961-4：数据协议的应用接口。

ISO/IEC 15962：数据协议的数据编码方案和逻辑内存功能。

ISO/IEC 15963-1 至 ISO/IEC 15963-3：射频标签的唯一 ID。

3. 一致性标准

一致性标准是判断电子标签和读写器是否遵循某个特定标准的测试方法。

ISO/IEC 18046-1 至 ISO/IEC 18046-4：RFID 设备性能测试方法。

4. 应用标准

应用标准定义了实现某个特定应用的技术方法。

ISO 10374：货运集装箱标准（自动识别）。

ISO 18185-1 至 ISO 18185-5：货运集装箱的电子封条的射频通信协议。

ISO 11784：动物的无线射频识别编码结构。

ISO 11785：动物的无线射频识别技术准则。

ISO 14223-1：动物的无线射频识别——高级标签第一部分的空中接口。

ANSI MH 10.8.4：可回收容器的 RFID 标准。

AIAG B—11：轮胎电子标签标准（汽车工业行动组）。

任务 2.2　认识生物识别技术

任务描述

生物识别技术是一种利用个体独特的生理或行为特征进行识别的技术。这些特征包括指纹、面部特征、虹膜、声音、掌纹等。通过完成该学习任务，熟悉生物识别技术中的语音识别技术、指纹识别技术、虹膜识别技术，了解生物识别技术的应用领域。

2.2.1　生物识别技术概述

生物识别技术是指通过计算机利用人类自身生理或行为特征进行身份认定的一种技术，如指纹识别、声音特征识别、虹膜识别技术和头像识别等。据介绍，世界上某两个人指纹相同的概率极为微小，而两个人的眼睛虹膜一模一样的情况也几乎没有。人的虹膜在两到三岁之后就不再发生变化，眼睛瞳孔周围的虹膜具有复杂的结构，能够成为独一无二的标识。与生活中的钥匙和密码相比，人的指纹或虹膜不易被修改、被盗或被人冒用，而且随时随地都可以使用。

生物识别技术是依靠人体的身体特征来进行身份验证的一种解决方案。由于人体特征具有不可复制的特性，这一技术的安全系数较传统意义上的身份验证机制有很大的提高。它采用自动技术测量所选定的某些人体特征，然后将这些特征与这个人的档案资料中的相同特征作比较。这些档案资料可以存储在一个卡片或数据库中。被使用的人体特征包括指纹、声音、掌纹、手腕和眼睛视网膜上的备管排列、眼球虹膜的图像、脸部特征、签字时和在键盘上打字时的动态。指纹扫描器和掌纹测量仪是目前应用最广泛的器材。不管使用什么样的技术，操作方法都是通过测量人体特征来识别一个人。生物特征识别技术几乎适用于所有需要进行安全性防范的场合和领域，在包括金融证券、IT、安全、公安、教育和海关等行业的许多应用中都具有广阔的前景。随着电子商务应用越来越广泛，身份认证的可靠性、安全性越来越重要，越来越需要更好的技术来支撑其实现。

所有的生物识别过程大多会经历四个步骤：原始数据获取、抽取特征、比较和匹配。首先，生物识别系统捕捉到生物特征的样品，唯一的特征将会被提取并且被转化成数字的符号。接着，这些符号被作为那个人的特征模板，这种模板可能会存放在数据库、智能卡或条码卡中。人们同识别系统进行交互，认证其身份，以确定匹配或不匹配。生物识别技术在我们不断发展的信息世界中的地位将会越来越重要。

2.2.2　语音识别技术

语音识别技术通过对语音进行信号处理和模式匹配，使得机器可以自动识别人类所说的话。这项技术也被称为自动语音识别（automatic speech recognition，ASR），能够让机器通过识别和翻译过程将语音信号转变为相应的文字或命令，实现了从口头表达到书面记录的转换。语音识别系统本质上是一种模式识别系统，包括语音信号预处理、特征提取、模式匹配、训练模型库等流程。语音识别技术原理如图2-2所示。

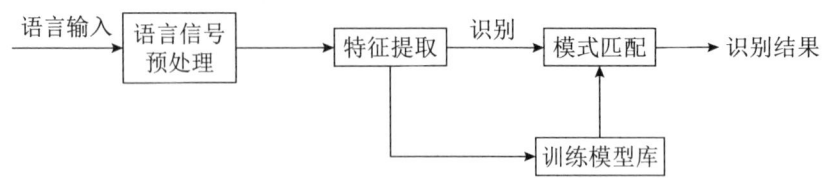

图 2-2　语音识别技术原理

在语音识别的相关应用中，采集的语音信号通常不能被直接处理，根据图2-2可知，要进行语音识别，必须先对语音信号进行预处理，得到合适的预处理信号，同时预处理的结果也会影响最终识别的效果。预处理过程主要包括预加重、加窗分帧、端点检测等环节。

经过预处理后，语音信号的量仍然很大，不能直接用于后续模型训练和识别。因此，需要进一步处理语音信号，去除多余信息并提取最能反映语音特征的参数。这些参数的质量将直接影响后续语音识别的准确性。提取的特征参数需要满足至少三个条件：首先，它们应该能够充分地体现语音信号的特征；其次，要尽可能减少提取出来的特征参数数量；最后，在采用提取方法时，时间复杂度应该尽可能的低。目前语音信号常用且能较好反映语音信号特征的两种特征参数为线性预测倒谱系数（LPCC）和梅尔倒谱系数（MFCC）。

1. 语音识别系统可以根据对输入语音的限制加以分类

如果从说话者与识别系统的相关性考虑，可以将其识别系统分为三类：

（1）特定人语音识别系统，仅考虑对于专人的话音进行识别。

（2）非特定人语音系统，识别的语音与人无关，通常要用大量不同人的语音数据库对识别系统进行学习。

（3）多人的识别系统，通常能识别一组人的语音，或者成为特定组语音识别系统，该系统仅要求对要识别的那组人的语音进行训练。

2. 语音识别主要应用的领域

（1）办公室或商务系统。典型的应用包括填写数据表格、数据库管理和控制、键盘功能增强等。

（2）制造业。在质量控制中，语音识别系统可以为制造过程提供一种"不用手""不用眼"的检控（部件检查）。

（3）电信行业。相当广泛的一类应用在拨号电话系统上都是可行的，包括话务员协助服务的自动化、国际国内远程电子商务、语音呼叫分配、语音拨号、分类订货。

（4）物流领域。语音识别技术还是一种国际先进的物流拣选技术。在很多欧美国家中，企业通过实施语音技术提高员工拣选效率，从而降低最低库存量及整体运用成本，并且大幅减少错误配送率，最终提升企业形象和客户满意度。其工作步骤主要包括：第一步，操作员根据语音提示去对应巷道和货位，到达指定货位后根据系统提示读出校验号以确认到达指定货位；第二步，作业系统根据收到的校验号确定拣选员到达了正确的货位后，会向拣选员播报需要拣取的商品和数量；第三步，拣选员从货位上搬下规定数量商品，并反馈给系统一个完成拣选的语音，此项拣选任务即算完成。

3. 语音拣选技术的优点

其主要包括以下 4 个方面：

（1）生产效率得以加倍提升。语音技术可以使工人连续工作，因此他们的动作没有间断，也不需要左右徘徊。语音可以指导工人按部就班地进行分拣，所以可以保证操作人员由始至终的高水准表现。

（2）订单错误率下降。语音系统引入了"校验码"，即：操作员通过语音密码登录自己的语音终端之后，系统将其引导至第一个拣货位。操作员读出贴在各拣货位被称为"校验码"的数字标识码，以验证所在位置是否正确。听到已分配拣货位的正确校验码后，系统将引导操作员在该货位拣取相应数量的货物；当操作员所报告的校验数字与后台系统中针对该货架位的数据不相符时，系统将告诉操作员"位置有误"。由此可见，只有听到正确校验数字后，系统才会向操作员提供拣货数量，这样就避免了误操作。

（3）培训时间减少。语音技术易学易用，只需要一个小时就可以操作，一天内就能够精通，因为工人只需要反复训练 50 多个关键词汇，然后戴上耳机和移动计算终端就可以工作了，培训时间和费用也可以大幅度降低。

（4）投资回报率高。投资回报可以从两方面来看，包括直接投资回报和间接投资回报。直接投资回报是指工人工作效率的提高、订单差错率的降低和工作劳动强度的减小，从而使工人在这方面的成本会大大降低；间接投资回报则涵盖客户满意度的提升、工人反复劳动的时间的减少等因素。

语音识别技术输入的准确率高，但不如条码准确。声音反馈虽可提高准确率，但降低了速度，而速度是声音识别技术的关键优点。

2.2.3 指纹识别技术

指纹识别技术是一项集计算机、网络、光电技术、图像处理、智能卡、数据库技术于一体的综合技术，通过利用人体所固有的生理特征或行为特征来进行个人身份鉴定。指纹是与生俱来、在手掌面这一特定部位出现的表型特征，在正常情况下，指纹具有独一无二、各不相同、终身基本不变、触物留痕、排列规整等特点。指纹中有许多特征点，这些特征点提供了指纹唯一的确认信息。

指纹识别技术主要涉及 4 个功能：读取指纹图像、提取特征、保存数据和比对。通过指纹读取设备读取到人体指纹的图像，然后再对原始图像进行初步的处理，使之更清晰，再通过指纹辨识软件建立指纹的特征数据。软件从指纹上找到被称为"节点"的数据点，即指纹纹路的分叉、终止或打圈处的坐标位置，这些点同时具有 7 种以上的唯一性特征。通常手指上平均具有 70 个节点，所以这种方法会产生大约 490 个数据。这些数据通常被称为模板。通过计算机模糊比较的方法，把两个指纹的模板进行比较，可计算出它们的相似程度，最终得到两个指纹的匹配结果。采集设备（即取像设备）可分成几类：光学、半导体传感器和其他。

指纹识别系统性能指标在很大程度上取决于所采用算法的性能。为了便于采用量化的方法表示其性能，引入了下列两个指标。

① 拒识率（false rejection rate，FRR）：是指将相同的指纹误认为是不同的而加以拒绝的出错概率。

$$FRR=（拒识的指纹数目／考察的指纹总数目）×100\%$$

② 误识率（false accept rate，FAR）：是指将不同的指纹误认为是相同的指纹而加以接收的出错概率。

$$FAR=（错判的指纹数目／考察的指纹总数目）×100\%$$

对于一个已有系统而言，通过设定不同系统阈值，就可得出FRR与FAR两个指标成反比关系，控制识读的条件越严，误识的可能性就越低，但拒识的可能性就越高。

指纹识别技术是目前最成熟的生物识别技术。自动指纹识别是利用计算机来进行指纹识别的一种方法。它得益于现代电子集成制造技术和快速而可靠的算法理论研究。尽管指纹只是人体皮肤的一小部分，但用于识别的数据量相当大，对这些数据进行比对是需要进行大量运算的模糊匹配算法。利用现代电子集成制造技术生产的小型指纹图像读取设备和速度更快的计算机，提供了在微机上进行指纹比对运算的可能。另外，匹配算法可靠性也不断提高。因此，指纹识别技术已经非常简单实用。由于计算机处理指纹时，只是涉及了一些有限的信息，而且比对算法并不是十分精确匹配，其结果也不能保证100%准确。指纹识别系统特定应用的重要衡量标志是识别率，主要包括拒识率和误识率，两者成反比关系。可根据不同的用途来调整这两个值。尽管指纹识别系统存在着可靠性问题，但其安全性也比相同可靠性级别的"用户ID+密码"方案的安全性要高得多。拒识率实际上也是系统易用性的重要指标。在应用系统的设计中，要权衡易用性和安全性。通常用比对两个或更多的指纹在达到不损失易用性的同时，可极大提高系统的安全性。

指纹识别技术的应用与技术本身的发展互相促进、相辅相成，随着计算机图像处理、模式识别等软硬件处理技术的不断发展与成熟，指纹识别系统的体积不断缩小，价格也不断下降，适用范围越来越广。随着苹果公司系列手机指纹解锁功能推动指纹识别革命，指纹识别技术强势入驻移动设备，多元化应用更是遍地开花。指纹识别技术不再局限于刑侦领域，走入了市场广大的商业、民用等多个领域。

1. 刑侦领域

刑侦是最早应用指纹识别技术和产品的领域。刑事案件侦破中，相关工作人员利用化学试剂完成指纹的显现和保存，如可以借助高空镀膜技术和荧光喷雾技术进行指纹显现，然后对指纹痕迹进行提取，经档案库指纹信息比对确定指纹主人，缩短破案时间。各国警察机关都非常重视指纹信息的收集和指纹识别系统的应用，并致力于打造高速度、大容量、集中比对、网络化运行的指纹识别系统，以期在打击犯罪、防控犯罪与服务社会中发挥更大作用。

2. 商业领域

指纹识别技术在金融业中的应用场景较多，金融机构通过引入指纹识别技术升级企业运营的安全系数。较常见的应用包括各种登录身份的确认，如保险行业中投保人及期货证券提款人的身份确认，金融行业内部人员登录及远程授权的身份认证，银行储蓄防冒领的指纹密码及通存通兑的加密方法，各类智能信用卡的防伪以及银行金库等地的进出入管理。指纹识别技术也广泛应用于移动电子商务的个人身份认证中，指纹识别验证方式也是移动支付中主要验证方式之一，可以有效对抗电子商务中的支付风险。指纹识别有效地解决了数字密码被破译或被遗忘等问题。

3. 民用领域

很多企事业单位均使用指纹考勤系统，可以有效控制代替打卡问题，保证考勤数据的真实性。指纹识别技术也可用于学生课堂考勤管理中，减少逃课缺课、代替打卡等现象，严肃课堂纪律，为高校的课堂考勤工作带来便利。指纹识别门禁系统在社区、高校、企业、实验室等地中多有应用，可以避免门禁卡或钥匙丢失带来的问题，还可以有效防范非法入侵。指纹识别技术在身份证、护照、签证等民政管理系统中也有应用，承担着公民个人身份自动识别功能。例如，高考报名进行指纹采集，学生按上自己的指纹后机器会显示出学生的头像以及其他报考信息，严防替考。

4. 其他领域

除以上相关应用外，指纹识别技术还在多种特殊场合有应用，如反恐安防领域、选举反舞弊管理、反偷渡管理等。指纹凭借其稳定性与唯一性，在多个场合均承担着身份认证的重要功能。

2.2.4 虹膜识别技术

虹膜识别是一种将数学、光学、电子学、生理学和计算机科学结合在一起的高新技术，其通过对人眼虹膜图像的采集和处理来实现对信息主体的身份认证。虹膜识别就是通过对比虹膜图像特征之间的相似性来确定人们的身份。

1. 虹膜识别技术的功能

虹膜识别技术通过对获取到的虹膜图像进行分类、整理、编号、比对来判断要识别的身份。一般来讲，可将其分为两个阶段：一是身份注册，二是身份识别，其具体的工作流程如图2-3所示。

图2-3 虹膜识别技术工作流程

各个流程的功能概括如下：

（1）虹膜图像采集。其主要功能是借助虹膜图像获取装置，以友好的人机接口、非物理接触的方式实现对虹膜图像的采集。

（2）虹膜图像质量评价。虹膜影像品质的优劣对辨识系统的效能有相当重要的影响，这就要求选择出符合评判标准的影像作为辨识系统的输入，即对采集后的影像进行质量评估，其评估标准主要包括判断影像有无散焦、有无光照模糊、睫毛是否存在遮挡、瞳孔是否存在过度变形等。

（3）虹膜定位分割。由于所获得的影像中包含了眼睑、睫毛、虹膜、瞳孔，所以必须采用某种运算方法来确定虹膜的具体位置，之后再根据已确定的虹膜位置来执行下一步的运算。

（4）虹膜归一化。瞳孔会随外部光线的强弱而膨胀或缩小，使虹膜的环状区域产生变形，针对这一问题，需要对虹膜进行归一化处理。

（5）图像增强。克服了外部照明不均匀对虹膜识别区域的影响。

（6）特征提取。是指利用某一算法，从虹膜影像中获取一种可以描述其特征的信息，并进行编码处理，进而储存到数据库中。

（7）特征比对识别。将所提取要识别的虹膜特征点与资料库中的特征点进行比较分析，进而判断要识别的身份。

2. 虹膜识别技术的特点

（1）虹膜具有随机的细节特征和纹理图像，而且这些特征在人的一生中均保持相当高的稳定性，所以虹膜就成了天然的光学指纹。

（2）虹膜具有内在的隔离和保护能力。

（3）虹膜的结构难以通过手术修改。

（4）虹膜图像可以通过相隔一定距离的摄像机捕获，不需对人体进行侵犯。

在包括指纹在内的所有生物识别技术中，虹膜识别技术是目前最可靠的生物特征识别方式之一，其误识率是各种生物特征识别方式中最低的。各类生物识别技术比较如表 2-1 所示。虹膜识别技术被广泛认为是 21 世纪最具有发展前途的生物认证技术，未来的安防、国防、电子商务等多个领域的应用，将会以虹膜识别技术为重点。这种趋势已经在全球各地的各种应用中逐渐显现，虹膜识别技术市场应用前景非常广阔。

表 2-1 各类生物识别技术比较

生物特征	普遍性	独特性	稳定性	可采集性	防欺骗性	防伪性
虹膜	高	高	高	中	高	高
人脸	高	低	中	高	中	低
指纹	高	高	中	高	高	高
语音	中	低	低	高	低	低

任务 2.3 熟悉其他识别技术

任务描述

自动识别技术在各个领域都有其应用的价值，除了 RFID 技术和生物识别技术外，还有磁卡识别技术、图像识别技术以及光学字符识别技术。在选择自动识别技术时要考虑其特定的优势、限制以及具体的应用需求，包括成本、环境适应性、实施复杂性和预期的效果。通过完成该学习任务，对磁卡识别、图像识别和光字符识别技术有一定了解，并能够为其选择合适的应用场景。

2.3.1 磁卡识别技术

1. 磁卡识别技术概述

将具有信息存储功能的特殊材料涂印在塑料基片上，就形成了磁卡。我们常用的磁卡是通过磁条记录信息的。磁条就是一层薄薄的由定向排列的铁性氧化粒子组成的材料（也称为涂料），用树脂黏合在一起并粘贴在诸如纸或塑料这样的非磁性基片上，其应用了物理学的基本原理。

磁卡是一种磁记录介质卡片。它由高强度、耐高温的塑料或纸质涂覆塑料制成，防潮、耐磨且有一定的柔韧性，携带方便、使用较为稳定可靠。通常，磁卡的一面印刷有说明提示性信息，如插卡方向；另一面则有磁层或磁条，具有2—3个磁道以记录有关信息数据。

磁卡以液体磁性材料或磁条为信息载体，将液体磁性材料涂覆在卡片上或将宽6—14mm的磁条压贴在卡片上。磁条上有三条磁道，前两条磁道为只读磁道，第三条磁道为读写磁道，如记录账面余额等。磁卡的信息读写相对简单，磁卡使用方便，成本低，从而磁卡识别技术较早地获得了发展，并进入了多个应用领域，如电话预付费卡、收费卡、预约卡、门票、储蓄卡、信用卡等。信用卡是磁卡较为典型的应用。发达国家从20世纪60年代就开始普遍采用了金融交易卡支付方式。

2. 磁卡读写原理

磁条卡的读写都是由磁头执行的，磁头由三部分组成：软磁性磁芯、线圈、磁路间隙。软磁性磁芯组成磁路，它由低矫顽力和高导磁率的软磁化材料构成。线圈的作用是把线圈中的变化的电动势变成变化的磁通或者将线圈中变化的磁通变成变化的电动势。磁路间隙的作用是形成漏磁。

为了将数据信息写入磁卡，要进行编码，如调频制（FM）、调相制（PM）、改进调频制（MFM，F2F）等。将经过编码的信号电流通入写磁头，并且使写磁头与磁卡磁性面贴近，写磁头与磁卡间以一定的速度进行相对运动，磁轨被磁化，信息即被写入磁卡的磁轨之上。 实际的操作是将磁轨贴近磁路间隙，并以一定的速度通过磁头，磁通因为磁路间隙处的磁阻较大而主要通过磁卡的磁性体来构成磁通回路，使磁轨被磁化，借助剩磁效应来完成数据信息的写入。

磁卡数据的读出是写入的反向过程，是将磁轨上的磁信号转变成电信号，通过二进制编码转化成二进制信号，最后将二进制信号转变成源信号。实际操作是将磁轨贴近磁路间隙，磁轨以一定的速度通过磁头，使磁头磁路有磁通变化。根据电磁感应定律，磁头线圈产生感应电势，即磁轨上的磁信号转变成电信号，磁头线圈两端产生电压信号，通过二进制译码磁卡上的信息被读出。

3. 磁卡的特点

磁条的特点是：数据可读写，即具有现场改变数据的能力；数据的存储一般能满足需要；使用方便、成本低廉。这些优点使得磁卡的应用领域十分广泛，如信用卡、银行ATM卡、会员卡、现金卡（如电话磁卡）、自动售货卡等。磁卡技术的限制因素是数据存储的时间长短受磁性粒子极性的耐久性限制，另外，磁卡存储数据的安全性一般较低，如磁卡不小心接触磁性物质就可能造成数据的丢失或混乱，相比于具有加密能力的智能卡等更容易被复制和篡改。要提高磁卡存储数据的安全性能，就必须采用另外的相关技术，但会增加成本。随着新技术的发展，安全性能较差的磁卡有逐步被取代的趋势，但在现有条件下，社会上仍然存在大量的磁卡设备，再加上磁卡技术的成熟和低成本，短期内磁卡技术仍然会在许多领域中应用。

2.3.2 图像识别技术

1. 图像识别技术概述

随着微电子技术及计算机技术的蓬勃发展,图像识别技术得到了广泛应用和普遍重视。作为一门技术,它创始于20世纪50年代后期。1964年美国喷射推进实验室(JPL)使用计算机对太空船送回的大批月球照片处理后得到了清晰逼真的图像,这是该技术发展的里程碑。经过近半个世纪的发展,图像识别技术已经成为科研和生产中不可或缺的重要部分。

20世纪70年代末以来,数字技术和微电子技术的迅猛发展给数字图像处理提供了先进的技术手段,"图像科学"也从信息处理、自动控制系统理论、计算机科学、数据通信和电视技术等学科中脱颖而出,成长为旨在研究"图像信息的获取、传输、存储、变换、显示、理解与综合利用"的崭新学科。

具有"数据量大、运算速度快、算法严密、可靠性强、集成度高、智能性强"等特点的各种应用图文系统在国民经济各部门得到广泛应用,并且正在逐渐深入人们的日常生活。现在,通信、广播、计算机技术、工业自动化和国防工业乃至印刷、医疗等部门的尖端课题无一不与图像科学的进展密切相关。事实上,图像科学已成为各高技术领域的交汇点。

"图像科学"的广泛研究成果同时也扩大了"图像信息"的原有概念。广义而言,图像信息不必以视觉形象乃至非可见光谱(红外、微波)的"准视觉形象"为背景,只要是对同一复杂的对象或系统,从不同的空间点、不同的时间等诸方面收集到的全部信息之总和,就称为多维信号或广义的图像信号。多维信号的观点已渗透到如工业过程控制、交通网管理及复杂系统分析等理论之中。

2. 自动图像识别系统

自动图像识别系统的过程分为五部分:图像输入、预处理、特征提取、图像分类和图像匹配,如图2-4所示。

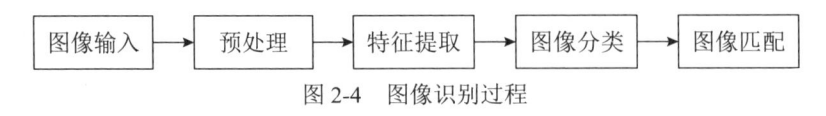

图像输入 → 预处理 → 特征提取 → 图像分类 → 图像匹配

图2-4 图像识别过程

(1)图像输入:将图像采集下来并输入计算机进行处理是图像识别的首要步骤。

(2)预处理:为了减少后续算法的复杂度和提高效率,图像的预处理是必不可少的。其中背景分离是将图像区与背景分离,从而避免在没有有效信息的区域进行特征提取,加速后续处理的速度,提高图像特征提取和匹配的精度;图像增强的目的是提高图像质量,恢复其原来的结构;图像的二值化是将图像从灰度图像转换为二值图像;图像细化是把清晰但不均匀的二值图像转化成线宽仅为一个像素的点线图像。

(3)特征提取:为了保证后续处理的质量,生成的特征要具备描述物体的典型特性,它们都必须满足以下特点:独特性、完整性、几何变换下的不变性、灵敏性以及抽象性。

(4)图像分类:在图像系统中,输入的图像要与数十上百甚至上千个图像进行匹配,为了减少搜索时间、降低计算的复杂度,需要按照一定的规则,通过分析和训练建立合理的样板库并且将待识别样本进行正确分类。

（5）图像匹配：是在图像预处理和特征提取的基础上，将当前输入的测试图像特征与事先保存的模板图像特征进行比对，通过它们之间的相似程度来判断这两幅图像是否一致。

图像识别技术已经在多个领域得到了广泛应用，如人脸识别、车牌识别、物体检测等。这些应用证明了图像识别技术在实际场景中的有效性和可行性。图像识别技术应用在电力施工现场安全管理中，通过施工现场的摄像头进行监控和分析，实时检测并识别出存在的安全隐患，如人员违章行为、机械设备故障等，以提高施工现场的安全程度。图像识别技术在无人机飞临浮标附近搜索时自动识别浮标，并对浮标进行绕飞、拍摄、定位，以达到巡视巡检的目的。在智慧农业的发展中，通过图像识别技术对果蔬图像进行识别、处理、分析，判断果蔬的成熟度，进而判断是否对其进行采摘，可以显著提高果蔬的生产效率，使农业生产朝着自动化和智能化的方向发展。

2.3.3　光学字符识别技术

光学字符识别（optical character recognition，OCR），是指电子设备通过检测纸面字迹暗、亮的模式确定其形状，然后用字符识别方法将形状翻译成计算机文字的过程，该技术对生产生活有着重要作用。它能够将不同类型的文档，比如扫描的纸质文件、PDF 文件或图片中的文字转换成机器编码的数据。这项技术使得编辑、搜索、存储、处理和显示文档中的文字内容变为可能，与传统的手工录入方式相比，OCR 技术大大提高了人们资料存储、检索、加工的效率。

拓展阅读 2.2：OCR 技术发展历史

1. 光学字符识别的特征

（1）文本转换：OCR 技术可以识别和转换不同字体样式和大小的文本，包括手写文本和打印文本。

（2）高准确率：现代 OCR 软件能够以高准确率识别文本，甚至能处理略显复杂的布局和格式，如表格和列。

（3）多语言识别：OCR 系统支持多种语言识别，这使得它们能够应用于全球范围内的文档处理。

（4）快速处理：通过 OCR 技术，大量的文档可以迅速被转换和处理，大大提高了办公效率和文档管理效率。

2. 光学字符识别的应用领域

（1）档案数字化：得益于 OCR 技术，将纸质记录和档案转换成电子格式变得方便快捷，这使纸质档案管理方面朝着数字化方向快速发展。

（2）自动表单处理：在业务流程自动化中，OCR 可以自动读取和处理表单上的信息，如发票、订单和申请表。

（3）法律和医疗记录管理：OCR 允许快速转换大量的法律和医疗文件，使文件管理变得更加高效和易于检索，同时还可以利用该技术自动化生成超声报告，实时编写报告，减少超声医师工作量，提高工作效率。

（4）教育资源：教材和其他教育资料可以通过 OCR 技术转换成电子格式，加快教育资源信息化、数字化发展。

（5）无障碍阅读：OCR 技术能帮助视障人士通过文本到语音转换软件访问印刷材料，促进信息获取的平等性。

【项目综合实训】

1. 了解射频识读设备的安装，包括硬件的连接、软件的安装。
2. 熟悉射频识读设备的使用操作：
（1）射频标签的数据写入；
（2）射频标签的识读。
3. 到学校食堂调研，了解射频识别系统的读写操作和工作原理。

【思考题】

1. RFID 系统结构包括哪些部分？
2. 简述 RFID 的工作原理。
3. 生物识别技术包含哪几种类型？具体应用于哪些领域？
4. 语音识别系统有哪几类？
5. 生活中应用的自动识别技术有哪些？分别列举典型的应用场景。

【在线测试题】
扫描二维码，在线答题。

项目三　走进 GS1

项目目标

知识目标：
1. 了解 GS1 标准体系的发展历史；
2. 掌握 GS1 标准体系的架构和内容；
3. 掌握 GS1 标准体系的应用领域。

能力目标：
1. 熟悉 GS1 标准体系的架构；
2. 将 GS1 标准体系应用于相关领域。

素质目标：
1. 培养总结归纳能力；
2. 提升自我学习能力。

知识导图

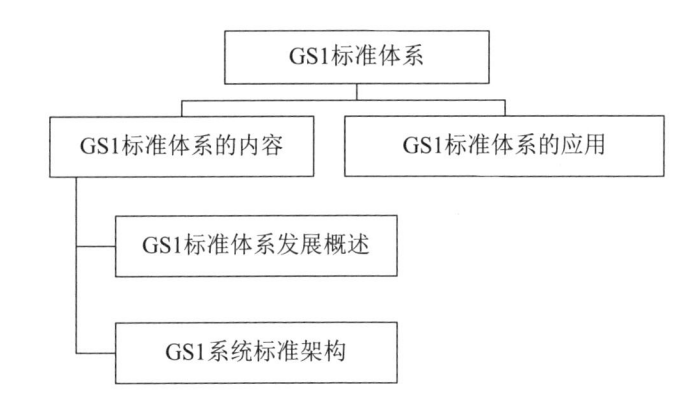

```
                    GS1标准体系
                   ┌─────┴─────┐
         GS1标准体系的内容    GS1标准体系的应用
              │
              ├── GS1标准体系发展概述
              │
              └── GS1系统标准架构
```

导入案例

GS1——活跃于各领域的"全能高手"

如今，GS1 已活跃于社会各个领域，从食品追溯、医疗卫生等行业应用到商业零售、物流、电子商务领域实施及物联网标识等，哪里都少不了 GS1 的身影。

食品追溯

民以食为天，随着人民生活水平的提高，人们的食品安全意识逐渐增强，食品安全问题也引起人们广泛关注。由国际物品编码协会（GS1）提出的 GS1 全球追溯标准,为食品安全追溯提供了一个完整的解决方案。商品条码充当了食品的唯一"身份证",对食品加工、储藏、运输等供应链各环节进行标识,并记录食品批次号、有效期等相关信息。一旦消费者遇到问题食品,便可通过扫描商品条码实现层层追溯,找出问题源头,使企业快速撤回同批次问题食品,最大化降低企业损失,维护消费者权益。通过基于GS1的食品质量安全追溯,可有效提升政府部门的质量监管和食品安全管理能力,提高社会效益和经济效益,为我国质量追溯工作提供强有力的支撑。

医疗卫生

医疗卫生行业的GS1应用与人们的生命健康息息相关,可更好地保障患者的医疗健康。商品条码——药品、医疗器械全生命周期唯一的身份标识,可以对药品、医疗器械从生产到使用各个环节进行唯一标识。其中,UDI(医疗器械唯一标识)是GS1提出的商品条码在医疗行业中应用之一,通过对医疗器械的唯一标识,自动采集和存储各环节数据信息,确保医疗器械从制造商、分销商、托运商、医疗卫生机构到最终的患者手中,各个环节皆有"源"可循。如今医疗安全事故频发,有了GS1的支撑,就可通过商品条码快速、准确地找到问题所在,高效召回并反向追究责任源头,保障患者生命安全。随着GS1在医疗卫生领域的不断推广,GS1在医药物流信息化、医药零售POS结算、中药材追溯、医疗器械全程追溯、化妆品市场监管等方面都得到企业好评,GS1在医疗卫生领域的应用未来可期。

商业零售

在超市结算时,售货员用扫码设备对着商品包装上的商品条码简单一扫,就可从后台数据库调取相应的商品信息,最终以价格形式显示到POS机上,待所有商品扫码完毕,总的价格也就自动输出到电脑终端,从而快速完成商品结算。商品条码在减少顾客排队等待时间、增加顾客满意度的同时,也提高了超市零售结算效率。在销售结算完成后,通过商品条码还可以将每一笔销售信息实时传送到零售商的内部管理系统,管理人员就可以随时了解各大卖场的经营信息,建立合理的商品营销计划,及时补货、调货,降低产品库存,提高管理效率。在数字经济的带动下,新零售时代已经来临,由编码体系、数据载体体系、数据交换体系构成的GS1系统作为极其关键的信息化、标准化技术,在未来还将发挥更重要的作用。

物流

随着移动互联网与电子商务的飞速发展,物流行业在两者推动下发展势头越来越迅猛。GS1已广泛应用于物流过程中的包装、分拣、仓储、批发、配送等,为物流行业带来新的经济增长点。物流过程中,通过扫描包装箱、托盘上的商品条码可快速实现商品的分拣、发货、盘点、补货、派送、收货、退货等,节省大量人力、物力和时间。同时,还可自动采集商品信息,将信息上传至企业信息系统,对数据信息进行分析和处理,为产品数量统计与预测提供精准、及时的信息,在降低物流成本的同时,提高企业管理效率。

基于商品快速流通的需要,标准化运用商品条码是大势所趋,只有在生产、运输、仓储、配送等物流各环节应用统一的商品条码,提升我国消费品流通自动化、信息化水平，才能为企业创造更多利润，为物流行业带来更多效益，为消费者创造更高的价值。

电子商务

随着"6·18""双11""双12"等电商平台营销活动的深度推广，网络购物已然深入人心，这也进一步促进电子商务迅猛发展。商品条码作为电子商务产品线上流通领域的唯一"身份证"和国际"通行证"，在国际贸易中发挥着日益重要的作用。在"互联网+"时代，电商平台采用商品条码实现商品数据自动采集、精准入库、快速查找、网店管理、O2O等应用模式已成为必然趋势。GS1使得电商企业提供的商品在全球任何国家和地区畅通无阻，无论是在线上交易还是线下产品流通，电商企业都可保持交易主体一致性，降低运行成本，提高交易效率，真正实现无纸化贸易。有了GS1的支撑，电子商务产品无论走到哪里都可以实现有据可查、有源可溯，使整个流通可视化、透明化，助力电商突破"瓶颈"，保障产品质量，顺利实现跨境贸易。

物联网标识

物联网中的"物"即物品，通过对物品进行编码，可实现物品的数字化。随着云技术、物联网大门的打开，"万物互联、智能互联"的时代正在到来，GS1为物联网实现万物互联提供底层标准化编码标识技术支撑，为物联网中信息的传送、获取与处理提供基础数据。将GS1应用于物联网标识，进而建立我国物联网编码体系，既能为不同的企业提供整体的"一物一码"解决方案，满足物联网各个行业的应用需求，又能实现不同领域的信息互联和数据共享。

GS1作为万物互联的纽带，将产品生态链上产品数据、营销数据、物流数据、仓储数据等多环节静态、动态商品数据进行整合，将进一步助力国家建立万物互联的大数据生态系统。

随着社会信息化、智能化水平的不断推进，GS1应用领域也在进一步拓宽，在工业互联网、装配式建筑、智慧交通、互联网金融等领域都可看到GS1的身影。相信，GS1的深度应用将会使我们的生活更加智慧、更加美好。

（资料来源：河北省标准化研究院官网：http://scjg.hebei.gov.cn/info/51323.）

任务3.1 解读GS1标准体系的内容

任务描述

国际物品编码协会（Global Standards1，GS1）是全球性的、中立的非营利组织，致力于通过制定全球统一的产品标识和电子商务标准，实现供应链的高效运作与可视化。GS1总部设在布鲁塞尔，截至2016年10月，在全球已拥有112个成员组织。通过完成该学习任务，熟悉GS1标准体系的发展和特征，掌握GS1标准体系架构。

任务知识

3.1.1 GS1 标准体系发展概述

1. GS1 标准体系的形成

GS1 标准体系的形成主要经历了以下几个方面。

（1）美国统一编码系统（Uniform Code Council，UCC）。1973 年美国统一编码委员会建立了 UPC 条码系统，并全面实现了该码制的标准化。UPC 条码成功应用于商业流通领域中，对条码的应用和普及起到了极大的推动作用。自条码系统成立以来，美国统一编码委员会一直以顾客需求为导向，孜孜不倦地改进与创新标准化技术，不断探索适用于全球供应链的有效解决方案。

（2）欧洲物品编码系统（European Article Numbering，EAN）。国际物品编码协会（GS1）是一个由世界各国物品编码组织参加的非营利性非政府间技术团体。其前身是 1977 年成立的欧洲物品编码协会（EAN）。随着世界各主要国家的编码组织相继加入，1981 年更名为国际物品编码协会，总部设在比利时首都布鲁塞尔。其宗旨是开发和协调全球性的物品标识系统，促进国际贸易的发展。

EAN 自建立以来，始终致力于建立一套国际通行的全球跨行业的产品、运输单元、资产、位置和服务的标识标准体系和通信标准体系。这套国际上通用的标识系统，旨在用数字和条码标识国家名称、制造厂名称、物品和商品的有关特征，为实现快速、有效地自动识别、采集、处理和交换信息提供了保障，为各国商品进入超级市场提供先决条件，促进了国际贸易的发展。EAN 系统正广泛应用于工业生产、运输、仓储、图书及票汇等领域，其目标是向物流参与方和系统用户提供增值服务，提高整个供应链的效率，加快实现包括全方位跟踪在内的电子商务进程。

（3）EAN 与 UCC 的联盟及 GS1 标准体系的形成。国际 EAN 自成立以来，不断加强与美国统一代码委员会的合作，先后两次达成 EAN/UCC 联盟协议，以共同开发管理 EAN·UCC 系统。在 1987 年的 EAN 全体会议上，EAN 和 UCC 达成了一项联盟协议，根据这项协议，国际 EAN 的各会员国（地区）的出口商若需要 UPC 码，可以通过当地的 EAN 编码组织向 UCC 申请 UPC 厂商代码。

EAN 与 UCC 在组织和技术上都一直保持着不同层次的接触。除交换大量信件和文件资料外，UCC 的执行主席还经常参加 EAN 的执委会，并加入了 EAN 技术委员会。EAN 的主席和秘书长同样参加 UCC 的高层次活动及技术会议。1989 年，双方又共同合作，开发了 UCC/EAN-128 条码，简称 EAN-128 码（现称 GS1-128 条码）。2002 年 11 月 26 日 EAN 正式接纳 UCC 成为 EAN 的会员。UCC 的加入有助于发展、实施和维护 EAN·UCC 系统，有助于实现制定无缝的、有效的、全球标准的共同目标。

2005 年 2 月，EAN 正式更名为 GS1（Global Standard 1），EAN·UCC 系统被称为 GS1 系统。GS1 系统被广泛应用于商业、工业、产品质量跟踪追溯、物流、出版、医疗卫生、金融保险和服务业，在现代化经济建设中发挥着越来越重要的作用。

2. GS1 标准体系的发展

UPC 码的成功使用促进了欧洲编码系统的产生。到 1981 年，EAN 已发展成为一个国际性组织，同时使 EAN 系统码制与 UPC 系统码制兼容。EAN-13 由 13 位数字代码构成，因为它是在考虑与 UPC 码兼容的基础上设计而成的。因此，一般来讲，EAN 系统的扫描设备可以识读 UPC 条码符号。除早期安装在食品商店的 UPC 扫描设备只能识读 12 位数字的 UPC 条码外，近年来 UCC 开发的扫描设备均能识读 EAN 码。

随着商业贸易领域的扩展和贸易规范内容的不断增加，商品需要附带的信息也越来越多，因此国际物品编码协会和美国统一代码委员会共同设计了 UCC/EAN-128 条码（现称 GS1-128 条码）并将其作为 EAN/UPC 标准补充码的条码符号，确定了一系列应用标识符（application identifier，AI）用于定义补充代码的数据含义，最终形成国际唯一的通用商品标识系统——GS1 系统。

随着条码技术在世界各国的普及，GS1 系统作为国际通用的商品标识体系的地位已经确定。在此基础上，GS1 系统又在全球范围内开始建设全球产品分类数据库、推广应用射频标签对流通中的商品分别标识，以及用于流通领域电子数据交换规范（EANCOM/ebXML）等新技术。

GS1 系统是一个动态的系统，随着经济和技术发展而不断完善。目前，GS1 正在通过技术创新、技术支持和制定物流供应和管理的多行业标准，以市场为中心，不断研究和开发，为所有商业需求提供创新有效的解决方案，以实现"在全球市场中采用一个标识系统"的目标。

3. GS1 标准体系的特征

GS1 标准体系具有以下特征：

（1）系统性。GS1 系统拥有一套完整的编码体系，采用该系统对供应链各参与方、贸易项目、物流单元、资产、服务关系等进行编码，解决了供应链上信息编码不唯一的难题。这些标识代码是计算机系统信息查询的关键字，是信息共享的重要手段。同时，也为采用高效、可靠、低成本的自动识别和数据采集技术奠定了基础。此外，GS1 系统的系统性还体现在它通过流通领域电子数据交换规范（EANCOM）进行信息交换。EANCOM 以 GS1 系统代码为基础，是联合国 EDIFACT 的子集。这些代码及其他相关信息以 EDI 报文形式传输。

（2）科学性。GS1 系统对不同的编码对象采用不同的编码结构。这些编码结构间存在内在联系，因而具有整合性。

（3）全球统一性。GS1 标准体系广泛应用于全球流通领域，已经成为事实上的国际标准。

（4）可扩展性。GS1 标准体系是可持续发展的。随着信息技术的发展与应用，该系统也在不断发展和完善。产品电子代码（electronic product code，EPC）就是该系统的新发展。GS1 系统通过向供应链参与方及相关用户提供增值服务来优化整个供应链的管理效率。GS1 系统已经广泛应用于全球供应链中的物流业和零售业，避免了众多互不兼容的系统所带来的时间和资源的浪费，降低系统的运行成本。采用全球统一的标识系统，能保证全球企业采用一个共同的数据语言实现信息流和物流快速、准确的无缝链接。

3.1.2 GS1 系统标准架构

GS1 系统指的是 GS1 组织创建的标准、指南、解决方案和服务的集合。

GS1 系统标准体系是以全球统一的物品编码体系为中心集条码、射频等自动数据采集、电子数据交换等技术系统于一体的服务于物流供应链的开放的标准体系。根据其在支持信息需求方面的作用，GS1 系统标准可以划分为标识标准、采集标准、共享标准、应用标准四组，如图 3-1 所示。GS1 系统标准及分组如表 3-1 所示。

图 3-1 GS1 系统标准架构

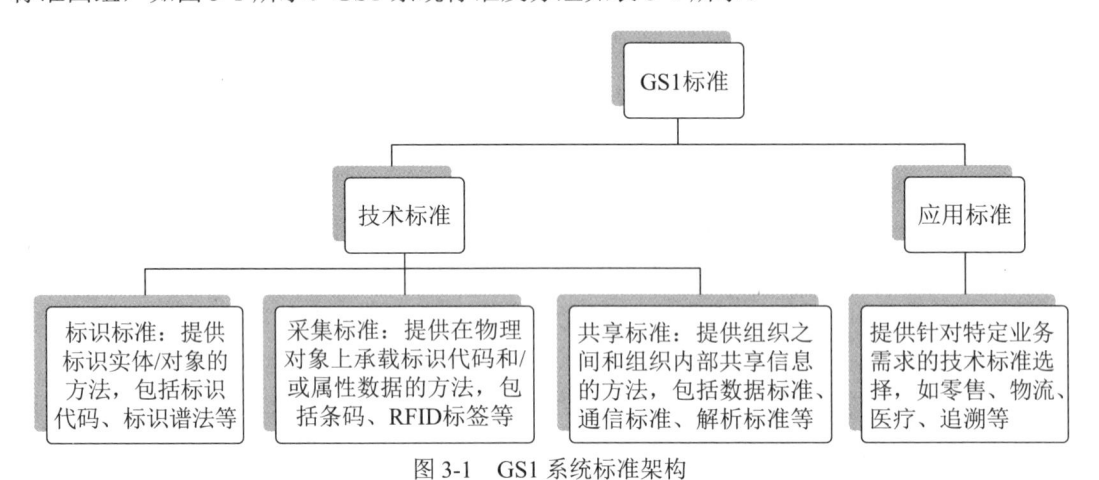

表 3-1 GS1 系统标准及分组

标准号	标准名称	技术标准 标识标准	技术标准 采集标准	技术标准 共享标准	应用标准
GB/T 12905—2019	条码术语	标识			
GB/T 16986—2018	商品条码 应用标识符	标识			
GB/T 23832—2022	商品条码 服务关系编码与条码表示	标识	采集		
GB/T 23833—2022	商品条码 资产编码与条码表示	标识	采集		
GB/T 16828—2021	商品条码 参与方位置编码与条码表示	标识	采集		
GB/T 36069—2018	商品条码 贸易单元的小面积条码表示	标识	采集		
GB/T 31003—2014	化纤物品物流单元编码与条码表示	标识	采集		
GB/T 31005—2014	托盘编码及条码表示	标识	采集		
GB/T 18127—2009	商品条码 物流单元编码与条码表示	标识	采集		
GB 12904—2008	商品条码 零售商品编码与条码表示	标识	采集		
GB/T 16830—2008	商品条码 储运包装商品编码与条码表示	标识	采集		
GB/T 16828—2007	商品条码 参与方位置编码与条码表示	标识	采集		
GB/T 18283—2008	商品条码 店内条码	标识	采集		
GB/T 32007—2015	汽车零部件的统一编码与标识	标识	采集		
GB/T 19251—2003	贸易项目的编码与符号表示导则	标识	采集		

续表

标准号	标准名称	技术标准 标识标准	技术标准 采集标准	技术标准 共享标准	应用标准
GB/T 31775—2015	中药在供应链管理中的编码与表示	标识	采集		
GB/T 12906—2008	中国标准书号条码	标识	采集		
GB/T 16827—1997	中国标准刊号（ISSN 部分）条码	标识	采集		
GB/T 23559—2009	服装名称代码编制规范	标识			
GB/T 23560—2009	服装分类代码	标识			
GB/T 20563—2006	动物射频识别 代码结构	标识			
GB/T 16472—1996	货物类型、包装类型和包装材料类型代码	标识			
GB/T 6512—1998	运输方式代码	标识			
GB/T 31774—2015	中药编码规则及编码	标识			
GB/T 20133—2006	道路交通信息采集 信息分类与编码	标识			
GB/T 26820—2011	物流服务分类与编码	标识			
GB/T 31866—2015	物联网标识体系 物品编码 Ecode	标识			
GB/T 31773—2015	中药方剂编码规则及编码	标识			
GB/T 18348—2022	商品条码 条码符号印制质量的检验		采集	检测	
GB/T 26227—2010	信息技术 自动识别与数据采集技术 条码原版胶片测试规范		采集	检测	
GB/T 26228.1—2010	信息技术 自动识别与数据采集技术 条码检测仪一致性规范 第 1 部分：一维条码		采集	检测	
GB/T 14258—2003	信息技术 自动识别与数据采集技术 条码符号印制质量的检验		采集	检测	
GB/T 23704—2009	信息技术 自动识别与数据采集技术 二维条码符号印制质量的检验		采集	检测	
GB/T 18805—2002	商品条码印刷适性试验		采集	检测	
GB/T 23704—2017	二维条码符号印制质量的检验		采集	检测	
GB/T 35402—2017	零部件直接标记二维条码符号的质量检验		采集	检测	
GB/T 15425—2014	商品条码 128 条码		采集	码制	
GB/T 12907—2008	库德巴条码		采集	码制	
GB/T 21335—2008	RSS 条码		采集	码制	
GB/T 16829—2003	信息技术 自动识别与数据采集技术 条码码制规范 交插二五条码		采集	码制	
GB/T 12908—2002	信息技术 自动识别和数据采集技术 条码符号规范 三九条码		采集	码制	
GB/T 18347—2001	128 条码		采集	码制	
GB/T 21049—2022	汉信码		采集	码制	

续表

标准号	标准名称	技术标准 标识标准	技术标准 采集标准	技术标准 共享标准	应用标准
GB/T 18284—2000	快速响应矩阵码		采集	码制	
GB/T 31770—2015	D9ing 矩阵图码防伪技术条件		采集	码制	
GB/T 27766—2011	二维条码 网格矩阵码		采集	码制	
GB/T 27767—2011	二维条码 紧密矩阵码		采集	码制	
GB/T 17172—1997	四一七 条码		采集	码制	
GB/T 41916—2022	应急物资包装单元条码标签设计指南		采集		应用
GB/T 19946—2022	包装 用于发货、运输和收货标签的一维条码和二维条码		采集		应用
GB/T 41854—2022	包装 产品包装用的一维条码和二维条码		采集		应用
GB/T 41977—2022	包装 一维条码和二维条码的标签和直接产品标记		采集		应用
GB/T 36078—2018	医药物流配送条码应用规范		采集		应用
GB/T 36080—2018	条码技术在农产品冷链物流过程中的应用规范		采集		应用
GB/T 35918—2018	动物制品中动物源性检测基因条码技术 Sanger 测序法		采集		应用
GB/T 43271—2023	木材鉴定 DNA 条形码方法		采集		应用
GB/T 35419—2017	物联网标识体系 Ecode 在一维条码中的存储		采集		应用
GB/T 33257—2016	条码技术在仓储配送业务中的应用指南		采集		应用
GB/T 33256—2016	服装商品条码标签应用规范		采集		应用
GB/T 31006—2014	自动分拣过程包装物品条码规范		采集		应用
GB/T 29267—2012	热敏和热转印条码打印机通用规范		采集		应用
GB/T 14257—2009	商品条码 条码符号放置指南		采集		应用
GB/T 20232—2006	缩微摄影技术 条码在开窗卡上的使用规则		采集		应用
GB/T 18410—2001	车辆识别代号条码标签		采集		应用
GB/T 40204—2021	追溯二维码技术通则		采集		应用
GB/T 38574—2020	食品追溯二维码通用技术要求		采集		应用
GB/T 35420—2017	物联网标识体系 Ecode 在二维码中的存储		采集		应用
GB/T 33993—2017	商品二维码		采集		应用
GB/T 31022—2014	名片二维码通用技术规范		采集		应用
GB/T 34920—2017	基于 ebXML 提货单报文			共享	
GB/T 34921—2017	基于 ebXML 国际多式联运提单报文			共享	
GB/T 34922—2017	基于 ebXML 国际道路货物运单报文			共享	
GB/T 33894—2017	基于 ebXML 装箱单报文			共享	
GB/T 32171—2015	基于 ebXML 不可撤销跟单信用证报文			共享	

续表

| 标准号 | 标准名称 | 技术标准 ||| 应用标准 |
		标识标准	采集标准	共享标准	
GB/T 32172—2015	基于ebXML不可撤销跟单信用证申请书报文			共享	
GB/T 32173—2015	基于ebXML一般原产地证明书报文			共享	
GB/T 32174—2015	基于ebXML询价单（报价申请/要约邀请）报文			共享	
GB/T 32175—2015	基于ebXML商业发票报文			共享	
GB/T 32176—2015	基于ebXML货物运输保险保单报文			共享	
GB/T 25114.3—2010	基于ebXML的商业报文 第3部分：订单			共享	
GB/Z 25114.2—2010	用于ebXML的商业报文 第2部分：参与方信息			共享	
GB/Z 25114.1—2010	基于ebXML的商业报文 第1部分：贸易项目			共享	
GB/T 19255—2003	运输状态报文			共享	
GB/T 18716—2002	汇款通知报文			共享	
GB/T 18785—2002	商业账单汇总报文			共享	
GB/T 18157—2000	装箱单报文			共享	
GB/T 18124—2000	质量数据报文			共享	
GB/T 18125—2000	交货计划报文			共享	
GB/T 18128—2000	应用错误与确认报文			共享	
GB/T 18129—2000	价格/销售目录报文			共享	
GB/T 18130—2000	参与方信息报文			共享	
GB/T 18017.2—1999	订舱确认报文 第2部分：订舱确认报文子集 订舱确认报文			共享	
GB/T 18016.2—1999	实际订舱报文 第2部分：实际订舱报文子集 订舱报文			共享	
GB/T 17705—1999	销售数据报告报文			共享	
GB/T 17706—1999	销售预测报文			共享	
GB/T 17707—1999	报价报文			共享	
GB/T 17708—1999	报价请求报文			共享	
GB/T 17709—1999	库存报告报文			共享	
GB/T 17537—1998	订购单应答报文			共享	
GB/T 17536—1998	订购单变更请求报文			共享	
GB/T 17231—1998	订购单报文			共享	
GB/T 17232—1998	收货通知报文			共享	
GB/T 17233—1998	发货通知报文			共享	
GB/T 18715—2002	配送备货与货物移动报文			共享	

GS1系统标准的标识、采集、共享标准内容架构如图3-2所示，主要内容构成如

图 3-3 所示。

编码体系
- 全球贸易项目代码（GTIN）
- 系列货运包装箱代码（SSCC）
- 全球参与方位置码（GLN）
- 全球可回收资产标识（GRAI）
- 全球单个资产标识（GIAI）
- 全球服务关系代码（GSRN）
- ……

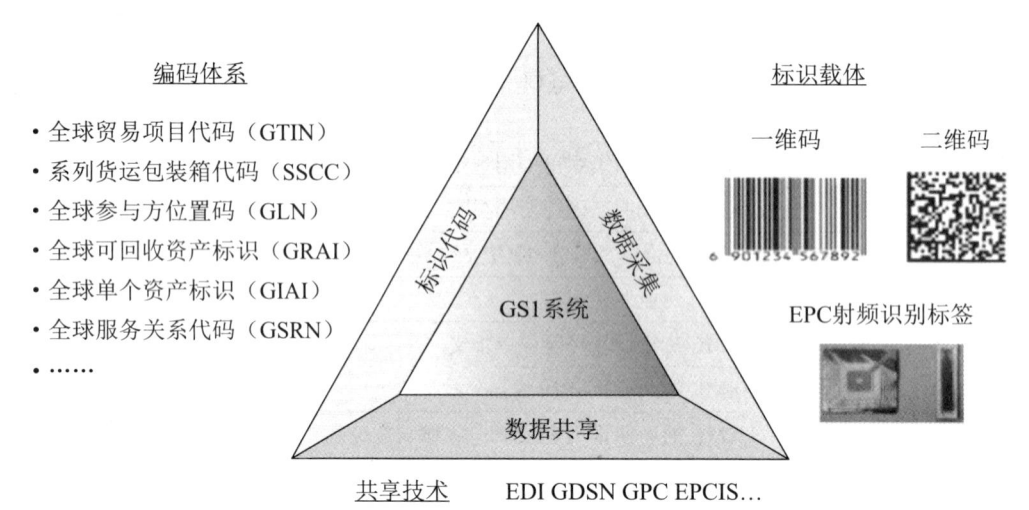

标识载体
一维码　二维码
EPC射频识别标签

共享技术　EDI GDSN GPC EPCIS…

图 3-2　GS1 系统标准的标识、采集、共享标准内容架构

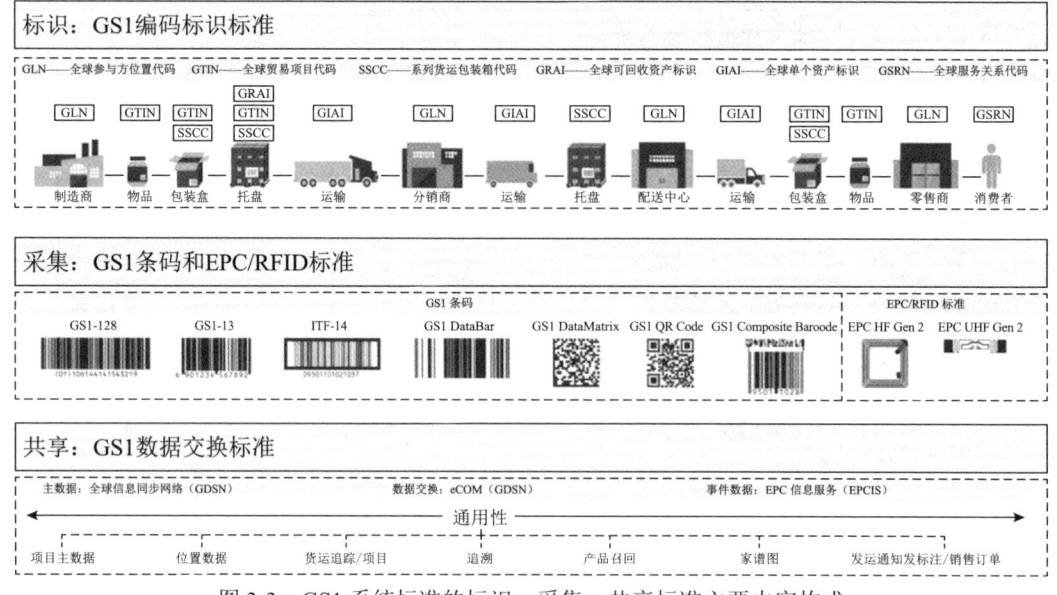

图 3-3　GS1 系统标准的标识、采集、共享标准主要内容构成

1. 标识标准

GS1 系统标准是一套全球统一的标准化编码体系。编码标识标准是 GS1 系统标准的核心，主要包括标识代码体系、附加信息编码体系和应用标识体系三类（见图 3-4）。提供标识实体的方法，可在最终用户之间存储和／或交换电子信息。信息系统可使用（简单或复合）GS1 标识代码唯一地指代实体，如贸易项目、物流单元、资产、参与方、物理位置、服务关系。

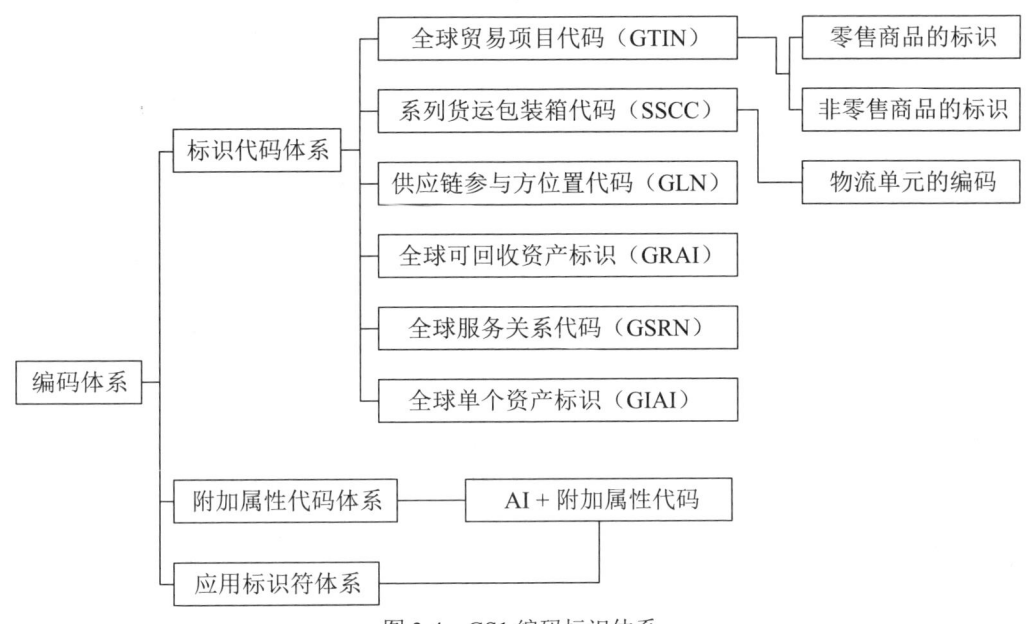

```
                          ┌─ 全球贸易项目代码（GTIN）──┬─ 零售商品的标识
                          │                              │
                          ├─ 系列货运包装箱代码（SSCC）─┼─ 非零售商品的标识
                          │                              │
            ┌─ 标识代码体系┼─ 供应链参与方位置代码（GLN）┴─ 物流单元的编码
            │             │
            │             ├─ 全球可回收资产标识（GRAI）
编码体系 ────┤             │
            │             ├─ 全球服务关系代码（GSRN）
            │             │
            │             └─ 全球单个资产标识（GIAI）
            │
            ├─ 附加属性代码体系 ── AI + 附加属性代码
            │
            └─ 应用标识符体系
```

图 3-4　GS1 编码标识体系

（1）标识代码体系，指贸易项目、物流单元、资产、位置、服务等全球唯一的标识代码。GS1 系统的标识代码体系主要包括 6 个部分，即全球贸易项目代码（global trade item number，GTIN）、系列货运包装箱代码（serial shipping container code，SSCC）、供应链参与方位置代码（global location number，GLN）、全球可回收资产代码（global returnable asset identifier，GRAI）、全球服务关系代码（global service relation number，GSRN）和全球单个资产代码（global individual asset identifier，GIAI）。

（2）附加属性代码体系，指附加于贸易项目的其他描述信息如批号、日期和度量的编码。

（3）应用标识符体系。应用标识符（AI）定义其后所跟代码的数据含义，如系列货运包装箱代码应用标识符"00"，全球贸易项目代码应用标识符"01"，生产日期应用标识符"11"等。

2. 采集标准

采集标准提供自动采集在物理对象上直接携带的标识符和/或数据的方法，从而将物理世界和数字世界（即物理事物的世界和电子信息的世界）相连。GS1 数据采集标准目前包括条码和射频识别（RFID）数据载体的规范。采集标准还规定了 AIDC 数据载体与识读器、打印机和其他软硬件组件之间的一致的接口，以读取 AIDC 数据载体的内容，并将此数据连接到相关的业务应用程序中。人们有时用行业术语"自动识别和数据采集（AIDC）"来指代这一组标准，但在 GS1 系统架构中，"识别"与"自动识别和数据采集"之间存在明确的区别。因为并非所有的识别都是自动的，也并非所有的数据采集都是识别。目前，GS1 系统的数据载体主要有两类。

（1）条码符号体系。GS1 系统的条码符号体系主要是由 EAN-13、EAN-8、UPC-A、UPC-E、GS1-128、ITF-14、GS1 DataBar、GS1 DataMatrix、GS1 QR 等条码所组成。条码符号体系如图 3-5 所示。这些条码符号将在后面的章节中陆续介绍。

拓展阅读 3.1：
GS1 标准赋能
中国品牌货通
全球

图 3-5　GS1 系统的条码符号体系

（2）射频标签（radio frequency identification，RFID）。与条码相比，RFID 是一种新兴的数据载体。射频识别系统利用 RFID 标签承载信息，RFID 标签和识读器间通过感应、无线电波或微波能量进行非接触双向通信，达到自动识别的目的，如图 3-6 所示。RFID 标签的优点是可非接触式阅读，标签可重复使用，标签上的数据可反复修改，抗恶劣环境，保密性强。

图 3-6　RFID 标签

3. 共享标准

共享标准提供在组织之间和组织内部共享信息的方法，为电子商务交易、物理和数字世界的电子可视化以及其他应用奠定了基础。GS1 信息共享标准包括主数据、业务交易数据和可视化事件数据的标准，以及在应用程序和贸易伙伴之间共享这些数据的通信标准。其他信息共享标准包括帮助定位相关数据在网络中的位置的 GS1 DL 解析器基础设施的标准。

商业社会环境中每天都会产生和处理大量的包含重要信息的纸张文件，如订单、发票、产品目录、销售报告等。这些文件提供的信息随着整个贸易过程传递，涵盖了产品的一切相关信息。无论这些信息交换是内部的还是外部的，都应做到信息流的合理化。

电子数据交换（electronic data interchange，EDI）是商业贸易伙伴之间，将按标准、协议规范化和格式化的信息通过电子方式在计算机系统之间进行自动交换和处理。一般来讲，EDI 具有以下特点：使用对象是不同的计算机系统；传送的资料是业务资料；采用共同的标准化结构数据格式；尽量避免介入人工操作；可以与用户计算机系统的数据库进行平滑连接，直接访问数据库或从数据库生成 EDI 报文等。EDI 的基础是信息，这些信息可以由人工输入计算机，但更好的方法是通过采用条码和射频标签快速准确地获得数据信息。通过图示对比可以得出手工条件下和 EDI 条件下的单证数据传输方式的区别，EDI 条件下的单证数据传输效率较高，人工干预性较小。图 3-7 为手工条件下的单证数据传输方式。图 3-8 为 EDI 条件下单证数据传输方式。

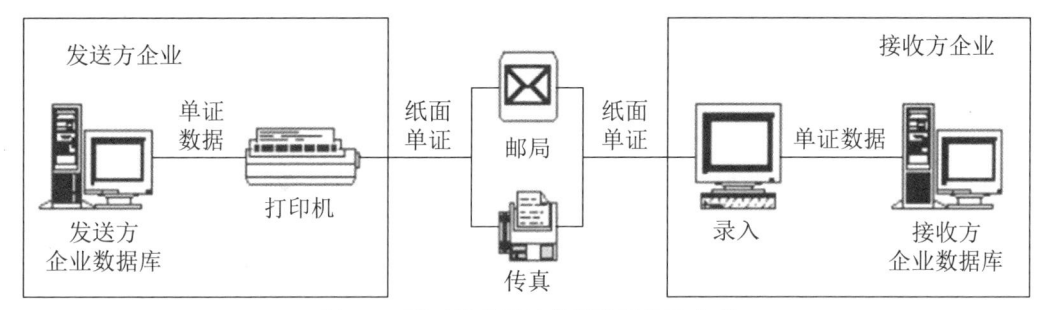

图 3-7　手工条件下的单证数据传输方式

图 3-8　EDI 条件下单证数据传输方式

GS1 标准体系的电子数据交换标准采用统一的报文标准传送结构化数据，通过电子方式从一个计算机系统传送到另一个计算机系统，使人工干预最小化。GS1 标准体系正是提供了全球一致性的信息标准结构，支持电子商务的应用。

GS1 为了提高整个物流供应链的运作效益，在 UN/EDIFACT 标准（联合国关于管理、商业、运输业的电子数据交换规则）基础上开发了流通领域电子数据交换规范——EANCOM。EANCOM 是一套以 GS1 编码系统为基础的标准报文集。不管是通过 VAN 还是 Internet，EANCOM 让 EDI 导入更简单。目前，EANCOM 对 EDI 系统已经可以提供 47 种信息，且对每一个数据域都有清楚的定义和说明。这也让贸易伙伴之间得以用简易、正确且最有成本效率的方式进行商业信息的交换。

GS1 的 ebXML 实施方案是根据 W3CXML 规范和 UN/CEFACT ebXML 的 UMM 方法学把商务流程和 ebXML 语法完美地结合在一起，制定了一套由实际商务应用驱动的 ebXML 整合标准，并用 GS1 系统针对 ebXML 标准实施建立的 GSMP 机制进行全球标准的制定与维护。

电子产品代码信息服务（Electronic Product Code Information Service，EPCIS），提供一套标准的 EPC 数据接口。

GS1 可视化标准——EPCIS，为贸易参与者在全球供应链中实时分享基于事件的信息提供了基础，EPCIS 使企业内部和企业之间的应用\系统进行 EPC 相关数据的共享。为遵守追溯法规要求，防止产品被造假，医疗保健产品供应链参与者正在寻找一种在供应链中共享信息的方法，这里的信息与产品移动和产品状态有关。

EPCIS 是一个 EPCglobal 网络服务，通过该服务，能够使业务合作伙伴通过网络交换 EPC 相关数据。EPCIS 协议框架被设计成分层的、可扩展的模块。

EPCIS 是企业实时交换 RFID 和产品数据的一个标准，最初是为具有单独序列号的跟踪项目设计，而现在更新的 EPCIS1.1 标准支持批次跟踪，可用于包括新鲜的农产品和肉类企业在内的食品行业。除了批次跟踪之外，EPCIS 标准还给那些未追踪单个事物的企业提供一个交换数据的机会，同时它还提供了一个追踪系列化事物的转换方式。

4. 应用标准

应用标准提供规范的技术和数据选择，以满足业务或监管要求。应用标准建立了定义、规则和/或符合性规范。所有贸易方都应遵循这些规范，才能实现标准的大规模落地，增强解决方案供应商的信心。

任务 3.2　GS1 标准体系的应用

任务描述

GS1 系统是国际物品编码组织管理的"全球统一标识系统"，是以贸易项目、物流单元、位置、资产、服务关系及产品电子代码等编码体系为核心，集条码、射频识别等自动数据采集技术为一体，以实现电子数据交换，服务于社会多领域的开放系统。通过完成该学习任务，掌握 GS1 标准体系的六大应用领域。

任务知识

GS1 是全球统一的标识系统。它是通过对产品、物流单元、资产、位置与服务的唯一标识，对全球的多行业供应链进行有效管理的一套开放式的国际标准。GS1 是在商品条码基础上发展而来的，由标准的编码系统、应用标识符和相应的条码符号系统组成。该系统通过对产品和服务等全面的跟踪与描述，简化了电子商务过程，通过改善供应链管理和其他商务处理，降低成本，为产品和服务增值。

GS1 目前有六大应用领域，分别是贸易项目的标识、物流单元的标识、资产的标识、位置的标识、服务关系的标识和特殊应用。随着用户需求的不断增加，GS1 的应用领域也将得到不断扩大和发展。图 3-9 是 GS1 的应用领域框图。

通过这种系统化标识体系，可以在许多行业、部门、领域间实现物品编码的标准化，促进行业间信息的交流与共享，同时也为行业间的电子数据交换提供了通用的商业语言。

拓展阅读 3.2：GS1 标准助力我国医疗器械唯一标识顺利实施

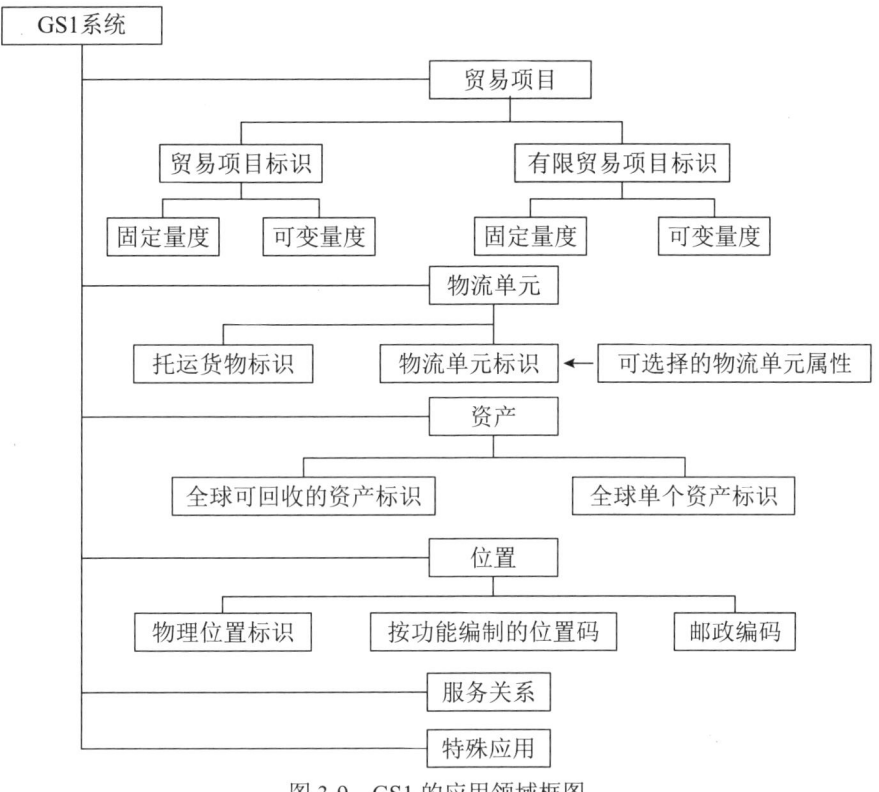

```
GS1系统 ─┬─ 贸易项目 ─┬─ 贸易项目标识 ─┬─ 固定量度
         │           │                └─ 可变量度
         │           └─ 有限贸易项目标识 ─┬─ 固定量度
         │                              └─ 可变量度
         ├─ 物流单元 ─┬─ 托运货物标识
         │           └─ 物流单元标识 ← 可选择的物流单元属性
         ├─ 资产 ─┬─ 全球可回收的资产标识
         │       └─ 全球单个资产标识
         ├─ 位置 ─┬─ 物理位置标识
         │       ├─ 按功能编制的位置码
         │       └─ 邮政编码
         ├─ 服务关系
         └─ 特殊应用
```

图 3-9　GS1 的应用领域框图

1. 贸易项目的标识

贸易项目的标识是指一项产品或服务。对于这些产品或服务需要获取预先定义的信息，并且可以在供应链的任意节点进行标价、订购或开具发票，以便所有贸易伙伴进行交易。相对于开放式的供应链大环境而言，诸如一个超市这样的独立环境就可以理解为一个闭环环境。销售者可以利用店内码对闭环环境系统中的贸易项目进行标识。根据生产形式的不同，贸易项目可以分为定量贸易项目和变量贸易项目。定量贸易项目是以预先确定的形式（类型、尺寸、重量、成分、样式等）在供应链的任意节点进行销售的贸易项目。变量贸易项目是指在供应链节点上出售、订购或生产的度量方式可以连续改变的贸易项目。

2. 物流单元的标识

物流单元是在供应链中为了便于运输/仓储而建立的包装单元。通过SSCC（serial shipping container code），可以建立商品物理流动与相关信息间的对应关系，能使物流单元的实际流动被逐一跟踪和自动记录。

3. 资产的标识

GS1所标识的资产包括全球可回收资产和全球单个资产两种形式。可回收资产指具有一定价值、可重复使用的包装、容器或运输设备等，如啤酒桶、高压气瓶、塑料托盘或板条箱等；单个资产是指具有特定属性的物理实体，如飞机零件、机车车辆、牵引车等。

4. 位置的标识

GS1对位置的标识包括对全球任何物理实体、功能实体和法律实体的位置的唯一标识。其中物理实体可以是一座工厂或一个仓库；功能实体可以是企业中的某一个部门；法律实体是指能够承担法律责任的企业、工厂或集团公司。

5. 服务关系的标识

GS1 标准体系应用于服务领域，主要是对服务的接受方进行标识，如对图书借阅服务、医院住院服务、俱乐部会员管理等。但服务中使用的参考号的结构和内容是由具体服务的供应方决定的。

6. 特殊应用

GS1 标准体系还有一些诸如图书、音像制品等方面的特殊应用，采用 EAN-13 对 ISBN-13 标准书号进行标识。

【项目综合实训】

调研当地企业采用 GS1 标准体系建立产品质量跟踪与追溯的情况。制作汇报 PPT，并进行小组分享。

【思考题】

1. GS1 标准体系主要由哪些内容构成？
2. GS1 标识代码体系主要包括哪几个部分？
3. GS1 标准体系的形成主要经历了哪几个方面？
4. GS1 标准体系的特征有哪些？
5. GS1 标准体系主要有几大应用领域？

【在线测试题】

扫描二维码，在线答题。

项目四　物品编码技术

项目目标

知识目标：
1. 熟悉一维条码、二维条码的结构组成；
2. 掌握一维条码、二维条码的编码原则；
3. 了解代码设计及编码方法。

能力目标：
1. 能根据实际需要选择相应的条码；
2. 归纳总结一维条码、二维条码的优缺点；
3. 能进行代码设计。

素质目标：
1. 培养动手操作能力；
2. 培养信息处理能力。

知识导图

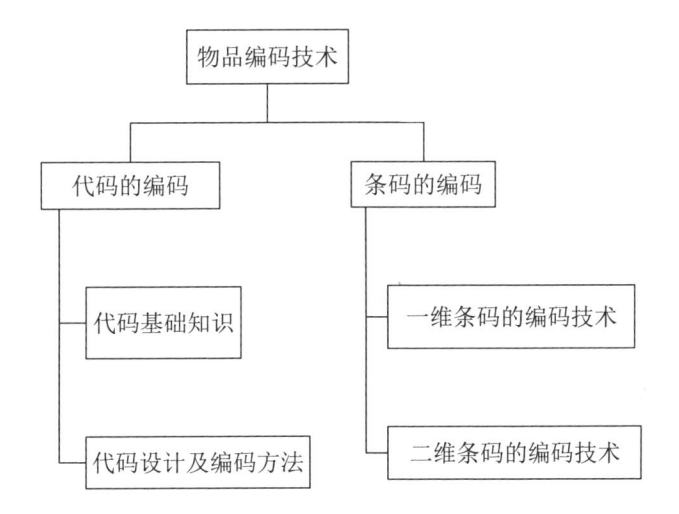

```
                物品编码技术
                ┌────┴────┐
           代码的编码    条码的编码
              │            │
         代码基础知识   一维条码的编码技术
              │            │
        代码设计及编码方法  二维条码的编码技术
```

> **导入案例**
>
> **服装二维码应用案例**
>
> 　　2022年，超模Karlie Kloss与Adidas再次合作，发布了一个新的运动服系列。该系列分两期推出，包括17款服装、3种鞋类风格和两款配饰，将科技、运动和时尚结合起来。这些服装上都配有二维码，穿着者可以通过扫描了解每件衣服的更多信息。
>
> 　　服装小小的标签上能够展示的信息总是有限的，但有了二维码，就可以向消费者展示更加丰富的内容，包括图片、更多的文字信息，甚至是视频。不论是产品信息，还是品牌信息，都可以通过一个二维码展示出来！
>
> 　　服装品牌可使用很多不同类型的二维码来帮助提升品牌传播效果，改善消费者购物体验。
>
> 　　1. 服装标签二维码
>
> 　　大多数的服装标签二维码都会展示产品的信息，如衣物的生产信息、养护说明等。也有在衣服吊牌上展示防伪标签的，扫描后可以进入官网进行查询，了解衣服的真伪。
>
> 　　2. 包装上的二维码
>
> 　　在衣服外包装上也会使用二维码。一般会在包装上展示品牌的公众号二维码、抖音二维码、微博二维码等。其主要目的是往店铺或者社交媒体主页引流。
>
> 　　3. 社交媒体上的引流二维码
>
> 　　我们常常会在品牌的微信公众号文章结尾、品牌发布在微博的海报中，尤其是在微信公众号文章里看到引流二维码。
>
> 　　除了展示公众号二维码、小程序二维码，你还可以使用一个社交媒体二维码，即通过一个二维码来展示品牌的所有社交媒体渠道：公众号、视频号、小程序、小红书、抖音……
>
> 　　（资料来源：https://zhuanlan.zhihu.com/p/620790271?utm_id=0.）

任务4.1　代码的编码

任务描述

　　代码（code）是人为确定的代表客观事物（实体）名称、属性或状态的符号或符号的组合。在物品编码过程中，代码的编码系统是条码的基础。通过完成该学习任务，掌握代码的编制与设计方法，并能根据实际应用编制合适的代码。

任务知识

4.1.1　代码基础知识

1. 代码的定义

　　代码也叫信息编码，是作为事物（实体）唯一标识的、一组有序字符组合。它必须便于计算机和人的识别和处理。代码的重要性表现在以下几个方面：

（1）可以唯一地标识一个分类对象（实体）。

（2）加快输入，减少出错，便于存储和检索，节省存储空间。

（3）使数据的表达标准化，简化处理程序，提高处理效率。

（4）能够被计算机系统识别、接收和处理。

2. 代码的作用

在信息系统中，代码的作用体现在如下 3 个方面：

（1）唯一化。在现实世界中有很多东西是我们不加标识就无法区分的，所以能否将原来不能确定的东西唯一地加以标识是编制代码的首要任务。最常见的例子就是职工编号。在人事档案管理中我们不难发现，人的姓名不管在一个多么小的单位里都很难避免重名。为了避免二义性，唯一地标识每一个人，编制职工代码是很有必要的。

（2）规范化。唯一化虽是代码设计的首要任务，但如果我们仅仅为了唯一化来编制代码，那么代码编出来后仍可能是杂乱无章无法辨认的，而且使用起来也不方便。因此，我们在唯一化的前提下还要强调编码的规范化。例如，财政部关于会计科目编码的规定，以"1"表示资产类科目，以"2"表示负债类科目，以"3"表示权益类科目，以"4"表示成本类科目等。

（3）系统化。系统所用代码应尽量标准化。在实际工作中，一般企业所用大部分编码都有国家或行业标准。在产成品和商品中各行业都有其标准分类方法，所有企业必须执行对应标准。另外一些需要企业自行编码的内容，如生产任务码、生产工艺码、零部件码等，都应该参照其他标准化分类和编码的形式有序进行。

3. 代码设计的原则

在为对象设计编码时，应该遵守下列原则：

（1）唯一性，即为区别系统中每个实体或属性的唯一标识。

（2）简单性。尽量压缩代码长度，可降低出错机会。

（3）易识别性。为了便于记忆、减少出错，代码应当逻辑性强，表意明确。

（4）可扩充性。不需要变动原代码体系，可直接追加新代码，以适应系统的进一步发展。

（5）合理性。必须在逻辑上满足应用需要，在结构上与处理方法相一致。

（6）规范性。尽可能采用现有的国标、部标编码，结构统一。

（7）快捷性。有快速识别、快速输入和计算机快速处理的性能。

（8）连续性。有的代码编制要求有连续性。

（9）系统性。要全面、系统地考虑代码设计的体系结构，要把编码对象分成组，然后分别进行编码设计，如建立物料编码系统、人员编码系统、产品编码系统、设备编码系统等。

（10）可扩展性。所有代码都要留有余地，以便扩展。

4. 代码设计的注意事项

一个良好的设计既要解决问题，又要满足科学管理的需要。在实际分类时需注意如下几点：

（1）必须保证有足够的容量以覆盖规定范围内的所有对象。如果容量不够，不便于今后变化和扩充，随着环境的变化这种分类就会很快失去生命力。

（2）按属性系统化。分类不能是无原则的，必须遵循一定的规律。根据实际情况并结合具体管理的要求来划分是分类的基本方法。分类应按照处理对象的各种具体属性系统进行。如在线分类方法中，哪一层次按照何种属性来分类，哪一层次标识何种类型的对象集合等都必须系统化。只有这样的分类才比较容易建立和为别人所接受。

（3）分类要有一定的柔性，不至于在出现变更时破坏分类的结构。所谓柔性是指在一定情况下分类结构对于增设或变更处理对象的可容纳程度。柔性好的系统在一般的情况下增加分类并不会破坏其结构。但是柔性往往还会带来一些别的问题，如冗余度大等，这都是设计分类时必须考虑的问题。

（4）注意本分类系统与外系统及已有系统之间的协调。任何一项工作都是从原有的基础上发展起来的，分类时一定要注意新老分类的协调性，以便于系统的联系、移植、协作以及老系统向新老系统的平稳过渡。同时，还要考虑与国际标准、国家标准、行业标准的对接。

4.1.2 代码设计及编码方法

代码的编码系统是条码的基础。不同的编码系统规定了不同用途的代码的数据格式、含义及编码原则。编制代码须遵循有关标准或规范，根据应用系统的特点与需求选择适合的代码及数据格式，并且遵守相应的编码原则。比如，如果对商品进行标识，我们应该选用由国际物品编码协会（GS1）规定的用于标识商品的代码系统。该系统包括GTIN-13、GTIN-8和GTIN-12三种代码结构，厂商可根据具体情况选择合适的代码结构，并且按照唯一性、无含义性、稳定性的原则进行编制。

1. 代码的设计方法

代码的设计方法主要依据编码对象分类的不同来展开。目前最常用的分类方法概括起来有两种，一种是线分类方法，一种是面分类方法。在实际应用中根据具体情况，其各有不同的用途。

（1）线分类方法，也称等级分类法或层次分类法，即按选定的若干属性（或特征）将分类对象逐次地分为若干层级，每个层级又分为若干类目，同一分支的同层级类目之间构成并列关系，不同层级类目之间构成隶属关系。同层级类目互不重复，互不交叉。这是目前用得最多的一种方法，尤其是在手工处理的情况下。线分类方法的主要出发点是：首先给定母项，母项下分若干子项，由对象的母项分大集合，由大集合确定小集合，最后落实到具体对象。

线分类划分时要掌握两个原则，即唯一性和不交叉性。

线分类法的优点是结构清晰，易识别和记忆，容易进行有规律地查找；层次性好，能较好地反映类目之间的逻辑关系；符合传统应用习惯，既适合于手工处理，又便于计算机处理。缺点是揭示主题或事物特征的能力差，往往无法满足确切分类的需要；分类表具有一定的凝固性，不便于根据需要随时改变，也不适合进行多角度的信息检索。大型分类表一般类目详尽、篇幅较大，对分类表管理的要求较高；结构不灵活，柔性较差。

例如，分类的结果造成了一层套一层的线性关系，如图4-1所示。

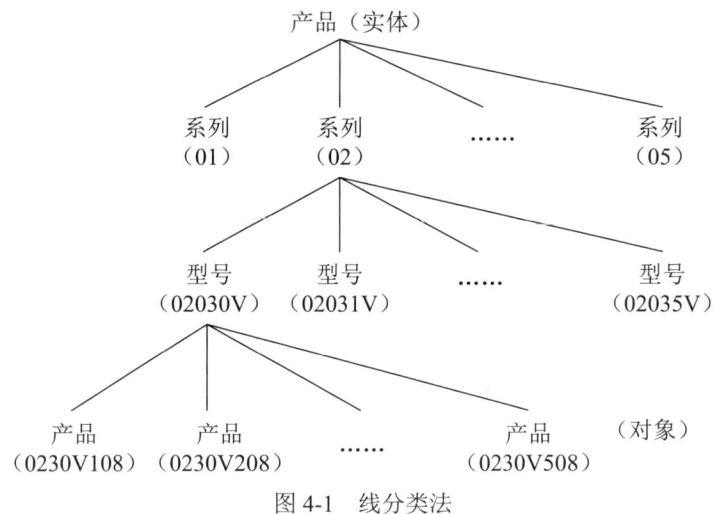

```
                        产品（实体）
            ┌──────────┬──────────────┬──────────┐
           系列        系列          ……        系列
          （01）      （02）                  （05）
                ┌──────────┬──────────┬──────────┐
               型号       型号       ……        型号
             (02030V)  (02031V)              (02035V)
          ┌──────────┬──────────┬──────────┐
         产品       产品       ……        产品        （对象）
       (0230V108) (0230V208)            (0230V508)
```

图 4-1 线分类法

（2）面分类方法，也称平行分类法，是将拟分类的商品集合总体，根据其本身固有的属性或特征，分成相互之间没有隶属关系的面，每个面都包含一组类目，将某个面中的一种类目与另一个面的一种类目组合在一起，即组成一个复合类目的分类方法。

面分类方法的优点是柔性好，面的增加、删除和修改都很容易。可实现按任意组配面的信息检索，对计算机的信息处理有良好的适应性。缺点是不能充分利用编码空间，不易直观识别和记忆，不便于手工处理等。

例如，代码 3212 表示材料为钢的 ϕ1.0mm 圆头的镀铬螺钉，如表 4-1 所示。

表 4-1 面分类法示例

材料	螺钉直径	螺钉头形状	表面处理
1- 不锈钢 2- 黄铜 3- 钢	1- ϕ0.5 2- ϕ1.0 3- ϕ1.5	1- 圆头 2- 平头 3- 六角形状 4- 方形头	1- 未处理 2- 镀铬 3- 镀锌 4- 上漆

（3）线分类方法和面分类方法的关系：面分类法将整个代码分为若干码段，一个码段定义事物的一种属性，需要定义多重属性可采用多个码段。这种代码的数值可在数轴上找到对应描述，一根数轴只能约束一类属性上父类与子类的从属关系，多重属性的约束就要用多根数轴实现，即一个码段对应一根数轴。面分类是若干个线分类的合成，即线分类法为一维分类法，面分类法为二维或多维分类法。

现实生活中，面分类法的应用比较广泛，如 18 位的身份证号码便是使用面分类法进行编码：第一段（前 6 位）描述办证机关的至县一级的空间定位，采用省、市、县的行政区划代码给码；第二段（7 位至 14 位）为出生日期描述；第三段（15 位至 17 位）有两重意义，即同县同日出生者的办证顺序和性别，第 17 位奇数为男性，偶数为女性。

采用面分类法编码，虽然增加了代码的复杂性，但却可以处理线分类法无法解决的描述对象多重意义的问题，在地理信息数据分类编码中大有可为。

目前，在实际运用中，一般把面分类法作为线分类法的补充。我国在编制《全国工农业产品（商品、物资）分类与代码》国家标准时，采用的是线分类法和面分类法相结合，以线分类法为主的综合分类法。

2. 代码的类型

代码的类型是指代码符号的表示形式。进行代码设计时可选择一种或几种代码类型组合。

（1）顺序码，也叫序列码。它用连续数字作为每个实体的标识。编码顺序可以是实体出现的先后，也可以是实体名的字母顺序。其优点是简单、易处理、易扩充及用途广；缺点是没有逻辑含义、不能表示信息特征、无法插入，若删除数据将造成空码。

（2）成组码。这是最常用的一种编码，它将代码分为几段（组），每段都由连续数字组成，且各表示一种含义。其优点是简单、方便、能够反映出分类体系、易校对、易处理；缺点是位数多不便记忆，必须为每段预留编码，否则不易扩充。例如，身份证编码共18位。

（3）表意码。它将表示实体特征的文字、数字或记号直接作为编码。其优点是可以直接明白编码含义，易理解、好记忆；其缺点是编码长度位数可变，给分类和处理带来不便，如网站代码。

（4）专用码。它是具有特殊用途的编码，如汉字国标码、五笔字型编码、自然码、ASCLL代码等。

（5）组合码，也叫合成码、复杂码。它由若干种简单编码组合而成，使用十分普遍。其优点是容易分类，易增加编码层次，可以从不同角度识别编码，容易实现多种分类统计；缺点是编码位数和数据项个数较多。

3. 代码的校验

为了减少编码过程中可能出现的错误，需要使用编码校验技术。这是一种在原有代码的基础上，附加校验码的技术。校验码根据事先规定好的算法构成，将它附加到代码本体上以后，便成为代码的一个组成部分。当代码输入计算机以后，系统将会按规定好的算法验证，从而检测代码的正确性。常用的简单校验码是在原代码上增加一个校验位，并使得校验位成为代码结构中的一部分。系统可以按规定的算法对校验位进行检测，校验位正确，便认为输入代码正确。

代码是人为确定的。代码在管理信息系统中起着重要的作用，往往被用作主关键字。为了使代码更加合理，针对不同客观事物提出了不同的代码设计方法。为了使系统具有更好的性能，一般尽可能采用国际、国家和行业标准。代码往往易于出错，因此，必须对所输入的代码进行校验。

4. 代码设计步骤

代码的设计工作是信息系统实施之前最重要的工作，也是ERP系统实施成败的关键，所以要特别给予重视。建议按下列步骤开展代码设计工作。

（1）组建"代码设计小组"。在建立的"项目实施小组"之下设立"代码设计小组"，负责企业的代码编制工作。"代码设计小组"的主要职责是编制企业的代码体系、代码设计方案及代码对照表，为ERP系统的实施做好准备。

（2）确定本企业的代码体系。参照ERP软件对代码的技术要求，结合本企业的生产经营管理的特点和已有代码的基础，确定本企业的代码体系和编码对象。通过对现行系统的编码对象进行调查，然后确定各子系统中哪些项目需要编制代码，需要的位数、使用范围和期限，哪些项目可采用现行编码，哪些项目的代码需要修改或需要重新设计。

（3）确定代码的设计方法，编制"代码设计说明"文件。通过调查分析本行业和本企业现行系统的编码状况及编码标准，并结合所选 ERP 软件对代码的技术要求，确定代码设计方法。例如，已经采用国际、国家和行业标准的某些编码，就可以延续使用现行的编码。有的企业已部分实现了计算机的单项管理，就可以对其编码进行分析，如果适用，ERP 系统就可以采用。通过对现行系统编码对象的分析，结合 ERP 软件的编码要求，按照编制代码的原则和方法，确定本企业的代码设计方案。代码的设计方案要以文件的形式撰写报告，送交上级有关单位审批。

（4）提交、审批及下达"代码设计说明"文件。将"代码设计说明"文件提交给本企业的"ERP 应用领导小组"，由其组织有关人员进行审查，提出意见，待"代码设计"方案确定后，作为企业正式文件下达到相关单位遵照执行。

（5）组织编制代码对照表。根据下达的"代码设计说明"文件的代码编制规定，编制代码与编码对象之间的对照表及其说明。对照表为基础数据的整理和准备提供了依据。代码设计的流程如图 4-2 所示。

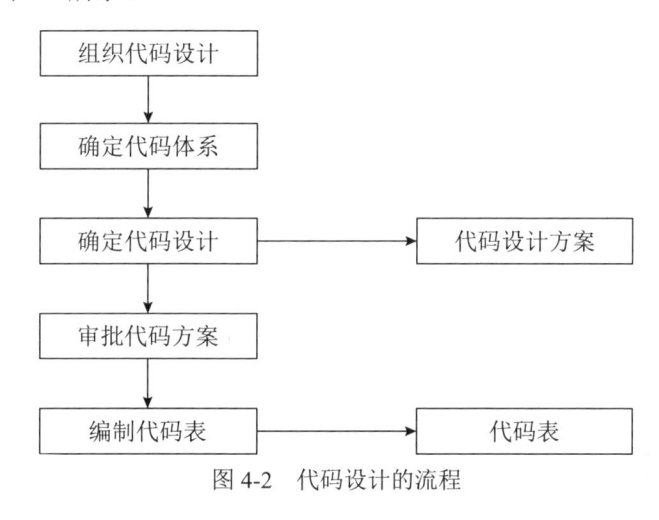

图 4-2 代码设计的流程

任务 4.2 条码的编码

任务描述

条码技术涉及两种类型的编码方式：一是代码的编码方式；二是条码符号的编码方式。代码的编码规则规定了由数字、字母或其他字符组成的代码序列的结构，而条码符号的编制规则规定了不同码制中条、空的编制规则及其二进制的逻辑表示设置。表示数字及字符的条码符号是按照编码规则组合排列的，所以当各种码制的条码编码规则一旦确定，我们就可将代码转换成条码符号。通过完成该学习任务，掌握一维条码的编码方式，熟悉二维条码的编码技术及符号特性。

4.2.1 一维条码的编码技术标准

条码是利用"条"和"空"构成二进制的"0"和"1"，并以它们的组合来表示某个数字或字符，反映某种信息。不同码制的条码在编码方式上有所不同，一般有以下两种：

1. 宽度调节编码法

宽度调节编码法即条码符号中的条和空由宽、窄两种单元组成的条码编码方法。这种编码方式是以窄单元（条或空）表示二进制的"0"，宽单元（条或空）表示二进制的"1"，宽单元通常是窄单元的 2～3 倍。对于两个相邻的二进制数位，由条到空或由空到条，均存在着明显的印刷界限。25 条码、39 条码、库德巴条码及交插 25 条码均属宽度调节型条码。下面以 25 条码为例，简要介绍宽度调节型条码的编码方法。

25 条码是一种只用条表示信息的非连续型条码。条码字符由规则排列的 5 个条构成，其中有两个宽单元，其余是窄单元。宽单元一般是窄单元的三倍，宽单元表示二进制的"1"，窄单元表示二进制的"0"。图 4-3 为 25 条码字符集中代码"1"的字符结构。

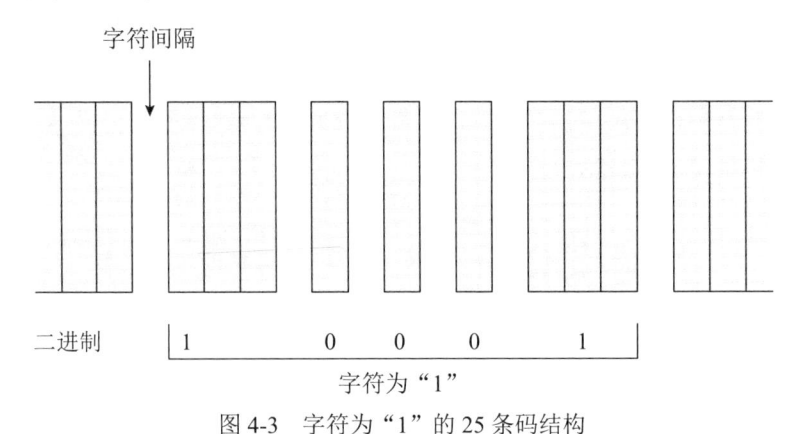

图 4-3　字符为"1"的 25 条码结构

2. 模块组配编码法

模块组配编码法即条码符号的字符是由规定的若干个模块组成的条码编码方法。按照这种方式编码时，条与空是由模块组合而成的。一个模块宽度的条模块表示二进制的"1"，而一个模块宽度的空模块表示二进制的"0"。

EAN 条码和 UPC 条码均属模块组配型条码。商品条码模块的标准宽度是 0.33mm，它的一个字符由 2 个条和 2 个空构成，每一个条或空由 1～4 个标准宽度的模块组成，每一个条码字符的总模块数为 7。模块组配编码法条码字符的构成如图 4-4 所示。

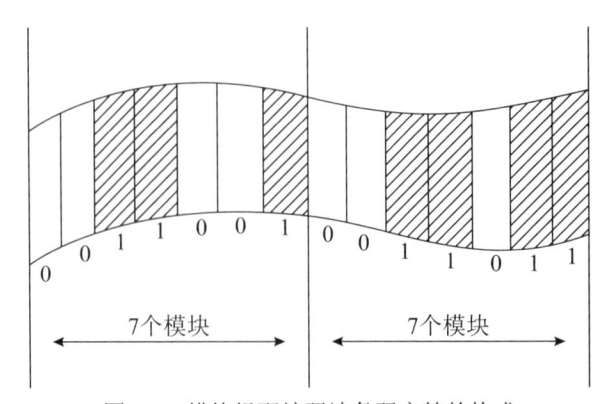

图 4-4　模块组配编码法条码字符的构成

4.2.2 二维条码的编码技术标准

二维条码和一维条码都是信息表示、携带和识读的方式，但它们的应用侧重点不同：一维条码用于对"物品"进行标识，二维条码用于对"物品"进行描述。信息量容量大、安全性高、读取率高、错误纠正能力强等特性是二维条码的主要特点。

拓展阅读 4.1：
二维码应用大发展

4.2.2.1 PDF417 条码

1. 概述

PDF417 条码是由留美华人王寅军博士发明的一种行排式二维条码。PDF 取自英文 "portable data file" 三个单词的首字母，意为"便携数据文件"。如图 4-5 所示。PDF417 是一种多层、可变长度、具有高容量和纠错能力的二维条码。

图 4-5　PDF417 条码

2. PDF417 条码的符号结构

（1）符号结构。由于组成条码的每一符号字符都是由 4 个条和 4 个空共 17 个模块构成，所以被称为 PDF417 条码，如图 4-6 所示，每一个 PDF417 符号由空白区包围的一系列层组成，其层数为 3～90。每一层包括左空白区、起始符、左层指示符号字符、1～30 个数据符号字符、右层指示符号字符、终止符和右空白区。由于层数及每一层的符号字符数是可变的，故 PDF417 条码符号的高宽比，即纵横比可以变化，以适应于印刷空间的要求。

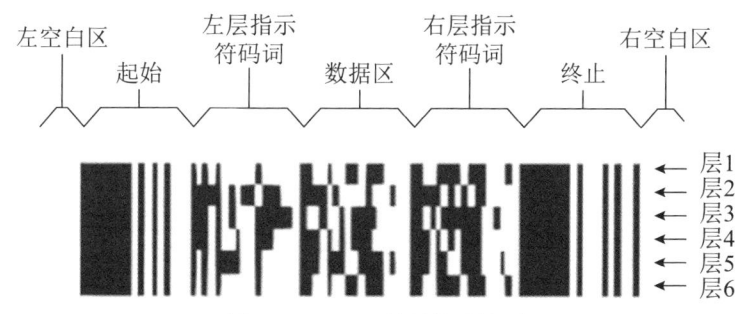

图 4-6　DF417 符号的结构图

（2）符号字符的结构。每一个符号字符包括 4 个条和 4 个空，每一个条或空由 1～6 个模块组成。在一个符号字符中，4 个条和 4 个空的总模块数为 17，如图 4-7 所示。

图 4-7 PDF417 符号字符

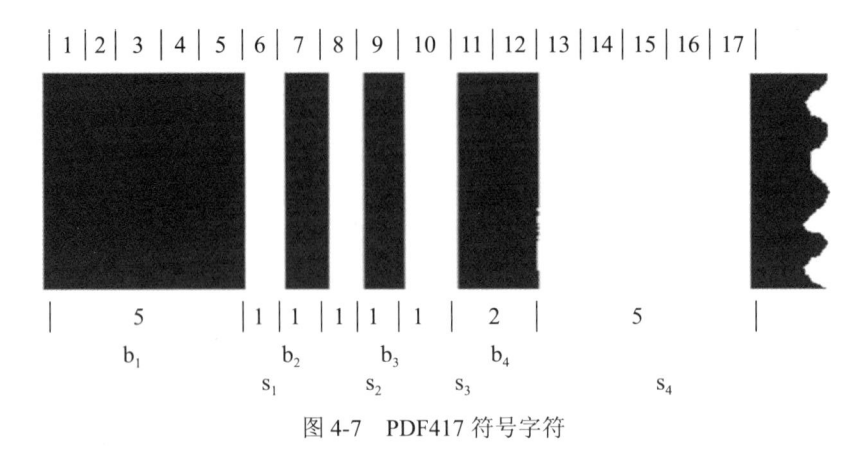

（3）码字集。PDF417 条码码字集包含 929 个码字，码字取值范围为 0～928。在码字集中，码字集使用应遵守下列规则：

①码字 0～899：根据当前的压缩模式和 GLI 解释，用于表示数据。

②码字 900～928：在每一模式中，用于具体特定目的符号字符的表示。具体规定如下：

①码字 900，901，902，913，924 用于模式标识。

②码字 925，926，927 用于 GLI。

③码字 922，923，928 用于宏 PDF417 条码。

④码字 921 用于阅读器初始化。

⑤码字 903～912，914～920 保留待用。

（4）符号字符的簇（cluster）。PDF417 的字符集可分为三个相互独立的子集，即 0、3、6 三个簇号。每一簇均以不同的条、空搭配形式表示 929 个符号字符值即码词，故每一簇不可能与其他簇混淆。对于每一特定的行，使用符号字符的簇号用以下公式计算：

$$簇号 = [（行号 - 1）MOD\ 3] \times 3$$

（5）错误纠正码词（error correction codeword）。通过错误纠正码词，PDF417 拥有纠错功能。每个 PDF417 符号需两个错误纠正码词进行错误检测，并可通过用户定义纠错等级 0～8 共 9 级，可纠正多达 510 个错误码词。级别越高，纠正能力越强。由于这种纠错功能，使得污损的 PDF417 条码也可以被正确识读。错误纠正码词的生成是根据 Reed-Solomoon 错误控制码算法计算。

（6）数据组合模式（data compaction mode）。PDF417 提供了三种数据组合模式，每一种模式定义一种数据序列与码词序列之间的转换方法。三种模式为文本组合模式（text compaction，Mode-TC）、字节组合模式（byte compaction，Mode-BC）和数字组合模式（numeric compaction，Mode-NC）。通过模式锁定和模式转移进行模式间的切换，可在一个 PDF417 条码符号中应用多种模式表示数据。

（7）宏 PDF417。宏 PDF417 提供了一种强有力的机制，这种机制可以把一个 PDF417 符号无法表示的大文件分成多个 PDF417 符号来表示。宏 PDF417 包含了一些附加控制信息来支持文件的分块表示，译码器利用这些信息来正确组合和检查所表示的文件，不必担心符号的识读次序。

3. PDF417 条码符号的特性

PDF417 条码符号的特性见表 4-2。

表 4-2 PDF417 条码的特性

项 目	特 性
可编码字符集	全 ASCII 字符或 8 位二进制数据，可表示汉字
类型	连续、多层
字符自校验功能	有
符号尺寸	可变，高度 3 到 90 行，宽度 90 到 583 个模块宽度
双向可读	是
错误纠正码词数	2 到 512 个
最大数据容量（错误纠正级别为 0 时）	1850 个文本字符 或 2710 个数字 或 1108 个字节
附加属性	可选择纠错级别、可跨行扫描、宏 PDF417 条码、全球标记标识符等

4.2.2.2 QR Code 条码

1. 概述

QR Code 码（quick response code）（见图 4-8）是由日本 Denso 公司于 1994 年 9 月研制的一种矩阵二维条码符号。它除了具有一维条码及其他二维条码所具有的信息容量大、可靠性高、可表示汉字及图像多种文字信息、保密防伪性强等优点外，还具有以下主要特点。

图 4-8 QR Code 条码

（1）超高速识读。超高速识读是 QR Code 区别于 PDF417、Data Matrix 等二维条码的主要特点。用 CCD 二维条码识读设备，每秒可识读 30 个 QR Code 条码字符，对于含有相同数据信息的 PDF417 条码字符，每秒仅能识读 3 个条码字符。QR Code 码具有的唯一的寻像图形使识读器识读简便，具有超高速识读性和高可靠性，具有的校正图形可有效解决基底弯曲或光学变形等识读问题，使它适用于工业自动化生产线管理等领域。

（2）全方位识读。QR Code 具有全方位（360°）识读的特点，这是 QR Code 优于行排式二维条码如 PDF417 条码的另一主要特点。

（3）能够有效地表示中国汉字和日本汉字。QR Code 用特定的数据压缩模式表示中国汉字和日本汉字，仅用 13bit 就可以表示一个汉字，而 PDF417 条码、Data Matrix 等二维条码没有特定的汉字表示模式，需要用 16bit（二个字节）表示一个汉字。因此，QR Code 比其他的二维条码表示汉字的效率提高了 20%。

2. 编码字符集

（1）数字型数据（数字 0～9）。

（2）字母数字型数据（数字 0～9；大写字母 A～Z；9 个其他字符：space, $, %, *, +, -, ·, /, :）。

（3）8 位字节型数据。

（4）日本汉字字符。

（5）中国汉字字符（GB/T 2312 对应的汉字和非汉字字符）。

3. 符号结构

每个 QR 码符号由名义上的正方形模块构成，组成一个正方形阵列。它由编码区域和包括寻像图形、分隔符、定位图形和校正图形在内的功能图形组成。功能图形不能用于数据编码。符号的四周由空白区包围。图 4-9 为 QR 码版本 7 符号的结构图。

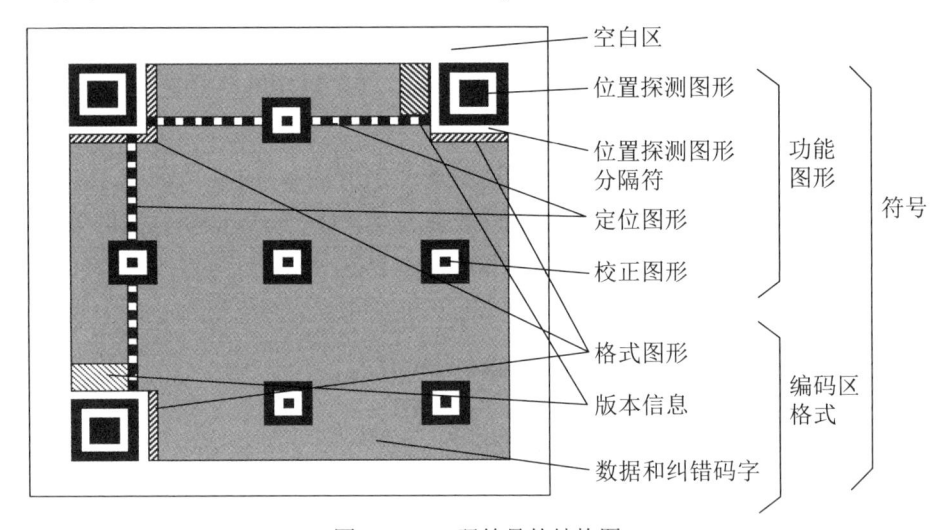

图 4-9　QR 码符号的结构图

（1）符号版本和规格。QR 码符号共有 40 种规格，分别为版本 1、版本 2……版本 40。版本 1 的规格为 21 模块 ×21 模块，版本 2 为 25 模块 ×25 模块，以此类推，每一版本符号比前一版本每边增加 4 个模块，直到版本 40，规格为 177 模块 ×177 模块。

（2）寻像图形。寻像图形包括三个相同的位置探测图形，分别位于符号的左上角、右上角和左下角，如图 4-9 所示。每个位置探测图形可以看作由 3 个重叠的同心的正方形组成，它们分别为 7×7 个深色模块、5×5 个浅模块和 3×3 个深色模块，如图 4-10 所示。位置探测图形的模块宽度比为 1：1：3：1：1。符号中其他地方遇到类似图形的可能性极小，因此可以在视场中迅速地识别可能的 QR 码符号。识别组成寻像图形的三个位置探测图形，可以明确地确定视场中符号的位置和方向。

（3）分隔符。在每个位置探测图形和编码区域之间有宽度为 1 个模块的分隔符，如图 4-10 所示。它全部由浅色模块组成。

```
        1:1  :3  :1:1
```

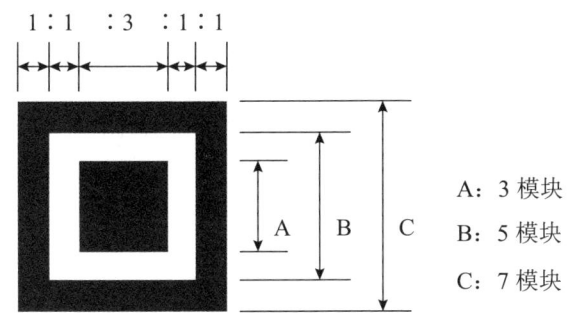

图 4-10 位置探测图形的结构

（4）定位图形。水平和垂直定位图形分别为一个模块宽的一行和一列，由深色和浅色模块交替组成，其开始和结尾都是深色模块。水平定位图形位于上部的两个位置探测图形之间，符号的第 6 行。垂直定位图形位于左侧的两个位置探测图形之间，符号的第 6 列。它们的作用是确定符号的密度和版本，提供决定模块坐标的基准位置。

（5）校正图形。每个校正图形可看作是 3 个重叠的同心正方形，由 5×5 个的深色模块、3×3 个的浅色模块以及位于中心的 1 个深色模块组成。校正图形的数量视符号的版本号而定。在模式 2 的符号中，版本 2 以上（含版本 2）的符号均有校正图形。

（6）编码区域，包括表示数据码字、纠错码字、版本信息和格式信息的符号字符。

（7）空白区，为环绕在符号四周的 4 个模块宽的区域，其反射率应与浅色模块相同。

4. 基本特性

QR Code 的基本特性见表 4-3。

表 4-3 QR Code 的基本特性

项　　目	特　　性
符号规格	21 模块 ×21 模块（版本 1）—177 模块 ×2177 模块（版本 40）（每一规格：每边增加 4 个模块）
数据类型与容量（指最大规格符号版本 40-L 级）	数字数据 7089 个字符 字母数据 4296 个字符 8 位字节数据 2953 个字符 中国汉字、日本汉字数据 1817 个字符
数据表示方法	深色模块表示二进制"1"，浅色模块表示二进制"0"
纠错能力	L 级：约可纠错 7% 的数据码字 M 级：约可纠错 15% 的数据码字 Q 级：约可纠错 25% 的数据码字 H 级：约可纠错 30% 的数据码字
结构链接（可选）	可用 1~16 个 QR Code 条码符号表示
掩模（固有）	可以使符号中深色与浅色模块的比例接近 1∶1，使因相邻模块的排列造成译码困难的可能性降为最小
扩充解释（可选）	这种方式使符号可以表示缺省字符集以外的数据（如阿拉伯字符、古斯拉夫字符、希腊字母等），以及其他解释（如用一定的压缩方式表示的数据）或者针对行业特点的需要进行编码
独立定位功能	有

4.2.2.3 汉信码

1. 概述

汉信码是由中国物品编码中心与北京网路畅想科技有限公司联合研发具有完全自主知识产权的一种二维条码，是国家"十五"重要技术标准研究专项《二维条码新码制开发与关键技术标准研究》课题的研究成果。汉信码的研制成功有利于打破国外公司在二维条码生成与识读核心技术上的商业垄断，降低我国二维条码技术的应用成本，推进二维条码技术在我国的应用进程。

汉信码在汉字表示方面，支持 GB 18030 大字符集，汉字表示信息效率高，达到了国际领先水平。汉信码具有抗畸变、抗污损能力强、信息容量高的特点，达到了国际先进水平。汉信码相比于其他条码还有如下特点：

（1）信息容量大。汉信码可以表示数字、英文字母、汉字、图像、声音、多媒体等一切可以二进制化的信息，并且在信息容量方面远远领先于其他码制，如图 4-11 所示。

汉信码的数据容量	
数字	最多 7 829 个字符
英文字符	最多 4 350 个字符
汉字	最多 2 174 个字符
二进制信息	最多 3 262 个字符

图 4-11　汉信码的信息表示

（2）具有高度的汉字表示能力和汉字压缩效率。汉信码支持 GB 18030 中规定的 160 万个汉字信息字符，并且采用 12bit 的压缩比率，每个符号可表示 12～2 174 个汉字字符，如图 4-12 所示。

图 4-12　汉信码汉字信息表示

（3）编码范围广。汉信码可以将照片、指纹、掌纹、签字、声音、文字等凡可数字化的信息进行编码。

（4）支持加密技术。汉信码是第一种在码制中预留加密接口的条码。它可以与各种加密算法和密码协议进行集成，因此具有极强的保密防伪性能。

（5）抗污损和畸变能力强。汉信码具有很强的抗污损和畸变能力，可以被附着在常用的平面或桶装物品上，并且可以在缺失两个定位标的情况下进行识读，如图 4-13 所示。

（6）修正错误能力强。汉信码采用世界先进的数学纠错理论和太空信息传输中常采用的 Reed-Solomon 纠错算法，使汉信码的纠错能力可以达到 30%。

图 4-13　汉信码抗污损和畸变能力

（7）可供用户选择的纠错能力。汉信码提供四种纠错等级，使得用户可以根据自己的需要在 7%、15%、25% 和 30% 各种纠错等级上进行选择，从而具有高度的适应能力。

（8）容易制作且成本低。利用现有的点阵、激光、喷墨、热敏/热转印和制卡机等打印技术，即可在纸张、卡片、PVC 甚至金属表面上印出汉信码。由此所增加的费用仅是油墨的成本，可以称得上是一种真正的"零成本"技术。

（9）条码符号的形状可变。汉信码支持 84 个版本，可以由用户自主进行选择，最小码仅有指甲大小。

（10）外形美观。汉信码在设计之初就考虑到人的视觉接受能力，所以较之现有国际上的二维条码技术，汉信码在视觉感官上具有突出的特点。

2. 编码字符集

（1）数据型数据（数字 0 ～ 9）。

（2）ASCII 字符集。

（3）二进制数据（包括图像等其他任意二进制信息）。

（4）支持 GB 18030 大汉字字符集的字符。

3. 符号结构

每个汉信码符号是由 $n \times n$ 个正方形模块组成的一个正方形阵列构成。整个正方形的码图区域由信息编码区与功能图形区构成，其中功能图形区主要包括寻像图形、寻像图形分割区与校正图形。功能图形不用于数据编码。码图符号的四周为 3 模块宽的空白区。图 4-14 是版本为 24 的汉信码符号结构图。

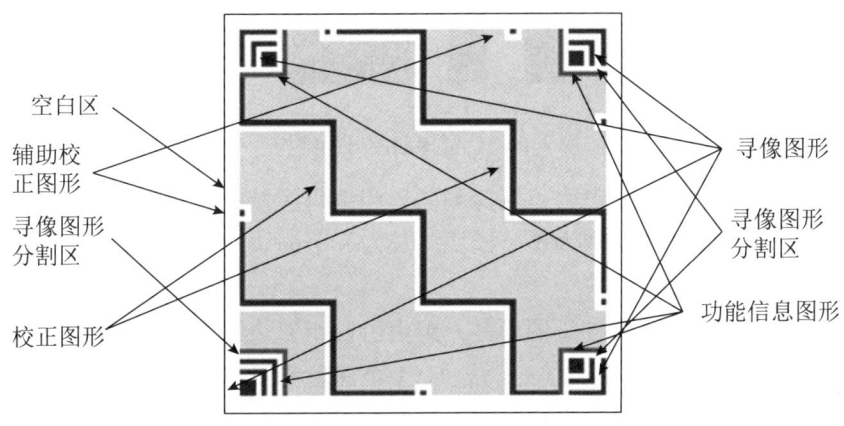

图 4-14　汉信码符号结构图

（1）符号版本和规格。汉信码符号共有84种规格，分别为版本1、版本2……版本84。版本1的规格为23模块×23模块，版本2为25模块×25模块，依次类推，每一版本符号比前一版本每边增加2个模块，直到版本84，其规格为189模块×189模块。图4-15中从小到大依次为版本1、版本4、版本24的符号结构。

图4-15　汉信码版本1、版本4、版本24的符号结构

（2）寻像图形。汉信码图的寻像图形为四个位置探测图形，分别位于符号的左上角、右上角、左下角和右下角，如图4-16所示。各位置探测图形形状相同，只是摆放的朝向不同，位于右上角和左下角的寻像图形摆放朝向相同，位于右下角和左上角的寻像图形摆放朝向相反。位置探测图形大小为7×7个模块，整个位置探测图形可以理解为将3×3个深色模块，沿着其左边和上边外扩1个模块宽的浅色边，后继续分别外扩1模块宽的深色边、一个模块宽的浅色边和一个模块宽的深色边所得。其扫描的特征比例为1∶1∶1∶1∶3和3∶1∶1∶1∶1（沿不同方向扫描所得值不同）。识别组成寻像图形的四个位置探测图形，可以明确确定视场中符号的位置和方向。

图4-16　位置探测图形的结构

（3）寻像图形分割区。在每个位置探测图形和编码区域之间有宽度为1个模块的寻像图形分割区。它是1个由2个宽为1个模块，长为8个模块的浅色模块矩形垂直连接成的"L"形图形。

（4）校正图形。汉信码的校正图形是一组由黑白相邻边组成的阶梯形的折线以及排布于码图4个边缘上的2×3个模块（5个浅色，1个深色）组成的辅助校正图形。整个校正图形的排布分为两种情况，其中码图最左边与最下边区域的校正折线长度是一个特殊值r，而剩余区域的校正折线则是平均分布，宽度为 k。对不同版本的码图，其校正图形的排布各有差异，各版本校正折线的 r 与 k 的值以及平分为 k 模块宽的个数 m 满足关系：码图宽度 $n=r+mk$，而对于版本小于 3 的码图，则没有任何校正图形。在码图的 4 个边缘上，在校正图形交点和相邻码图顶点之间以及相邻校正图形交点之间，排布 2×3 模块大小的辅助校正图形，其中一个模块为深色，其余 5 个模块为浅色。

（5）功能信息区域。功能信息区域是指 4 个寻像图形分割区与内部码区之间的一个模块宽的区域。每个功能信息区域的模块大小为 17 个，总共的功能信息区容量为 17×4=68。其中功能信息所包含的内容有版本信息、纠错等级、掩模方案。

（6）编码区域。信息编码区域的内容主要包括数据码字、纠错码字和填充码字。

（7）空白区。空白区为环绕在码图符号四周的 3 个模块宽的区域，空白区模块的反射率应与码图符号中的浅色模块相同。

4．技术特性

汉信码的技术特性见表 4-4。

表 4-4　汉信码的技术特性

项　目	特　性
符号规格	23 模块 ×23 模块（版本 1）—189 模块 ×189 模块（版本 84）
数据类型与容量（84 版本，第 4 纠错等级 / 个）	数字字符 7 829 个 字母数据 4 350 个 8 位字节数据 3 262 个 中国常用汉字 2 174 个
是否支持 GB 18030 汉字编码	支持全部 GB 18030 字符集汉字以及未来的扩展
数据表示方法	深色模块表示二进制"1"，浅色模块表示二进制"0"
纠错能力	L1 级：约可纠错 7% 的错误 L2 级：约可纠错 15% 的错误 L3 级：约可纠错 25% 的错误 L4 级：约可纠错 30% 的错误
结构链接	无
掩模	有 4 种掩模方案
全向识读功能	有

【项目综合实训】

1．调研现阶段交插 25 码、PDF417 码、QR Code 码的应用情况，撰写调研报告。根据所学知识，进一步具体分析条码的拓展应用领域。

2．思考如何拓展汉信码的应用范围。

【思考题】

1. 代码的作用有哪些？主要有哪些设计原则？
2. 宽度调节编码法有哪些特点？
3. 总结 PDF417 码的符号结构以及特性。
4. 总结 QR Code 的符号结构以及特性。
5. 汉信码有哪些优点？总结符号结构以及特性。

【在线测试题】

扫描二维码，在线答题。

项目五　条码的生成与印制

项目目标

知识目标：
1. 掌握条码的生成技术；
2. 掌握印制条码的方式；
3. 掌握条码标签的印制、设计和使用。

能力目标：
1. 根据需要选择合适的软件制作符合要求的条码；
2. 能够根据应用需要选择条码的生成技术；
3. 熟练使用条码打印机、条码打印软件。

素质目标：
1. 培养精益求精的工匠精神；
2. 培养自主学习和探究能力。

知识导图

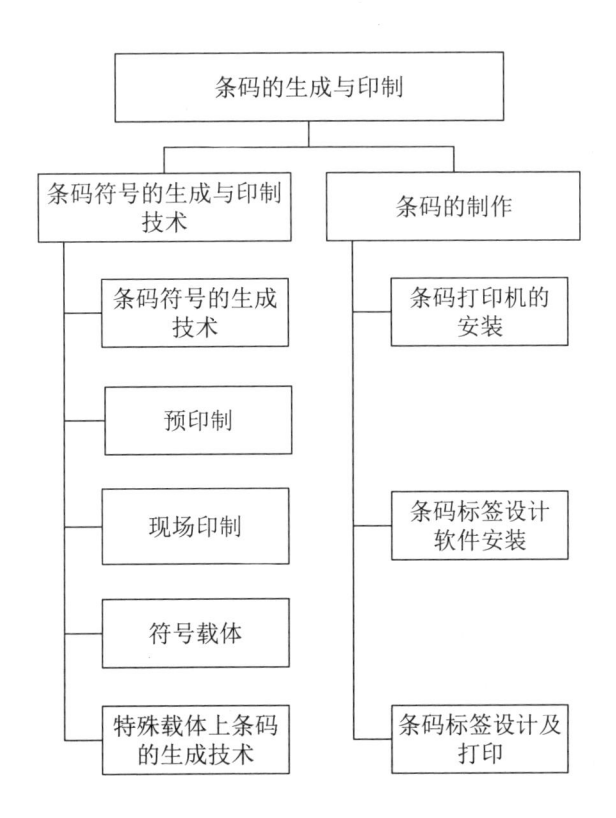

```
                    条码的生成与印制
                    ┌──────┴──────┐
            条码符号的生成与印制      条码的制作
                  技术
                    │                  │
            ┌───条码符号的生成          ├───条码打印机的
            │    技术                  │    安装
            │                          │
            ├───预印制                  │
            │                          │
            │                          ├───条码标签设计
            ├───现场印制                │    软件安装
            │                          │
            ├───符号载体                │
            │                          ├───条码标签设计及
            └───特殊载体上条码          │    打印
                的生成技术
```

导入案例

哈尔滨市标准化院开展"世界标准日"商品条码印刷质量免费检测周主题活动

2023年"世界标准日"期间,哈尔滨市标准化院开展商品条码印刷质量免费检测周主题活动,宣传推广商品条码应用标准技术,提高企业商品条码印刷质量,提升商品条码在市场流通环节使用的标准化、规范化水平。

2023年10月,哈尔滨市标准化院专业技术人员对远大购物中心好百客超市销售的食品、饮料、调味品、日用品、家居以及进口产品等12类289件商品外包装的条码印刷质量进行检验,出具检测报告,指出存在放大系数过小及左右空白区不够等印刷质量问题,建议超市将不合格的商品信息反馈给相应的供应商,及时纠正印刷错误问题,避免影响产品销售。

同时,耐心解答了超市在商品入库、上架核验、进口产品数据通报中遇到的条码技术问题,免费发放并详细讲解中国商品条码系统成员用户手册、商品条码常见问题汇编、商品条码店内条码国家标准、商品条码信息添加说明等标准技术规范。

哈尔滨市标准化院将继续深入开展"免费检测周"活动,对存在条码印刷质量问题的企业进行指导并提出补救措施,避免条码印刷质量不合格的产品包装在市场流通,助力打造更加放心的消费环境,以实际行动践行"标准塑造美好生活"新理念。

(资料来源:中国质量新闻网 https://www.cqn.com.cn/zj/content/2023-10/25/content_8992458.html.)

任务 5.1 条码符号的生成与印制技术

任务描述

条码是代码的图形化表示,其生成技术涉及从代码到图形的转化技术以及印制质量合格的条码符号。条码的生成过程是条码技术应用中一个相当重要的环节,直接决定着条码的质量。通过完成该学习任务,掌握条码常见的印制方式以及特殊载体上条码的生成技术。

任务知识

5.1.1 条码符号的生成技术

正确使用条码的第一步就是按照国家标准为标识项目编制一个代码。在代码确定以后,应根据具体情况来确定是采用预印制方式还是采用现场印制方式来生成条码。当印刷批量很大时,一般采用预印制方式,如果印刷批量不大或代码内容是逐一变化的,可采用现场印制的方式。在采用预印制方式时需首先制作条码胶片,然后送交指定印刷厂印刷。在印刷的各个环节都需严格按照有关标准进行检验,以确保条码的印制质量。在采用现场印制方式时,应该首先根据具体情况选用相应的打印设备,在打印设备上输入所需代码及相关参数后即可直接打印出条码(见图5-1)。

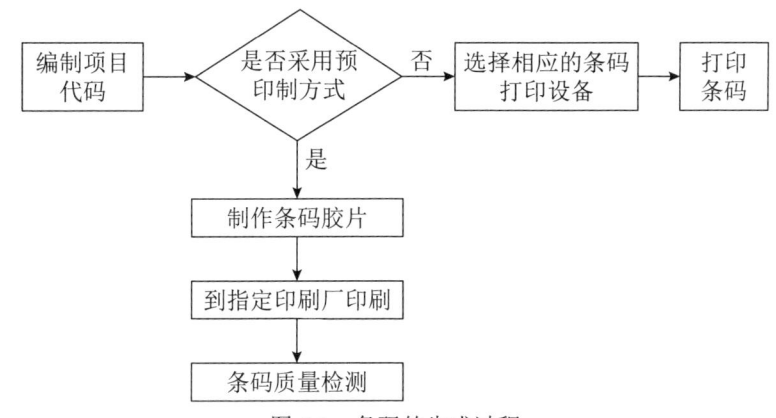

图 5-1 条码的生成过程

在项目代码确定以后,如何将这个代码的数据信息转化成为图形化的条码符号呢?目前主要采用软件生成的方式。一般的条码打印设备和条码胶片生成设备均安装了相应的条码生成软件。

条码由一组规则排列的条、空及其对应字符组成。条码生成软件则需根据条码的图形表示规则将数据化信息转化为相应的条空信息,并且生成对应的位图。专用的条码打印机由于内置了条码生成软件,只要给打印机传递相应的命令,打印机就会自动生成条码符号。而普通的打印机则需要专门的条码软件来生成条码符号。

需要生成条码的厂商可以自行设计条码的生成软件,也可选购商业化的编码软件,以便更加迅速、准确地完成条码的图形化编辑。

1. 自行设计条码生成软件

自行设计条码生成软件的关键在于了解条码的编码规则和技术特性。因为目前打印设备都是以点为基本打印单位,所以条码条、空的宽度设计应是点数的整数倍。而条码的条、空组合方式也因码制不同而不同,所以编制软件时需认真查阅相应的国家标准。

2. 选用商业化的编码软件

选用商业化的编码软件往往是最经济快捷的方法。目前市场上有许多种商业化的编码软件,这些软件功能强大,可以生成各种码制的条码符号,能够实现图形压缩、双面排版、数据加密、数据库管理、打印预览和单个/批量制卡等功能,同时,可以向应用程序提供条码生成、条码设置、识读接收、图形压缩和信息加密等二次开发接口(用户可以自己替换),还可以向高级用户提供内层加密接口等,而且价格也不高。企业可以根据具体情况进行选择。

5.1.2 预印刷

条码的印制是条码技术应用中一个相当重要的环节,也是一项专业性很强的综合性技术。它与条码符号载体、所用涂料的光学特性以及条码识读设备的光学特性和性能有着密切的联系。预印制(即非现场印制)是采用传统印刷设备大批量印刷制作的方法。它适用于数量大、标签格式固定、内容相同的条码的印制,如产品包装、相同产品的标签等。

拓展阅读 5.1:条码印刷知识——结构与识读原理

采用预印制方式时，确保条码胶片的制作质量是十分重要的。胶片的制作一般由专用的制片设备来完成。中国物品编码中心及一些大的印刷设备厂均具有专用的条码制片设备，可以为厂商提供高质量的条码胶片。

目前，制作条码原版正片的主流设备分为矢量激光设备和点阵激光设备两类。矢量激光设备在给胶片曝光时采取矢量移动方式，条的边缘可以保证平直。点阵激光设备在给胶片曝光时采取点阵行扫描方式，点的排列密度与分辨率和精确度密切相关。由此可知，在制作条码原版胶片时，矢量激光设备比点阵激光设备更具有优越性。在胶片制作完成以后，应送交指定印刷厂印刷。印刷时需严格按照原版胶片制版，不能放大或缩小，也不能任意截短条高。预印制按照制版形式可分为凸版印刷、平版印刷、凹版印刷和孔版印刷。

1. 凸版印刷

凸版印刷的特征是印版图文部分明显高出空白部分。通常用于印制条码符号的有感光树脂凸版和铜锌版等，其制版过程中全都使用条码原版负片。凸版印刷的效果因制版条件而有明显不同。对凸版印刷的条码符号进行质量检验的结果证明，凸版印刷因稳定性差、尺寸误差离散性大而只能印刷放大系数较大的条码符号。

感光树脂版可用于包装的印刷和条码不干胶标签的印刷，如采用 20 型或 25 型 DycriL 版可印刷马口铁，采用钢或铝版基的 DycriL 版可印刷纸盒及商标。铜锌版在包装装潢印刷上的应用更为广泛。凸版印刷的承印材料主要有纸、塑料薄膜、铝箔和纸板等。

2. 平版印刷

平版印刷的特征是印版上的图文部分与非图文部分几乎在同一平面，无明显凹凸之分。目前应用范围较广的是平版胶印。平版胶印是根据油水不相容原理通过改变印版上图文和空白部分的物理和化学特性使图文部分亲油，空白部分亲水。印刷时先对印版版面浸水湿润，再对印版滚涂油墨，这样印版上的图文部分着墨并经橡皮布转印至印刷载体上。

平版胶印印版分平凸版和平凹版两类。印制条码符号时，应根据印版的不同类型选用条码原版胶片，平凸版用负片，平凹版用正片。常用的平版胶印印版有蛋白版、平凹版、多层金属版和 PS 版（平凸式和平凹式都有）。平版胶印的承印材料主要是纸，如铜版纸、胶版纸和白卡纸。

3. 凹版印刷

凹版印刷的特征是印版的图文部分低于空白部分。印刷时先将整个印版的版面全部涂满油墨，然后将空白部分上的油墨用刮墨刀刮去，只留下低凹的图文部分的油墨。通过加压，使其移印到印刷载体上。凹版印刷的制版过程是通过对铜制滚筒进行一系列物理和化学处理而制成。使用较多的是照相凹版和电子雕刻凹版。照相凹版的制版过程中使用正片；电子雕刻凹版使用负片，并且在大多数情况下使用伸缩性小的白色不透明聚酯感光片制成。凹版印刷机的印刷接触压力是由液压控制装置控制的，压印滚筒会根据承印物厚度的变化自动调整，因此承印物厚度变化对印刷质量几乎没有影响。凹版印刷的承印材料主要有塑料薄膜、铝箔、玻璃纸、复合包装材料和纸等。

4. 孔版印刷

孔版印刷（也叫丝网印刷）的特征是将印版的图文部分镂空，使油墨从印版正面借印刷压力穿过印版孔眼印到承印物上。用于印刷条码标识的印版由丝、尼龙、聚酯纤维、金属丝等材料制成细网绷在网框上。用手工或光化学照相等方法在其上面制出版膜，用版模遮挡图文以外的空白部分即制成印版。孔版印刷对承印物种类和形状适应性强，其适用范围包括纸及纸制品、塑料、木制品、金属制品、玻璃、陶瓷等，不仅可以在平面物品上印刷，还可以在凹凸面或曲面上印刷。丝网印刷墨层较厚，可达 50μm。丝网印刷的制版过程中使用条码原版胶片正片。

各种印刷版式所需的条码原版胶片的极性如表 5-1 所示。

表 5-1 各种印刷版式所需条码原版胶片的极性

孔版印刷	原版正片	
凸版印刷	原版负片	
凹版印刷	照相凹版	原版正片
	电子雕刻凹版	原版负片
平版印刷	平凸版	原版负片
	平凹板	原版正片

5.1.3 现场印制

现场印制是由计算机控制打印机来实时打印条码标签的印制方式。这种方式打印灵活，实时性强，适用于多品种、小批量、个性化的需现场实时印制的场合。

现场印制方法一般采用通用打印机和专用条码打印机来印制条码符号。

常用的通用打印机有点阵打印机、激光打印机和喷墨打印机。这几种打印机可在计算机条码生成程序的控制下方便灵活地印制出小批量的或条码号连续的条码标识。它的优点是设备成本低，打印的幅面较大，用户可以利用现有设备。但因为通用打印机不是为打印条码标签专门设计的，所以使用不太方便，实时性较差。

专用条码打印机有热敏、热转印、热升华式打印机，因其用途的单一性，设计结构简单、体积小、制码功能强，在条码技术各个应用领域普遍使用。它的优点是打印质量好，打印速度快，打印方式灵活，使用方便，实时性强。

5.1.4 符号载体

通常把用于直接印制条码符号的物体叫符号载体。常见的符号载体有普通白纸、瓦楞纸、铜版纸、不干胶签纸、纸板、木制品、布带（缎带）、塑料制品和金属制品等。

条码印刷品的光学特性及尺寸精度会直接影响扫描识读，所以制作时应严格控制材料与工艺的质量。首先，应注意材料的反射特性。光滑或镜面式的表面会产生镜面反射，一般避免使用产生镜面反射的载体。对于透明或半透明的载体要考虑透射对反射率的影响，而个别纸张漏光对反射率的影响也应特别注意。其次，从保持印刷品尺寸精度方面考虑，应选用耐气候变化、受力后尺寸稳定、着色牢度好、油墨扩散适中、渗洇性小、平滑度、光洁度好的材料。例如，以载体为纸张时，可选用铜版纸、胶版纸或白板纸。载体为塑料时，可选用双向拉伸丙烯膜或符合要求的其他塑料膜。对于常用的聚乙烯膜，由于它没有极性基团，着色力差，应用时应进行表面处理，保证条码符号的印刷牢度，同时也要注意它的塑性形变问题。一定不要使用塑料编织带作印刷载体。对于透明的塑料，印刷时应先印底色。大包装用的瓦楞纸板表面不够光滑，纸张吸收油墨的渗润性不一样，印刷时出偏差的可能性更大，常采用预印后粘贴的方法。载体为金属，通常可选用马口铁、铝箔等。

5.1.5 特殊载体上条码的生成技术

1. 金属条码

金属条码标签是利用精致激光打标机在经过特殊工序处理的金属铭牌上刻印一维或二维条码的高新技术产品，如图 5-2 所示。

图 5-2 一维条码和二维条码雕刻样品

金属条码生成方式主要是激光蚀刻。激光蚀刻技术比传统的化学蚀刻技术工艺简单，可大幅度降低生产成本，可加工 0.125～1μm 宽的线，其画线细、精度高（线宽为 15～25μm，槽深为 5～200μm），加工速度快（可达 200mm/s），成品率可达 99.5% 以上。

激光蚀刻技术可以分为激光刻画标码技术和激光掩模标码技术。

激光刻画标码技术的主要特点有高灵活性、标码面积大和标码容量高。激光刻画标码技术原本用于小批量、计算机集成制造和准时生产，现在也可以用于大批量生产，满足高速标码和高限速生产的需求。

激光掩模标码的主要特点：标码速度高（额定值高达每小时 9 万个产品）；可以对快速移动的产品以极高的线度进行标码（50m/s 或以上）。这是因为采用单脉冲处理，标码速度较小，额定值约为 10mm×20mm。激光掩模标码技术用于大批量生产，特别是在高流通量、较少标码信息/少量文字及灵活性要求不高的生产中。

金属条码签簿、韧性机械性能强度高，不易变形，可在户外恶劣环境中长期使用，耐风雨，耐高低温，耐酸碱盐腐蚀，适用于机械、电子等名优产品使用。用激光枪可远距离识读，与通用码制兼容不受电磁干扰。

金属条码适用于：

- 企业固定资产的管理：包括餐饮厨具、大件物品等的管理。
- 仓储、货架：固定式内建实体的管理。
- 仪器、仪表、电表厂：固定式外露实体的管理。

- 化工厂：污染及恶劣环境下标的物的管理。
- 钢铁厂：钢铁物品的管理。
- 汽车、机械制造业：外露移动式标的物的管理。
- 火车、轮船：可移动式外露实体的管理。

金属条码的附着方式主要有以下三种：
- 各种背胶：黏附在物体上。
- 嵌入方式：如嵌入墙壁、柱子、地表等。
- 穿孔吊牌方式。

金属包装的商品也需要印制条码，其外形多以听、罐、盒为主，用于饮料、食品和生物制品的包装，其条码印刷时需要考虑以下几个问题：当金属条码印刷载体为铁时，主要采用的是平版印刷方式；在使用平版印刷方式进行条码印刷时由于金属对油墨的吸附能力不足常导致印刷后条码图案变形的问题，印刷中可选择UV等优质油墨，采取紫外固化工艺，光照瞬间固化印刷的图案，从而避免在金属物上印刷的商品条码图案发生变形。

金属包装的商品印刷载体为铝时，容易出现以下三个问题：①由于铝质载体采用的印刷方式是曲面印刷，铝片先成型套在芯轴内，混动一圈成印，这就要求设计中商品条码条的方向和混动的方向一致；②曲面印刷中网点叠加形成的图案准确性不高，印刷图案的质量不好控制，要求现场操作中及时观察和调整；③因为铝印刷油墨是烘干的，完成印刷到图案定型需要一定的时间，要求油墨质量能保证印刷上的图案在一定时间内不变形。

2. 陶瓷条码

陶瓷条码耐高温、耐腐蚀、不易磨损，适合在长期重复使用、环境比较恶劣、腐蚀性强或需要经受高温烧烤的设备、物品所属的行业中永久使用。永久性陶瓷条码标签解决了气瓶身份标志不能自动识别及容易磨损的行业难题。通过固定在液化石油气钢瓶护罩或无缝气瓶颈圈处，为每个流动的气瓶安装固定的陶瓷条码"电子身份证"，实行一瓶一码，使用"便携式防爆型条码数据采集器"对气瓶进行现场跟踪管理。所有操作都具有可追溯性。

3. 隐形条码

隐形条码能达到既不破坏包装装潢的整体效果，也不影响条码特性的目的。同样隐形条码隐形以后，一般制假者难以仿制，其防伪效果很好，并且在印刷时不存在套色问题。隐形条码的几种形式如下：

（1）覆盖式隐形条码。这种隐形条码的原理是在条码印制以后，用特定的膜或涂层将其覆盖。这样处理以后的条码人眼很难识别。覆盖式隐形条码防伪效果良好，但其装潢效果不理想。

（2）光化学处理的隐形条码。用光学的方法对普通的可视条码进行处理，这样处理以后人们的眼睛很难发现痕迹，用普通波长的光和非特定光都不能对其识读。这种隐形条码是完全隐形的，装潢效果也很好，还可以设计成双重的防伪包装。

（3）隐形油墨印制的隐形条码。这种条码可以分为无色功能油墨印刷条码和有色功能油墨印刷条码。前者一般是用荧光油墨、热致变色油墨、磷光油墨等特种油墨来印刷的条码，这种隐形条码在印刷中必须用特定的光照，在条码识别时必须用相应的敏感光源。而后者一般是用变色油墨来印刷的。采用隐形油墨印制的隐形条码其工艺和一般印刷一样，但其抗老化的问题有待解决。

（4）纸质隐形条码。这种隐形条码的隐形介质与纸张通过特殊光化学处理后融为一体，不能剥开，仅供一次性使用，人眼不能识别，也不能用可见光照相、复印仿制，辨别时只能用发射出一定波长的扫描器识读条码内的信息。同时这种扫描器对通用的黑白条码也兼容。

（5）金属隐形条码。金属条码的条是由金属箔经电镀后产生的，一般在条码的表面再覆盖一层聚酯薄膜，这种条码是用专用的金属条码阅读器识读，其优点是表面不怕污渍。金属条码靠电磁波进行识读，条码的识读取决于识读器和条码的距离。其抗老化能力较强，表面的聚酯薄膜在户外使用时适应能力强。金属条码还可以制作成隐形码，在其表面采用不透光的保护膜，使人眼不能分辨出条码的存在，从而制成覆盖型的金属隐形条码。

4. 银色条码

在铝箔表面利用机械方法有选择地打毛，形成凹凸表面，则制成的条码称为"银色条码"。金属类印刷载体如果用铝本色作为条单元的颜色，用白色涂料作为空单元的颜色，虽然纸在这种方式中更经济、方便，但由于铝本色颜色比较浅，又有金属的反光特性（即镜面反射作用），当其大部分反射光的角度与仪器接收光路的角度接近或一致时，仪器从条单元上接收到比较强烈的反射信号，导致因印条码符号条/空单元的符号反差偏小而使识读发生困难。因此，需要对铝箔表面进行处理，使条与空分别形成镜面反射和漫反射，从而产生反射率的差异。

5. 塑料载体

塑料载体多以袋为主，广泛用于各行各业。塑料的材料有很多种，常用的有PET、BOPP、尼龙、聚酯等，印刷方式主要有柔性版和凹版印刷两种。其中柔性版印刷主要是图案简单及低端价格的单层表面印刷商品。凹版印刷是目前最主要的印刷方式，其印刷工艺和包装图案相对复杂，且大多采用复合膜。

设计时考虑塑料张力。印刷塑料首先对印刷设计要求高，因为塑料在印刷过程中受到张力影响较大，这就需要在设计中将条码中条的方向和印刷钢管转动方向保持一致，减少印刷中张力对塑料变形的影响。塑料对制版要求也非常高，制版的表面光洁度直接影响塑料上面印刷的商品条码质量。

塑料材质对油墨的吸附性不高，经过臭氧处理后的塑料表面电晕值直接影响油墨效果，不同颜料材料的电晕值也不同，这就要求塑料材料针对不同的油墨，必须加工到合适的电晕值来保证商品条码和其他颜色图案在塑料表面的吸附光泽和色彩饱和度。

任务 5.2　条码的制作

任务描述

在项目代码确定以后，需要将这个代码的数据信息转化成图形化的条码符号。根据任务1介绍，可采用软件生成方式制作条码，常用的条码打印设备和条码胶片生成设备均安装了相应的条码生成软件，根据需要进行选择和设置即可制作出符合要求的条码。通过完成该学习任务，掌握条码打印机的安装方法，会利用条码标签设计软件制作和打印条码。

任务知识

5.2.1 条码打印机的安装

1. 认识条码打印机

了解条码打印机构造（见图 5-3、图 5-4）。

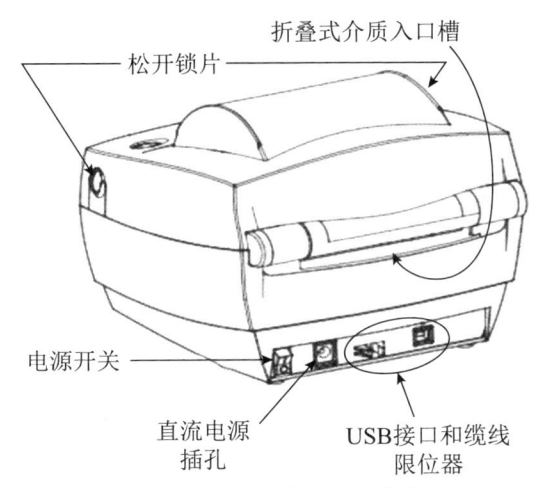

图 5-3 条码打印机外部构造

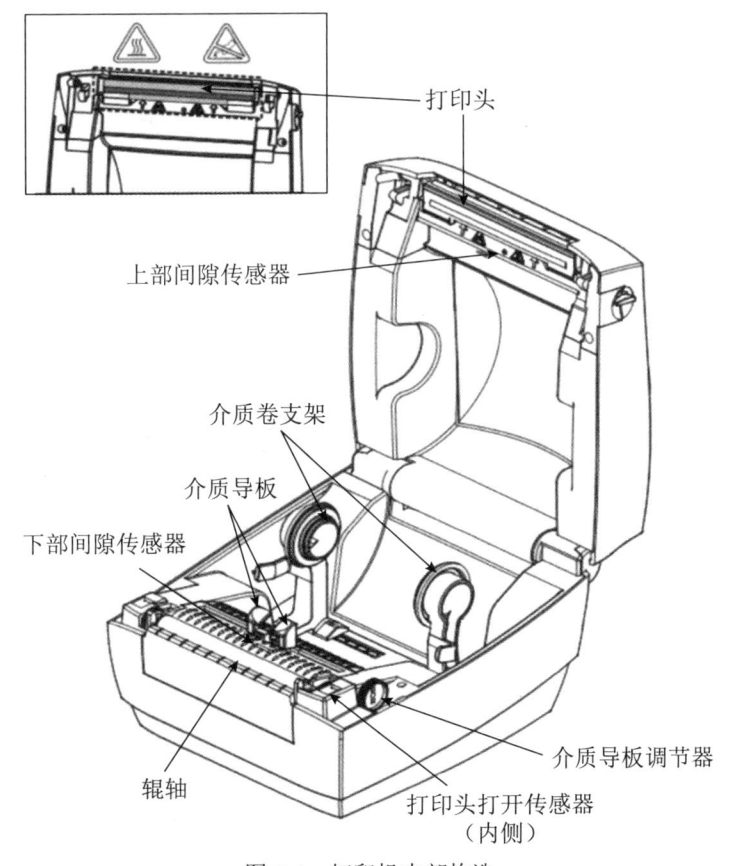

图 5-4 打印机内部构造

2. 硬件的连接

根据条码打印机操作指南进行硬件的连接，常用条码打印机的操作如下（不同的品牌和型号略有不同，请参考操作指南）：

第一步，条码打印机连接电源：

（1）请务必将电源开关切换至 Off 的位置（向下），才能进行下列动作。

（2）将 AC 电源线插入直流电源插孔。

（3）将电源供应器的电源接头插入打印机的电源连接插槽。

（4）将电源线另一端插入正确接地的 AC 电源插座。

第二步，安装纸卷：

（1）打开打印机盖。如图 5-5 所示，向打印机前方拉动松开锁片的控制杆。

（2）打开介质卷支架。调整成卷介质方向，使其在通过打印（驱动）辊上方时打印面朝上。使用另一只手将介质导板拉开，将介质卷放在介质卷支架上，并松开导板。确保介质卷能够自由转动。禁止将介质卷放入介质仓底部，如图 5-6 所示。

图 5-5　打开打印机机盖　　　　图 5-6　安装纸卷

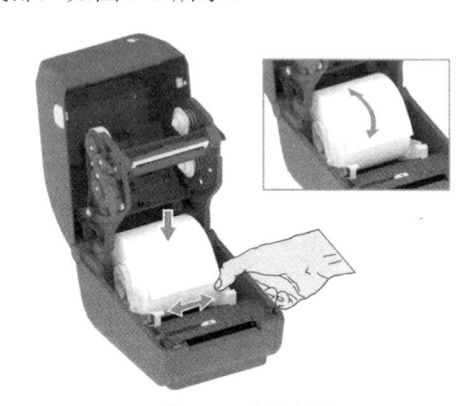

（3）拉动介质，使其从打印机前端伸出，如图 5-7 所示。

（4）将介质推入两个介质导板下方，如图 5-8 所示。

图 5-7　纸卷方向　　　　图 5-8　纸卷位置确认

将介质向上翻起，使其对齐所用介质类型的可移动介质传感器。对于已安装可选切纸器模块的打印机，将介质穿过切纸器的介质槽，然后将其从打印机前端拉出，如图5-9所示。

（5）合上打印机盖。向下按，直到顶盖"咔哒"一声锁闭。装入介质后，可能需要校准打印机。打印机的传感器需经过调节，以便感应标签、背衬和标签间的距离之后才能正常操作。重新装入同一种介质（尺寸、供应商和批次相同）后，只需按"进纸"按钮一次，就可以准备好介质以便进行打印。

（6）安装打印机驱动。如同所有其他的打印机一样，条码打印机也需安装相应的驱动程序，可用WINDOWS中的"添加打印机""浏览"等操作寻找对应的目录安装，将随机所带光盘放入光驱中或者在官网下载打印机驱动，按照提示正确安装。

图5-9　调整纸卷

5.2.2　条码标签设计软件安装

1. 安装 BarTender 和 BarTender Licensing Service

（1）双击 BarTender 安装包。这将启动 BarTender 设置向导。

（2）在 BarTender 设置向导的欢迎页面上，阅读并接受许可协议，然后单击"安装"。

（3）在"安装完成"页面上，单击"完成"。这将启动 BarTender Licensing Wizard。

（4）输入产品密钥代码，然后单击"下一步"。

（5）单击以选中"选择 Licensing Server"，然后从列表中选择服务器。也可以单击以选中"指定 Licensing Server"，然后输入所需的服务器和端口。

（6）单击"下一步"。

（7）在"激活策略"页面上，可以选择单击"产品激活常见问题解答"以打开"激活 BarTender 软件"页面。

（8）在"激活策略"页面上，单击"下一步"。

（9）如果您希望其他安装的 BarTender 能够与此 BLS 通信，请在"激活成功"页面上单击"与网络上的其他计算机共享此许可证"。

（10）单击"下一步"。

（11）为安装的 BarTender 完成注册步骤，然后单击"完成"以关闭向导。

特别提示：该软件可免费试用30天，可在官网下载。

5.2.3　条码标签设计及打印

1. 标签设计

双击桌面上的 bartender 软件快捷方式，如图5-10所示，或从"开始"菜单进行启动，打开标签设计软件，如图5-11所示。

图 5-10　Bartender 快捷方式图标

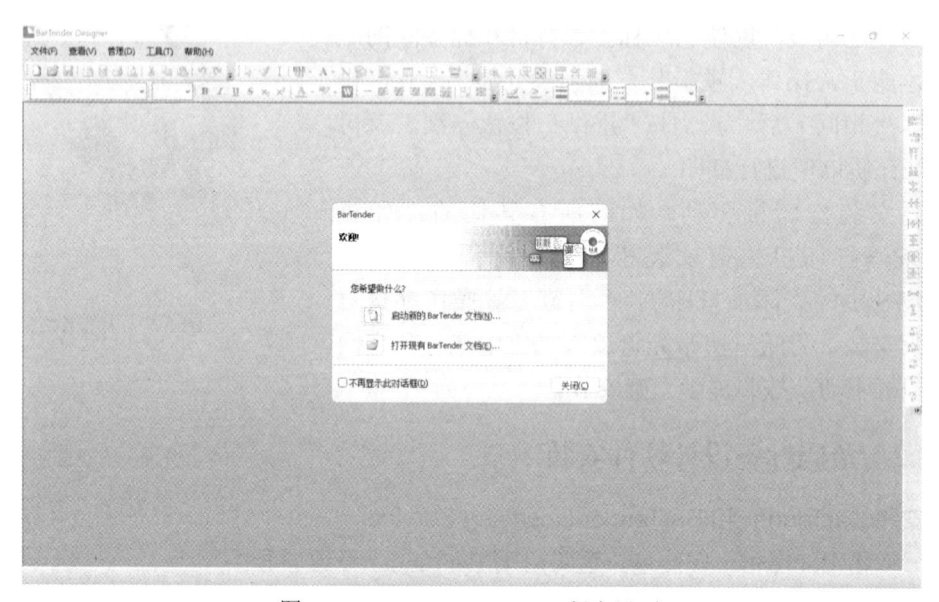

图 5-11　Bartender Designer 程序界面

（1）在"文件"菜单上，单击"新建"，也可以单击"主工具栏"上的。打开新建文档向导，如图 5-12 所示。

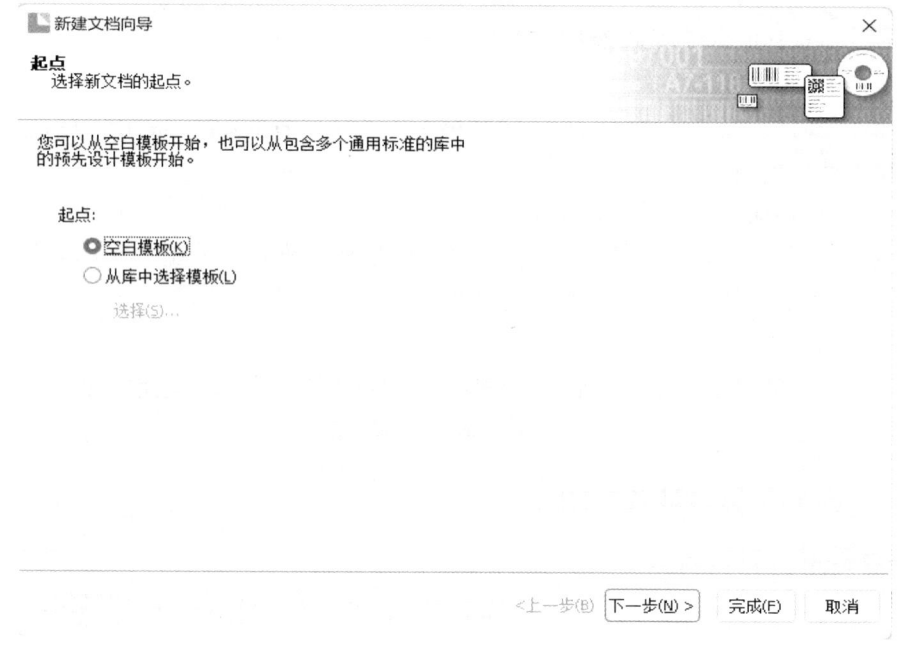

图 5-12　新建文档向导

（2）单击"完成"以退出"新建文档"向导（或根据向导进行新建），然后在 BarTender 中打开空白文档。

（3）根据需要设置标签的大小，单击 或双击空白处进入"页面设置"对话框，如图 5-13、图 5-14 所示。

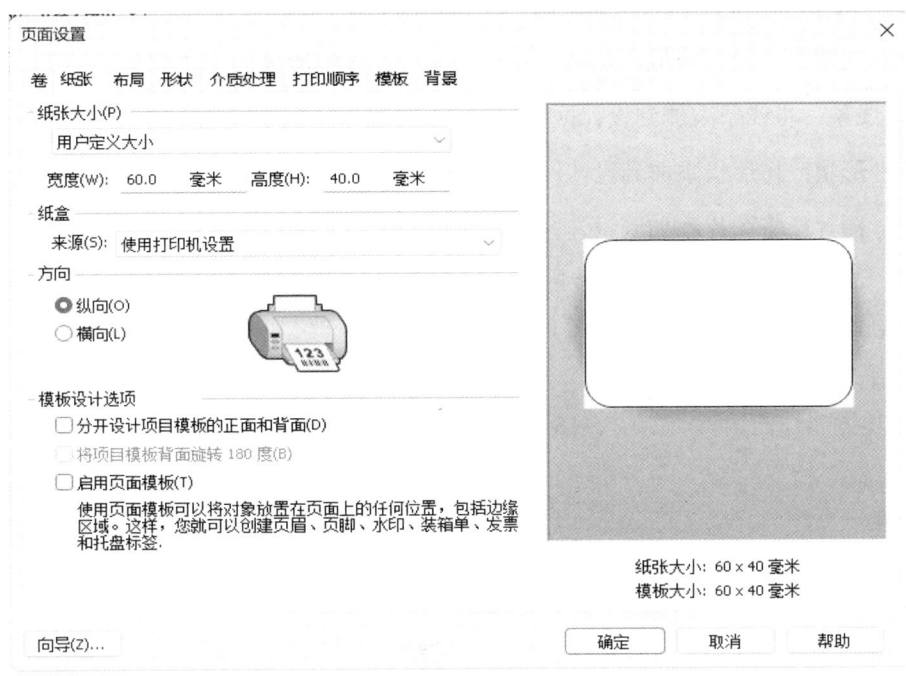

图 5-13 "页面设置"对话框"纸质"设置

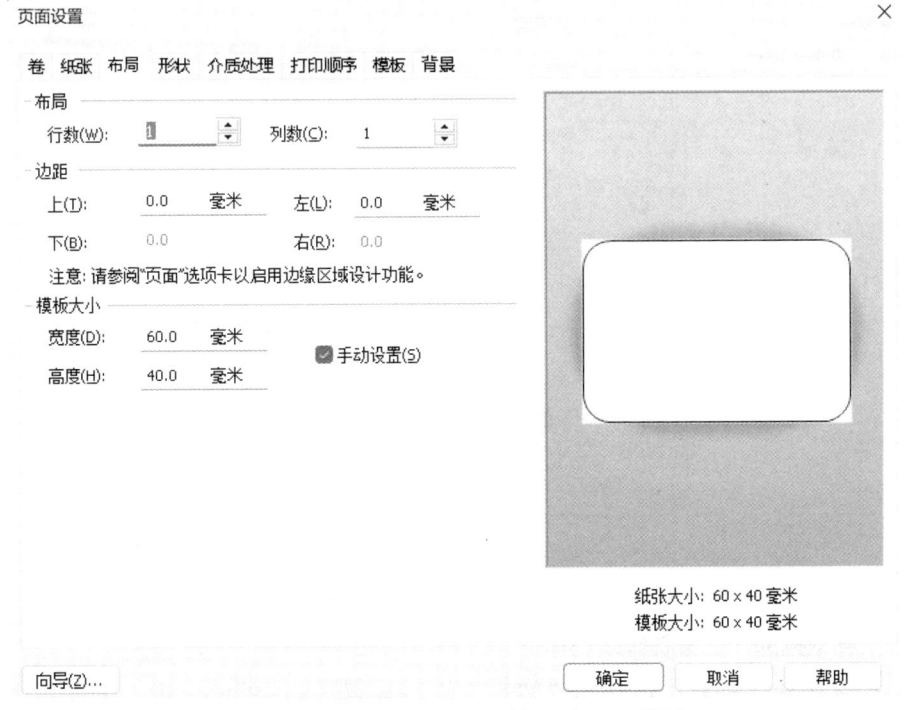

图 5-14 "页面设置"对话框"布局"设置

（4）标签内容设计。如果要使用空白模板（或设计区域），可以通过向模板添加对象来开始设计打印项目。

BarTender 包含以下对象类型：

- 条码：向设计区域添加条码，单击以选中所需的条码。
- 文本：向设计区域添加文本对象，单击以选中所需的文本类型。
- 线条：将线条添加到设计区域。
- 形状：将形状添加到设计区域，单击以选中所需的形状。
- 图片：将图片添加到设计区域，单击以选中所需的图片源。
- 表：将表对象添加到设计区域。
- 布局网格：向设计区域添加布局网格对象。

用以上工具进行标签内容设计，可双击条码对已添加的条码进行符号体系和大小、可读性、字体等属性的编辑，如图 5-15 所示。

图 5-15　条码属性的编辑

2. 连接到数据库，批量制作条码标签

（1）在"文件"菜单上，单击"数据库连接设置"。也可以单击"主工具栏"上的，启动"数据库设置"向导。

（2）在"数据库设置"向导的初始页面上，选择存储数据的文件类型，然后单击"下一步"。

（3）按照向导中的步骤完成所选文件类型的连接设置。在向导结束时，单击"完成"以打开"数据库设置"对话框。

连接到数据库后，存储在文件中的信息可用于填充模板上的条码、文本对象或编码器对象。提取此信息的最简单方法是使用"工具箱"的"数据源"窗格将对象链接到数据库字段。

（4）将对象链接到数据库字段：

①在"工具箱"中，单击"数据源"选项卡以显示"数据源"窗口。

②展开"数据库字段"节点以显示已连接数据库中的所有数据库字段。

③将所需的数据库字段拖动到所需的条码、文本或编码器对象上。也可以将字段拖动到模板上，以创建链接到该字段的文本对象。

在将数据库文件连接到文档并将一个或多个字段链接到对象后，可以在模板设计区域的底部使用记录导航栏。可使用箭头在模板上显示随文档一起打印的记录，如图5-16。

图 5-16 打印记录

此外，还可以单击"文件"菜单上的"打印预览"来预览标签效果，如图5-17所示。

图 5-17 批量制作条码标签（预览）

3. 打印条码标签

（1）单击主工具栏上的打印机按钮或者文件菜单上的打印选项，以显示打印对话框。

（2）确定选择了正确的打印机名称。

（3）如果文档中的某些对象使用来自数据库文件的数据、应选中使用数据库复选框。可以使用数据库连接设置按钮显示数据库连接设置对话框，如图5-18所示。

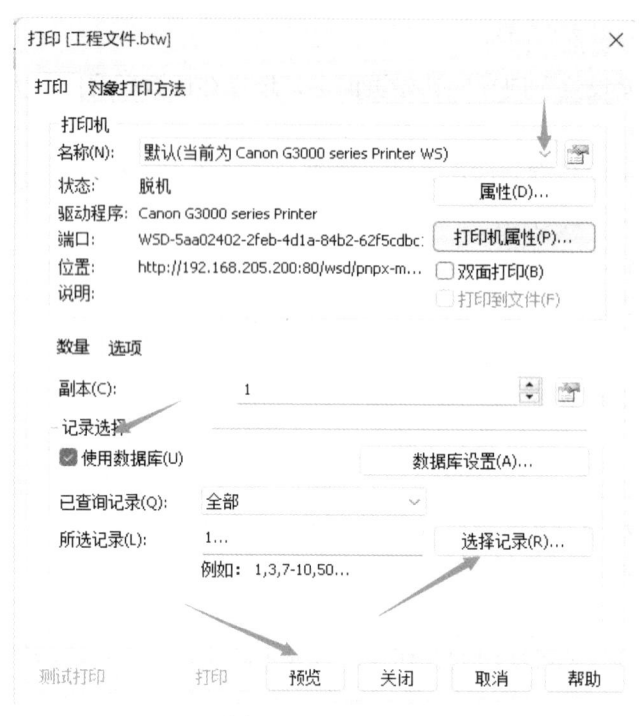

图 5-18 打印设置

（4）在份数控件中输入所需数字。

（5）单击打印按钮。

拓展阅读 5.2：标签打印出来的效果和预览不一样

【项目综合实训】

CodeSoft2023 使用。

CodeSoft 是一款强大的条码标签设计与打印软件，它不仅支持各种运算符和工具来创建高度个性化和专业化的标签，还支持从多种数据源中导入和筛选数据，适用于各种应用场景。其工作界面如图 5-19 所示。

图 5-19 Code Soft 软件界面

该软件具有以下特点：

（1）支持多种条码格式：CodeSoft 支持 UPC、EAN、ITF-14、GS1-128、QR Code 等

常见的条码和二维码格式，可以满足考试管理中对于不同类型条码的需求。

（2）数据连接功能：CodeSoft 软件具备强大的数据库连接和筛选功能。CodeSoft 软件支持与多种类型的数据库建立连接，如 Microsoft Access、Microsoft SQL Server、Oracle、MySQL 等。这意味着用户可以轻松地将数据库中的信息整合到标签设计中，实现数据的实时同步。Code Soft 允许用户将条码与外部数据源（如 Excel、Access 等）进行连接，方便生成大量不同的条码标签，如图 5-20 所示。

图 5-20　Codesoft 数据库连接功能

（3）用户友好的界面：Code Soft 具有直观、简洁的操作界面，即使没有专业知识也能轻松上手。

（4）高级设计功能：Code Soft 支持各种设计元素（如文字、图片、形状等），用户可以根据需要进行个性化设计。

通过 Code Soft 软件，可以轻松地制作出高质量、易于扫描的条码，更好地管理和跟踪学生考试信息。

使用 Code Soft 软件生成条码标签的步骤如下：
①打开 Code Soft 软件并创建一个新的标签文档。
②在 Code Soft 的工具栏上选择"条码"选项卡。
③选择所需的条码类型，如 Code 39。
④在"内容"栏中输入考试信息，如学生姓名、学生 ID、考试编号等。
⑤根据需要设置条码的大小和位置。
⑥在"编码"选项卡中选择所需的编码方法，如 UTF-8。
⑦保存并打印标签。

CodeSoft 还可以生成其他类型的条码，如 EAN-13、PDF417 和 Data Matrix 等。这些条码可以存储更多的信息，包括文本、图像和二进制数据。使用 CodeSoft 制作这些类型的条码也非常简单。CodeSoft 还具有其他功能，如图像处理、文本处理和数据库连接等，这些功能可以轻松地制作和管理标签。

实训环境（见图 5-21）：
（1）电脑一台，需要能够联网；
（2）条码打印机一台，可共享一台条码打印机；
（3）互联网环境。

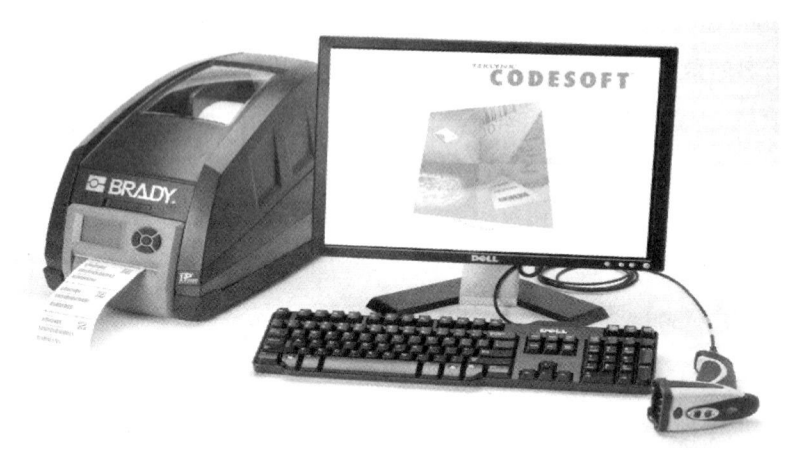

图 5-21　实训 1：Codesoft 软件

实训目的：
1. 学会下载和安装 Codesoft 软件；
2. 熟悉软件的工作界面组成；
3. 尝试生成和制作一个条码标签。

【思考题】

1. 条码预印制方式有哪几种？各有什么特点？
2. 现场印制常用的打印机有哪几种？
3. 常见的条码符号载体有哪些？
4. 隐形条码有哪几种？
5. 条码的生成与印制都是一些实操性很强的工作，这些工作的质量最能体现从业人员的工匠精神，请以小组的形式讨论"如何在条码的生成与印制岗位中践行工匠精神"？

【在线测试题】
扫描二维码，在线答题。

项目六　条码的检测

项目目标

知识目标：
1. 了解条码检测相关概念；
2. 掌握条码检测项目、方法及质量的判断方法；
3. 熟悉常用条码检测设备。

能力目标：
1. 熟练操作条码检测设备；
2. 能对条码的质量进行判断；
3. 分析条码质量检测报告。

素质目标：
1. 养成动手操作能力、合作交流能力；
2. 具备信息处理和判断能力。

知识导图

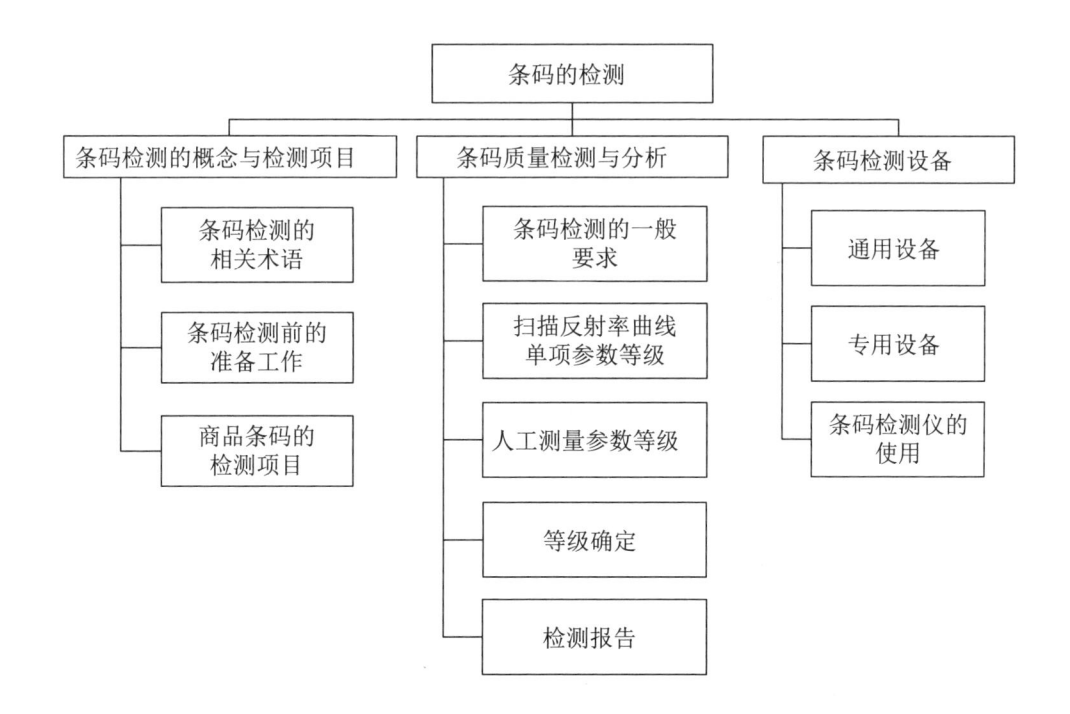

```
                        条码的检测
        ┌──────────────────┼──────────────────┐
条码检测的概念与检测项目   条码质量检测与分析      条码检测设备
   ├─ 条码检测的相关术语     ├─ 条码检测的一般要求   ├─ 通用设备
   ├─ 条码检测前的准备工作   ├─ 扫描反射率曲线       ├─ 专用设备
   └─ 商品条码的检测项目     │   单项参数等级         └─ 条码检测仪的使用
                            ├─ 人工测量参数等级
                            ├─ 等级确定
                            └─ 检测报告
```

导入案例

破解条码质量瓶颈

早在 1987 年，国际物品编码协会对各国的条码印刷品进行调查时就发现，条码印刷质量问题是一个国际性的普遍问题。而在整个 20 世纪 90 年代，条码的印刷质量问题一直是中国物品编码事业的专家和从业者们努力攻克的难题。条码质量直接影响条码的使用，达不到质量要求的条码不仅不能提高管理效率，反而会造成混乱。如果条码印刷得不合格，轻者会因识读设备拒读而影响扫描速度，降低工作效率，重者会造成输入信息错误，给生产者和经销者带来经济损失。在我国推广应用商品条码初期，有些年份的条码合格率甚至不足 50%。

总体来说，条码印制技术比较复杂，其研究的主要内容是：制片技术、印制技术和研制各类专用打码机、印刷系统以及如何按照条码标准和印制批量的大小，正确选用相应的技术设备等。这是由于条码符号中的条和空的宽度包含着许多信息，要想印制合格的条码符号，首先要用计算机软件按照选择的码制、相应的标准和相关的要求生成条码样张，然后再根据条码印制的载体介质、数量选择最合适的印制技术和设备。因此，在条码符号的印刷过程中，对诸如反射率、对比度以及条空边缘的粗糙度均有严格的要求。必须选择适当的印刷技术和设备，才能保证印制出符合规则的条码。

如何从源头上控制条码质量，降低超市中不可识读条码的比例，督促承印厂家印制符合国家标准要求的条码，已成为当时编码工作的重要内容。做好印刷资格认定工作，加强对印刷企业的管理、指导、服务与监督，对于提高我国条码质量可取得事半功倍的效果。为了保证商品条码的印刷质量，规范商品条码的印刷资格认定，加快商品条码技术在生产和流通领域的应用，推动商业 POS 系统的应用，促进商业自动化、信息化的发展，2000 年 7 月 29 日我国颁发了《商品条码印刷资格认定工作实施办法》，为提升我国商品条码印刷水平作出了重要贡献。

在解决了条码符号的印制问题后，确保条码符号在整个供应链上的正确识读，成了对条码质量进行有效控制的手段，而条码检测则是实现此目的的一个有效工具。条码检测的目标是核查条码符号是否能起到其应有的作用。在这个过程中，它的主要任务是：使得符号印制者对产品进行检查，以便根据检查的结果调整和控制生产过程，预测条码的扫描识读性能。

（资料来源：张成海. 条码 [M]. 北京：清华大学出版社，2022.）

任务 6.1　认识条码检测的概念与检测项目

任务描述

条码检测是确保条码符号在整个供应链中能被正确识读的重要手段，可帮助符号制作者和使用者达到双方都能接受的质量水平。为了能够及早发现条码质量问题，需要对批量印刷的条码产品进行严格检测。通过完成该学习任务，理解条码检测的相关概念，熟悉条码检测项目。

任务知识

6.1.1 条码检测的相关术语

条码检测涉及以下相关术语。

（1）扫描反射率曲线，是沿扫描路径，反射率随线性距离变化的关系曲线，如图 6-1 所示。

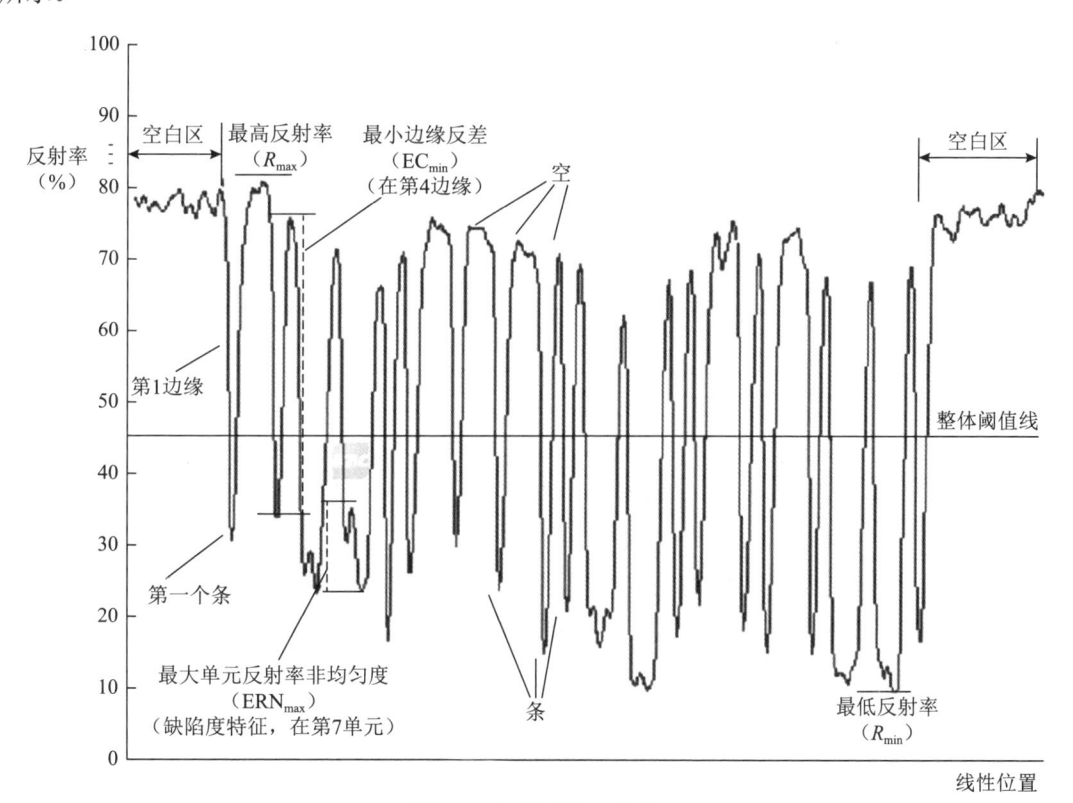

图 6-1 扫描反射率曲线

（2）最低反射率（R_{min}）：扫描反射率曲线上最低的反射率值。

（3）最高反射率（R_{max}）：扫描反射率曲线上最高的反射率值。

（4）符号反差（SC）：扫描反射率曲线的最高反射率与最低反射率之差。

（5）总阈值（global threshold，GT）：用以在扫描反射率曲线上区分条、空的一个标准反射率值。扫描反射率曲线在总阈值线上方所包的那些区域即空；在总阈值线下方所包的那些区域即条。GT=（R_{max} + R_{mix}）/2 或 GT=R_{mix} +SC/2。

（6）条反射率（R_b）：扫描反射率曲线上某条的最低反射率值。

（7）空反射率（Rs）：扫描反射率曲线上某空的最高反射率值。

（8）单元（element）：泛指条码符号中的条或空。

（9）单元边缘（element edge）：扫描反射率曲线上过毗邻单元（包括空白区）的空反射率（R_s）和条反射率（R_b）中间值即（$R_s + R_b$）/2 对应的点的位置。

（10）边缘判定（edge determination）：按单元边缘的定义判定扫描反射率曲线上的单元边缘。如果两毗邻单元之间有多于一个代表单元边缘的点存在，或有边缘丢失，则该扫描反射率曲线为不合格。空白区和字符间隔视为空。

（11）边缘反差（EC）：毗邻单元（包括空白区）的空反射率和条反射率之差。

（12）最小边缘反差（ECmin）：扫描反射率曲线上所有边缘反差中的最小值。

（13）调制度（MOD）：最小边缘反差（ECmin）与符号反差（SC）的比。

（14）单元反射率非均匀度（ERN）：扫描反射率曲线上，一个单元（包括空白区）中经算法修正的最高峰值与最低谷值之差。

（15）缺陷度（defects）：最大单元反射率非均匀度（ERNmax）与符号反差（SC）的比。

（16）可译码性（decodability）：与适当的标准译码算法相关的条码符号印制精度的量度，即条码符号与标准译码算法有关的各个单元或单元组合尺寸的可用容差中，未被印制偏差占用的部分与该单元或单元组合尺寸的可用容差之比的最小值。

6.1.2 条码检测前的准备工作

在对条码标识进行检测前应做好以下几项工作：

1. 环境

根据 GB/T 18348—2022《商品条码 条码符号印制质量的检验》、GB/T 14258—2003《信息技术 自动识别与数据采集技术 条码符号印制质量的检验》的要求，条码检验环境温度范围为（23±5）℃，相对湿度范围为 30%～70%，检验前应采取措施使环境满足以上条件。检验台光源应为色温 5500～6500K 的 D65 标准光源下，一般 60W 左右的日光灯管发出的光谱功率及色温基本满足这个要求。

2. 样品处理

按照国家标准 GB/T 14258—2003、GB/T 18348—2022 的要求，应尽可能使被检条码符号处于设计的被扫描状态后再对其进行检测。对不能在实物包装形态下被检测的样品，以及标签、标纸和包装材料上的条码符号样品，可以进行适当处理，使样品平整、大小适合于检测，且条码符号四周保留足够的固定尺寸。对于不透明度小于 0.85 的符号印刷载体，检测时应在符号底衬上反射率小于 5% 的暗平面。

激光枪式和 CCD 式条码检测仪一般可以对实物包装形态的条码符号进行检测。台式条码检测仪需要配备专用托架才能对实物包装形态的条码符号进行检测。光笔式条码检测仪对非平面的实物包装条码符号进行检测比较困难。

对于不能以实物包装形态被检测的实物包装上的条码符号样品，以及标签、标纸和包装材料上的条码符号样品，应根据不同载体的条码标识进行以下处理：

（1）铜版纸、胶版纸。因纸张变形张力小，一般只要稍稍用力压平固定即可。

（2）塑料包装。材料本身拉伸变形易起皱，透光性强。因此制样时将塑料膜包装上的条码部分伸开压平一段时间，再将其固定在一块全黑硬质材料板上。由于塑料受温度影响大，所以样品从室外拿到检验室后应放置 0.5～1h，让样品温度与室温一致后再进行检验。

（3）马口铁。当材料面积足够大时，由于重力作用会产生不同程度的弯曲变形，因此检验前应将样品裁截至一定大小，一般尺寸为 15cm×15cm 以内，再将其轻轻压平。

（4）不干胶标签。由于材料背面有涂胶，两面的张力不同，也会有不同程度的弧状弯曲。检验前可将条码标签揭下，平贴至与原衬底完全相同的材料上，压平后检验。

（5）铝箔（如易拉罐等）及硬塑料软管（如化妆品等）等材料。由于它们是先成型后印刷，因此应对实物包装进行检验。

总之，在对样品进行检验前处理时，应使样品四周保留足够的尺寸，避免变形弯曲或影响检验人员的操作。

6.1.3　商品条码的检测项目

GB/T18348—2022《商品条码 条码符号印制质量的检验》规定的检测项目共 12 项，其中包括参考译码、最低反射率、符号反差、最小边缘反差、调制比、缺陷度、可译码度、Z 尺寸、宽窄比、空白区宽度、条高和印刷位置。

拓展阅读 6.1：如何印制符合标准的商品条码

1. 参考译码

条码符号可以用参考译码算法进行译码，检验译码结果与该条码符号所表示的代码是否一致。译码正确性是条码符号能被使用和评价条码符号其他质量参数的基础和前提条件。

2. 最低反射率（R_{min}）

最低反射率是扫描反射率曲线上最低的反射率，实际上就是被测条码符号条的最低反射率。最低反射率应不大于最高反射率的一半（即 $R_{min} \leqslant 0.5 R_{max}$）。

3. 符号反差（SC）

符号反差是扫描反射率曲线的最高反射率与最低反射率之差，即 $SC = R_{max} - R_{min}$。符号反差反映了条码符号条、空颜色搭配或承印材料及油墨的反射率是否满足要求。符号反差大，说明条、空颜色搭配合适或承印材料及油墨的反射率满足要求；符号反差小，则应在条、空颜色搭配，承印材料及油墨等方面找原因。

4. 最小边缘反差（EC_{min}）

边缘反差（EC）是扫描反射率曲线上相邻单元的空反射率与条反射率之差。最小边缘反差（EC_{min}）是所有边缘反差中最小的一个。最小边缘反差反映了条码符号局部的反差情况。如果符号反差不小，但 ECmin 小，一般是由于窄空的宽度偏小、油墨扩散造成的窄空处反射率偏低；或者是窄条的宽度偏小、油墨不足造成的窄条处反射率偏高；或局部条反射率偏高、空反射率偏低，如图 6-2 所示。边缘反差太小会影响扫描识读过程中对条、空的辨别。

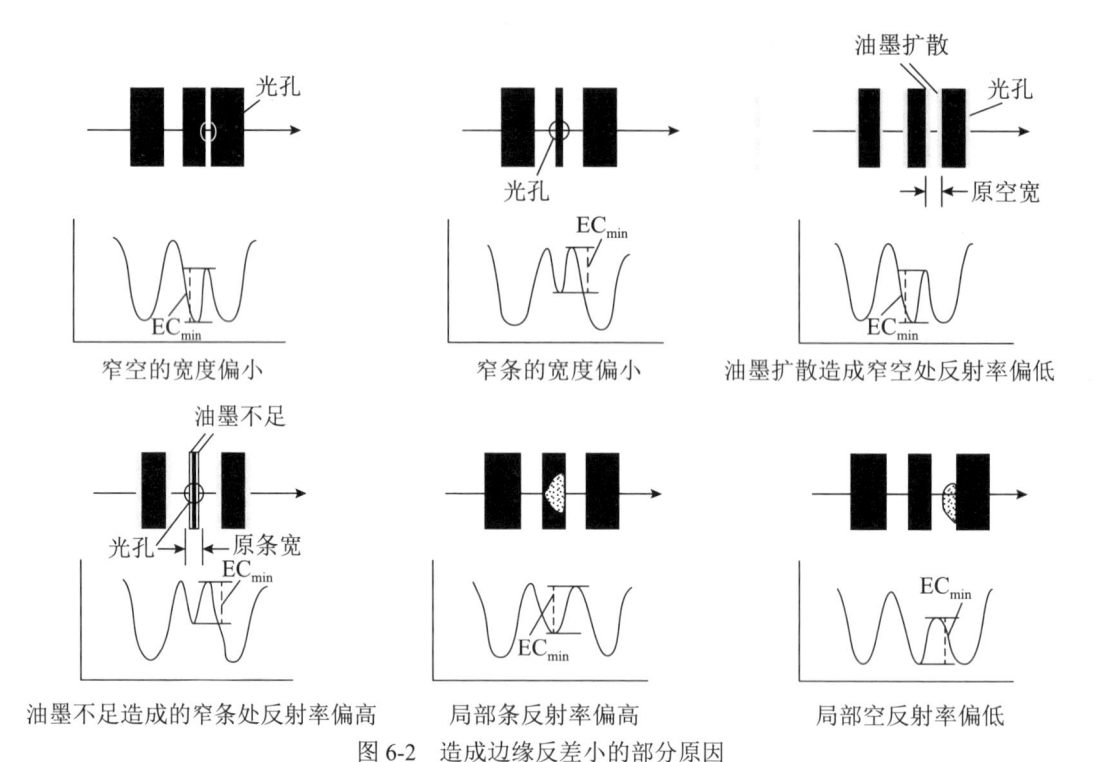

图 6-2 造成边缘反差小的部分原因

5. 调制比（MOD）

调制比（MOD）是最小边缘反差（EC_{min}）与符号反差（SC）的比，即 MOD= EC_{min}/ SC。它反映了最小边缘反差与符号反差在幅度上的对比。一般来说，符号反差大，最小边缘反差就要相应大些，否则调制比偏小，将使扫描识读过程中对条、空的辨别发生困难。

例如，有 A、B 两个条码符号，它们的最小边缘反差（EC_{min}）都是 20%，A 符号的符号反差（SC）为 70%，B 符号的符号反差（SC）为 40%，看起来 A 符号的质量会好一些。但是事实上 A 符号的调制比（MOD）只有 0.29，为不合格；B 符号的调制比（MOD）是 0.50，为合格，如图 6-3 所示。因此，最小边缘反差（EC_{min}）、符号反差（SC）和调制比（MOD）这三个参数是相互关联的，它们可综合评价条码符号的光学反差特性。

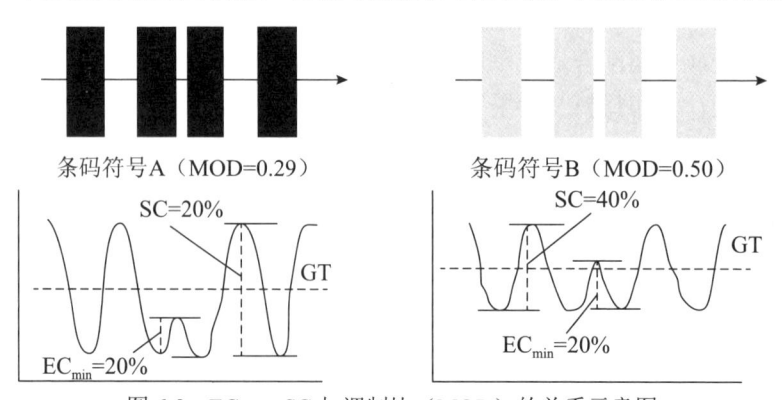

图 6-3 EC_{min}、SC 与调制比（MOD）的关系示意图

6. 缺陷度（Defects）

缺陷度（Defects）是最大单元反射率非均匀度（ERN_{max}）与符号反差（SC）的比，

即 Defects= ERN_{max}/SC。单元反射率非均匀度（ERN）反映了条码符号上脱墨、污点等缺陷对条/空局部的反射率造成的影响。反映在扫描反射率曲线上就是脱墨导致条的部分出现峰，污点导致空（包括空白区）的部分出现谷。若条/空单元中不存在缺陷，即条单元中无峰或空单元中无谷，则其单元反射率非均匀度（ERN）为0。缺陷度（Defects）是条码符号上最严重的缺陷所造成的最大单元反射率非均匀度（ERN_{max}）与符号反差（SC）在幅度上的对比。缺陷度大小与脱墨/污点的大小及其反射率、测量光孔直径和符号反差有关。在测量光孔直径一定时，脱墨/污点的直径越大、脱墨反射率越高和污点反射率越低，符号反差越小，缺陷度越大，对扫描识读的影响也越大，如图6-4所示。

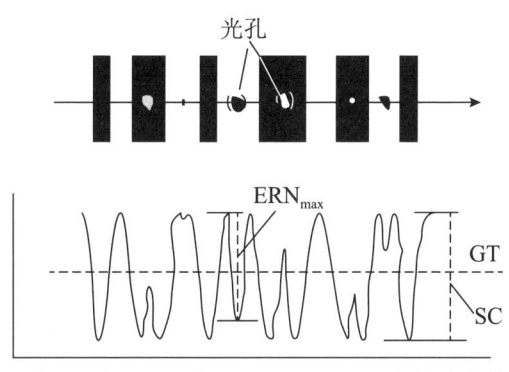

图6-4 脱墨、污点及光孔直径、ERN_{max}、SC与缺陷度的关系示意

7. 可译码度

可译码度是与条码符号条/空宽度印制偏差有关的参数，是条码符号与参考译码算法有关的各个单元或单元组合尺寸的可用容差中未被印制偏差占用的部分与该可用容差之比中的最小值，如图6-5所示。

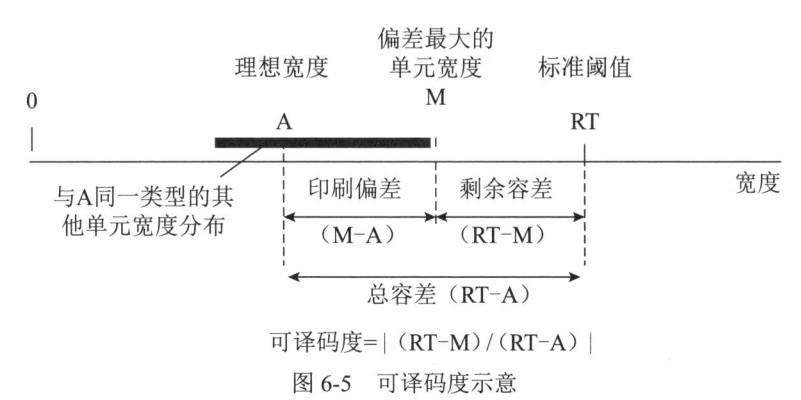

可译码度=|(RT-M)/(RT-A)|

图6-5 可译码度示意

参考译码算法通过对参与译码的条/空单元及条/空组合的宽度规定一个或多个参考阈值（即界限值），允许条/空单元及条/空组合的宽度在印制和识读过程出现一定限度的误差即容许误差（容差）。由于印制过程在前，所以印制偏差先占用了可用容差的一部分，而剩余的部分就是留给识读过程的容差。可译码度反映了未被印制偏差占用的、为扫描识读过程留出的容差部分在总可用容差中所占的比例。

8. Z尺寸（Z dimension）

Z尺寸是指条码符号中窄单元的实际尺寸。

9. 宽窄比

对于只有两种宽度单元的码制，宽单元与窄单元的比值称为宽窄比。

10. 空白区宽度

空白区的作用是为识读设备提供"开始数据采集"或"结束数据采集"的信息。空白区宽度不够常常导致条码符号不能识读，甚至误读，EAN-B 条码空白区的宽度尺寸应该如表 6-1 所示。

表 6-1 放大系数与空白区尺寸

放大系数	空白区最小横向尺寸 左侧	空白区最小横向尺寸 右侧	放大系数	空白区最小横向尺寸 左侧	空白区最小横向尺寸 右侧
0.85	3.09	1.92	1.40	5.09	3.24
0.90	3.27	2.08	1.50	5.45	3.47
0.95	3.45	2.20	1.60	6.18	3.70
1.00	3.63	2.31	1.70	6.18	3.93
1.05	3.82	2.43	1.80	6.54	4.16
1.15	4.18	2.66	1.90	6.90	4.39
1.20	4.36	2.78	2.00	7.26	4.62
1.30	4.72	3.01			

印制的条码符号空白区尺寸应不小于规定的数值，而空白区宽度在条码符号的印制过程中又容易被忽视，所以在国际标准 ISO/IEC 15420 将空白区宽度作为参与评定符号等级的参数之一，而 GB 12904—2008 则暂时将其列入强制性要求，商品条码符号的空白区宽度不符合要求，则该条码符号即被判定为不合格。

11. 条高

条码的高度越小，对扫描线瞄准条码符号的要求就越高，扫描识读的效率就越低。为保证扫描识读的效率，GS1 规范和商品条码标准都明确说明不应该截短条高。印制的条码符号，条高应不小于标准规定的数值，否则会影响条码符号的识读，如图 6-6 所示。

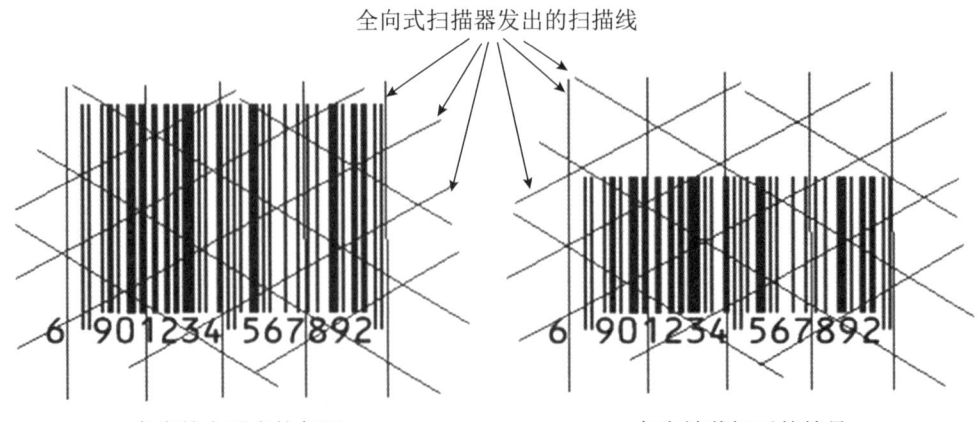

图 6-6 截短条码符号的条高对全向式扫描器识读的影响

12. 印刷位置

检查印刷位置的目的是看商品条码符号在包装的位置是否符合标准的要求以及有无穿孔、冲切口、开口、装订钉、拉丝拉条、接缝、折叠、折边、交叠、波纹、隆起、褶皱和其他图文对条码符号造成损害或妨碍。一般来说，只能对实物包装进行此项检查。

任务 6.2　条码质量检测与分析

任务描述

条码检测的目标是核查条码符号是否能起到应有的作用。符号印制者对产品进行检查，以便根据检查的结果调整和控制生产过程，预测条码的扫描识读性能。通过完成该学习任务，掌握条码检测的方法，对条码等级进行判定，完成检测报告。

任务知识

6.2.1　条码检测的一般要求

1. 检测带

检测带是商品条码符号的条码字符条底部边线以上，条码字符条高的 10% 处和 90% 处之间的区域，如图 6-7 所示。除了条高和印刷位置外，对所有检测项目进行检测都应该在检测带内进行。

图 6-7　检测带

2. 扫描测量

对每一个被检条码符号，在对参考译码、最低反射率、符号反差、最小边缘反差、调制比、缺陷度、可译码度、宽窄比和空白区宽度进行检测时，应在图 6-7 所示的 10 个不同条高位置各进行一次扫描测量，共进行 10 次扫描测量。10 次扫描的扫描路径应尽量垂直于条高度方向和保持等间距。为了对条码符号质量进行全面的评价，有必要将多个扫描路径的扫描反射率波形的等级进行算术平均，确定符号等级。

一般都是使用具有美标方法检测功能的条码检测仪在检测带内进行扫描测量，得出扫描反射率曲线，并由条码检测仪自动进行分析。

6.2.2 扫描反射率曲线单项参数等级

1. 基本方法

通过分析扫描反射率曲线的特征，确定各个参数值。扫描反射率曲线特征示意如图 6-1 所示。

2. 单元的确定

为了区分条单元和空单元，需要确定一个整体阈值（GT）。整体阈值等于最高反射率与最低反射率之和的二分之一，可用以下公式计算。

$$GT = (R_{max} + R_{min})/2$$

式中：

R_{max}——最高反射率；

R_{min}——最低反射率。

在整体阈值之上的各区域被认为是空单元，每一空区域中的最高反射率定义为该空的反射率（R_s）；在整体阈值以下的各区域被认为是条单元，每一区域中的最低反射率定义为该条的反射率（R_b）。

3. 单元边缘的确定

边缘是扫描反射率曲线上两相邻单元（包括空白区）的边界。其位置在相邻两单元中空反射率（R_s）、条反射率（R_b）中间值即（$R_s + R_b$）/2 点的横坐标处。

4. 参考译码

由条码检测仪对扫描反射率曲线，按单元确定和单元边缘确定方法确定各单元及单元边缘的位置后，根据被检测条码符号的码制，选择适合的参考译码算法对条码符号进行译码。核对译码的结果与该条码符号所表示的数据是否相同，相同则译码正确，不同则译码错误。若得不出译码数据，则为不能被译码。通过参考译码算法，则该扫描反射率曲线参考译码的等级定为 4 级，译码错误或不能被译码则定为 0 级。

5. 光学特性参数

测定光学特性参数值通常由条码检测仪测定。记录条码检测仪每次扫描后给出的最低反射率、符号反差、最小边缘反差、调制比和缺陷度的值。

光学特性参数的等级确定如表 6-2 所示：根据值的大小，符号反差、调制比和缺陷度可被定为 4 至 0 级，最低反射率和最小边缘反差可被定为 4 或 0 级。

表 6-2 光学特性参数的等级确定

等级	最低反射率（R_{min}）	符号反差（SC）	最小边缘反差（EC_{min}）	调制比（MOD）	缺陷度（Defects）
4	≤ 0.5R_{max}	SC ≥ 70%	≥ 15%	MOD ≥ 0.70	Defects ≤ 0.15
3	—	55% ≤ SC < 70%	—	0.60 ≤ MOD < 0.70	0.15 < Defects ≤ 0.20
2	—	40% ≤ SC < 55%	—	0.50 ≤ MOD < 0.60	0.20 < Defects ≤ 0.25
1	—	20% ≤ SC < 40%	—	0.40 ≤ MOD < 0.50	0.25 < Defects ≤ 0.30

续表

等级	最低反射率（R_{min}）	符号反差（SC）	最小边缘反差（EC_{min}）	调制比（MOD）	缺陷度（Defects）
0	$> 0.5R_{max}$	SC < 20%	< 15%	MOD < 0.40	Defects $\geqslant$ 0.30

6. 可译码度

可译码度通常由条码检测仪测定，记录条码检测仪每次扫描后给出的可译码度。可译码度等级的确定如表 6-3 所示。

表 6-3 可译码度的等级确定

可译码度（V）	等级
$V \geqslant 0.62$	4
$0.50 \leqslant V < 0.62$	3
$0.37 \leqslant V < 0.50$	2
$0.25 \leqslant V < 0.37$	1
$0.00 \leqslant V < 0.25$	0

7. Z 尺寸

用条码检测仪或符合要求的测量器具测量条码起始符左边缘到终止符右边缘的长度，用下面的公式计算 Z 尺寸。

$$Z = l / M$$

式中：

Z——Z 尺寸，mm；

l——条码起始符左边缘到终止符右边缘的长度，mm；

M——条码中（不含左、右空白区）所含模块的数目（对于 EAN-13、UPC-A，$M=95$；对于 EAN-8，$M=67$；对于 UPC-E，$M=51$；对于 GS1-128，$M=11\times$ 数据符及含在数据中的辅助字符的个数 $+46$）。根据符号码制规范和应用规范中 X 尺寸范围，判断 Z 尺寸是否符合规定。不同应用场景条码符号 X 尺寸的范围如表 6-4 所示。

表 6-4 不同应用场景条码符号 X 尺寸的范围

条码码制	应用场景	X 尺寸（毫米） 最小值	首选值	最大值
EAN-13 EAN-8 UPC-A UPC-E	在常规零售 POS 机扫描的非常规配送贸易项目	0.264	0.330	0.660
	仅在常规配送中扫描的贸易项目	0.495	0.660	0.660
	在常规零售 POS 机和常规配送扫描的贸易项目	0.495	0.660	0.660
ITF-14	仅在常规配送中扫描的贸易项目	0.495	1.016	1.016
	其他[①]	0.250	0.495	0.495
GS1-128	仅在常规配送中扫描的贸易项目	0.495	0.495	1.016
	常规配送的物流单元	0.495	0.495	0.940
	其他[①]	0.250	0.495	0.495

①其他应用对象包括：在供应链的供需双方使用的贸易项目，如医疗保健品、纸张、包装材料、电气设备、通信设备等。

8. 宽窄比（N）

通常用条码检测仪测量。测量条码中所有条、空单元的宽度，单位为 mm。利用得出的 Z 尺寸，用下面的公式计算 ITF-14 条码的宽窄比。

$$N = (宽条宽度的平均值 + 宽空宽度的平均值) / 2Z$$

式中：

N——宽窄比；

Z——Z 尺寸，mm。

ITF-14 条码符号的宽窄比（N）的测量值应在 $2.25 \leq N \leq 3.00$ 范围内，测量值在此范围内则宽窄比评为 4 级，否则评为 0 级。

9. 空白区宽度

空白区宽度的要求要符合各种类型条码符号空白区最小宽度的要求。

空白区宽度的测量，可以用具有空白区检测功能的条码检测仪扫描测量，检测仪应能按照空白区的定义测量空白区宽度，根据条码符号的 Z 尺寸及条码符号空白区最小宽度的要求对空白区宽度是否满足要求作出判断；也可以人工测量，用符合要求的长度测量器具，在检测带内人眼观察的空白区最窄处测量空白区宽度。人工测量的结果可作为各次扫描反射率曲线的空白区宽度参数值使用。根据条码符号的 Z 尺寸及条码符号空白区最小宽度的要求对空白区宽度是否满足要求作出判断。空白区宽度的等级确定如表 6-5 所示。

表 6-5 空白区宽度的等级确定

空白区宽度	等级
大于或等于标准要求的最小宽度	4
小于标准要求的最小宽度	0

6.2.3 人工测量参数等级

1. 条高

用符合要求的长度测量器具测量。对商品条码条高的要求如表 6-6 所示。条高的测量值符合规定时，判定为通过；否则，为不通过。

表 6-6 商品条码条高的要求

条码类型	条高（mm）
EAN-13、UPC-A、UPC-E	$\geq 69.24X$
EAN-8	$\geq 55.24X$
GS1-128（$X<0.495$）	≥ 13
GS1-128（$X \geq 0.495$）	≥ 32
ITF-14（$X < 0.495$）	≥ 13
ITF-14（$X \geq 0.495$）	≥ 32
在不知道 X 尺寸的情况下，用 Z 尺寸代替 X 尺寸。把计算得到的条高数值四舍五入到整数个位	

2. 印刷位置

条码符号的印刷位置与 GB/T 14257 或相应的应用规范的规定一致时，判定为通过；否则，为不通过。

3. 供人识别字符

条码符号的供人识别字符应与编码数据内容一致，判定为通过；否则，为不通过。

4. 译码正确性

扫描反射率曲线参考译码的译码数据与编码数据一致时，判定为 4 级；否则，为 0 级。

6.2.4 等级确定

1. 扫描反射率曲线等级的确定

取单次测量扫描反射率曲线的参考译码、最低反射率、符号反差、最小边缘反差、调制比、缺陷度、可译码度、空白区宽度和宽窄比等诸参数等级中的最小值作为该扫描反射率曲线的等级。各参数的等级及扫描反射率曲线的等级用字母表示时，字母等级与数字等级的对应关系是：$A—4$，$B—3$，$C—2$，$D—1$，$F—0$。

2. 符号等级的确定

10 次测量中有任何一次出现译码错误，则被检条码符号的符号等级为 0。

10 次测量中都无译码错误（允许有不译码），以 10 次测量扫描反射率曲线等级的算术平均值作为被检条码符号的符号等级值。

3. 符号等级的表示方法

符号等级以 $G/A/W$ 的形式来表示，其中 G 是符号等级值，精确至小数点后一位；A 是测量孔径的参考号；W 是测量光波长以纳米为单位的数值。例如，2.7/06/660 表示符号等级值为 2.7、测量时使用的是参考号为 06 的、标称直径为 0.15mm 的孔径，测量光波长为 660nm。

符号等级值也可以用字母 A、B、C、D 或 F 来表示，字母符号等级与数字符号等级的对应关系如下：

A——（$3.5 \leqslant G \leqslant 4.0$）；
B——（$2.5 \leqslant G < 3.5$）；
C——（$1.5 \leqslant G < 2.5$）；
D——（$0.5 \leqslant G < 1.5$）；
F——（$> G0.5$）。

4. 扫描反射率曲线各单项参数检测结果的表示方法

对于一个条码符号经检测得出的 10 个扫描反射率曲线，可以计算各单项参数（除参考译码外）10 次测量值的平均值并确定平均值的等级，可以计算参考译码参数 10 次测量的等级的平均值，并把这些测量值的平均值及其相对应等级或等级的平均值作为检测结果在检测报告中给出。

5. 综合判定

根据检验结果，按照 GB 12904、GB/T 15425、GB/T 16830 或《GS1 通用规范》中关

于符号质量的要求，进行单个商品条码符号质量的综合判定。对各种类型商品条码的符号等级的要求如表 6-7 所示。

表 6-7 商品条码的符号等级要求

条码类型	符号等级
EAN-13、EAN-8、UPC-A、UPC-E	≥ 1.5/06/670
GS1-128（$X < 0.495$ mm）	≥ 1.5/06/670
GS1-128（$X \geq 0.495$ mm）	≥ 1.5/10/670
ITF-14（$X < 0.635$ mm）	≥ 1.5/10/670
ITF-14（$X \geq 0.635$ mm）	≥ 0.5/20/670

6.2.5 检测报告

检验报告应包括以下内容。

1. 样品信息

（1）被检条码符号的条码码制；

（2）条码符号的供人识别字符；

（3）条码符号所标识的商品的名称、商标和规格；

（4）条码符号的承印材料。

2. 检验条件

（1）温度和湿度；

（2）测量光波长和测量孔径的直径。

3. 检验依据

检验依据的标准。

4. 检验结果

（1）各项检验结果；

（2）判定结论。

5. 其他

（1）检验人、报告审核人和报告批准人的签名；

（2）检验单位专用印章；

（3）检验日期。

任务 6.3 了解条码检测设备

任务描述

通过完成该学习任务，了解条码检测的通用设备和专用设备，熟练操作条码检测仪，对条码质量进行检测，并能分析检测数据。

任务知识

根据 GB/T 14258—2003 检验方法的要求，对条码符号进行检验时需要使用以下检验设备：

（1）最小分度值为 0.5mm 的钢板尺（用于测条高、放大系数）。
（2）最小分度值为 0.1mm 的测长仪器（用于测量空白区）。
（3）具有综合分级方法功能的条码检测仪。

条码检测常用设备可分为两类：通用设备和专用设备。

6.3.1 通用设备

通用设备包括密度计、工具显微镜、测厚仪和显微镜。

密度计有反射密度计和透射密度计两类。反射密度计是通过对印刷品反射率的测量来分析条码的识读质量。透射密度计是通过对胶片反射率的测量来分析条码的识读质量。

工具显微镜用来测量条空尺寸偏差。

测厚仪可以测出条码的条、空尺寸之差从而得到油墨厚度。

显微镜通过分析条空边缘粗糙度来确定条码的印制质量。

6.3.2 专用设备

条码检测专用设备一般分为两类：便携式条码检测仪和固定式条码检测仪。

1. 便携式条码检测仪

简便、外形小巧的条码检测仪广泛适用于各种检测。便携式条码检测仪可以快速得出检测结果，并且可以通过功能强大的检测手段进一步分析详细参数，如图 6-8 所示。

图 6-8 便携式条码检测仪

2. 固定式条码检测仪

固定式条码检测仪是一种专门设计的安装在印刷设备上的检测仪（一些是为了高速印刷，其他的设计为随选打印机），如图 6-9 所示。它可对条码符号的制作以及主要的参数（特别是单元宽度）提供连续分析，以使操作者能够及时控制印刷过程。在线固定式条码检测仪能对条码标签在打印、应用、堆叠和处理的过程中进行实时连续的检测，常用于热敏或热转移打印机，内置激光检测仪和电源。一些设备甚至还能自动反馈控制指令以提高符号质量并重新印刷有缺陷的标签。这样可以大大提高生产率，降低成本，提高生产质量。

图6-9　固定式条码检测仪

6.3.3　条码检测仪的使用

1. 孔径/光源的选择

选择的光源要与实际操作中所用的光源相匹配，测量孔径也应与将要检测符号的 X 尺寸范围相匹配。检测 EAN/UPC 条码时使用 670nm 的可见红光为峰值波长，就是因为这个波长接近于使用激光二极管的激光扫描器和使用发光二极管的 CCD 扫描器的扫描光束的波长。

测量孔径则要根据具体应用的条码符号的尺寸而定，具体的选择方法见具体的应用规范。

2. 用条码检测仪扫描条码符号

对于光笔式检测仪，扫描时笔头应放在条码符号的左侧，笔体应和垂直线保持15度的倾角。这种条码检测仪一般都有塑料支撑块使之在扫描时保持扫描角度的恒定。另外应该确保条码符号表面平整。光笔式条码检测仪应该以适当的速度平滑地扫过条码符号表面。扫描次数可以多至10次，每一次应扫过符号的不同位置。扫描得太快或太慢，仪器都不会成功译码，有的仪器还会对扫描速度给出提示。

对于使用移动光束（一般为激光）或电机驱动扫描头的条码检测仪，应该使其扫描光束的起始点位于条码符号的空白区之外，并使其扫描路径完全穿过条码符号。通过将扫描头在条码高度方向上上下移动，可以在不同位置上对条码符号进行10次扫描。有的仪器可以自动完成此项操作。

3. 扫描次数

为了对每个条码符号进行全面的质量评价，综合分级法要求检验时在每个条码符号的检测带内至少进行10次扫描，扫描线应均匀分布。分析相应的10条扫描反射率曲线，并对各分析结果求平均，得出检验结果。

4. 检测条码符号的其他参数或质量要求

条码检测仪并不能检测条码符号是否满足所有的指标要求，所以条码检验过程除使用条码检测仪检测条码外，还要包含其他的检验形式，其中包括人工的目视检查。目视检查可以查看条码符号的位置是否合适，条码符号的编码和供人识读的字符是否一致，条码数据的形式是否正确，如条码符号是 GS1-128 条码还是普通的 128 条码等。

对于商品条码，在高度方向上的截短用条码检测仪是检测不出来的。但是，条码高度的截短将影响商品条码在全向式条码扫描器的识读性能，影响的程度取决于商品条码符号高度截短的程度。因此，也要人工用尺子对条码高度进行测量。

商品条码应用中，条码检测仪同样不能检验出条码是否满足针对商品品种的唯一性要求。要检验商品条码的唯一性，需要检查企业产品的编码数据。

总之，对于各项条码符号标准或规范（符号标准、检测标准、应用标准或规范）中所包含的条码检测仪不能完成的其他要求，都应该选择合适的测量手段进行测量。

【项目综合实训】

用 CodeSoft2023 生成零售商品条码，打印出来后用条码检测仪检测其质量等级，并解释检测报告中各指标的含义。检测报告结果示例如下。

CMA
212209110120
2021.12.08-2027.12.07

检 验 报 告

№：2023-01043A

产品名称： ***（柠檬味）条码印刷品

生产单位： ****股份有限公司

委托单位： ****股份有限公司

检验类别： 委托检验

重庆市信息技术产品质量监督检验站

注意事项

1. 测试报告无"检验检测专用章"或测试单位公章无效。
2. 测试报告无测试人、审核人、批准人签字无效。
3. 测试报告经涂改无效,报告二页及二页以上未加盖骑缝章无效。
4. 复制报告未重新加盖"检验检测专用章"或测试单位公章无效。
5. 对测试报告有异议,应于收到报告15日内向本单位提出,逾期不予受理。
6. 测试报告未经本单位同意不得用作商业广告宣传,不得复制(全文复制除外)报告或证书。
7. 检验检测数据和结果仅对来样负责。

地　址：重庆市江北区五简路9号
电　话：023-8923****
传　真：023-8923****
邮　编：400023
E-mail：*********@cqis.cn
投诉电话：12365

重庆市信息技术产品质量监督检验站

检 验 报 告

产品名称	***（柠檬味）条码印刷品	商标	/	规格型号	694**********
委托单位名称及联系电话	**** 股份有限公司 /1**********					
送样日期	2023-9-28	送样人员	***	样品到达日期	2023-9-28
检验依据	GB12904—2008				
样品数量	1 个	样品状态		完好	
样品等级	合格品	接样人员		***	
产品质量综合判定	经检验，所检项目符合《GB 12904—2008》标准，检验合格。 签发日期：　　年　　月　　日				
备 注	仅对来样负责。				

批准：　　　　　　审核：　　　　　　主检：

序号	检测项目	技术指标	检测结果	单项判定
1	译码数据	与可识读字符相同	694**********	符合
2	符号等级	≥ 1.5/06/660	4.0/06/660	符合
3	空白区宽度（mm）	左侧空白区宽度：≥ 11X（最大允许偏差为5%）	≥ 3.6	符合
		右侧空白区宽度：≥ 7X（最大允许偏差为5%）	≥ 2.3	符合
4	Z尺寸（mm）	0.264～0.660	0.270	/
5	光学特性参数	最低反射率（Rmin）	4%	4.0
		符号反差（SC）	80%	4.0
		最小边缘反差（ECmin）	59%	4.0
		调制比（MOD）	73%	4.0
		缺陷度（Defects）	2%	4.0

注：在不知道X尺寸的情况下，用Z尺寸代替X尺寸。把计算得到的空白区宽度数值修约到一位小数。

【思考题】

1. 如何对条码检测样品进行处理？
2. 条码检测的环境要求是什么？
3. 商品条码检验的项目包括哪些？
4. 如何确定扫描反射率曲线的等级和符号的等级？
5. 使用光笔式条码检测仪应注意什么？

【在线测试题】

扫描二维码，在线答题。

项目七 条码的识读

项目目标

知识目标：
1. 理解条码的识读原理及相关概念；
2. 掌握条码识读系统的构成；
3. 熟悉常见的识读设备。

能力目标：
1. 能够针对不同应用系统选择合适的条码识读设备；
2. 熟练操作常见的条码识读设备。

素质目标：
1. 培养动手操作能力；
2. 培养问题处理能力；
3. 培养总结归纳能力；
4. 培养不断学习新知识、新技术的能力。

知识导图

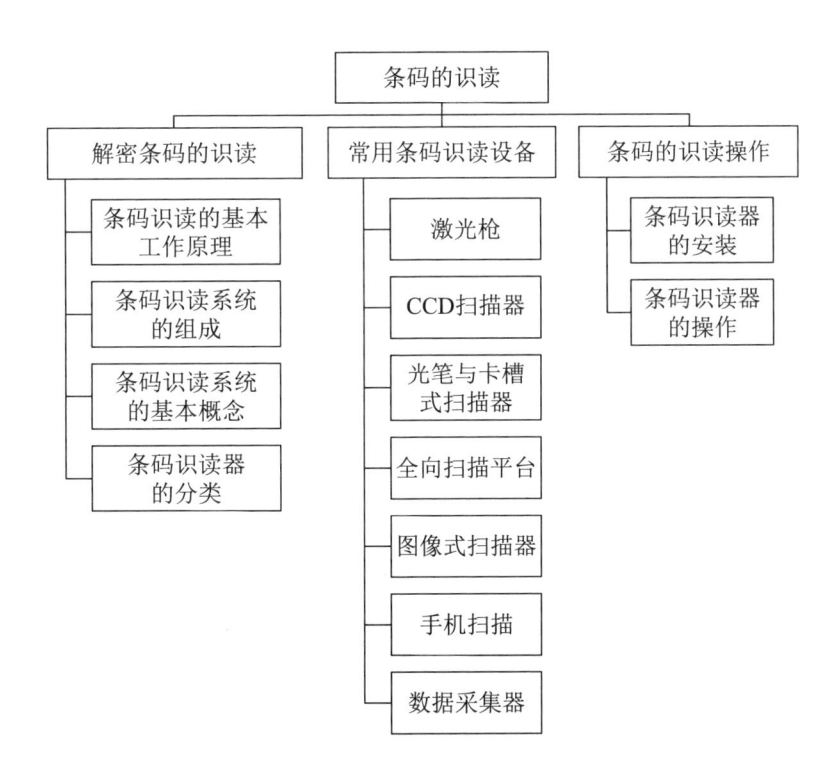

```
                          条码的识读
          ┌──────────────────┼──────────────────┐
     解密条码的识读        常用条码识读设备      条码的识读操作
     ┌──────────┐          ┌──────────┐       ┌──────────┐
     │条码识读的基本│         │  激光枪   │       │条码识读器 │
     │  工作原理  │          └──────────┘       │  的安装   │
     └──────────┘          ┌──────────┐       └──────────┘
     ┌──────────┐          │ CCD扫描器 │       ┌──────────┐
     │条码识读系统│          └──────────┘       │条码识读器 │
     │  的组成   │          ┌──────────┐       │  的操作   │
     └──────────┘          │光笔与卡槽 │       └──────────┘
     ┌──────────┐          │ 式扫描器  │
     │条码识读系统│          └──────────┘
     │ 的基本概念 │          ┌──────────┐
     └──────────┘          │全向扫描平台│
     ┌──────────┐          └──────────┘
     │条码识读器 │          ┌──────────┐
     │  的分类   │          │图像式扫描器│
     └──────────┘          └──────────┘
                          ┌──────────┐
                          │  手机扫描  │
                          └──────────┘
                          ┌──────────┐
                          │ 数据采集器 │
                          └──────────┘
```

导入案例

浙江邵逸夫医院条码应用案例

浙江大学医学院附属邵逸夫医院建院于 1994 年，是香港知名实业家邵逸夫爵士捐资，浙江省人民政府配套，美国罗马琳达大学医学中心协助管理的一所具有国内示范水准的现代化、综合性、研究型的三级甲类医院。医院将自动识别技术应用到检验科室，大大提高了医院信息化管理水平。系统集成商通过和医院检验人员的充分交流和沟通，设计出合理的数据流程，实施切实可行的方案，选择最佳的设备，使得该院的检验信息化运作达到空前高效。

该医院的检验数据主要集中在护士站和实验室之间，如图 7-1 所示。护士站工作流程，即一份检验医嘱生成的过程：医嘱申请—核对后标签打印—样本采样—签字（工号、时间）—送检。

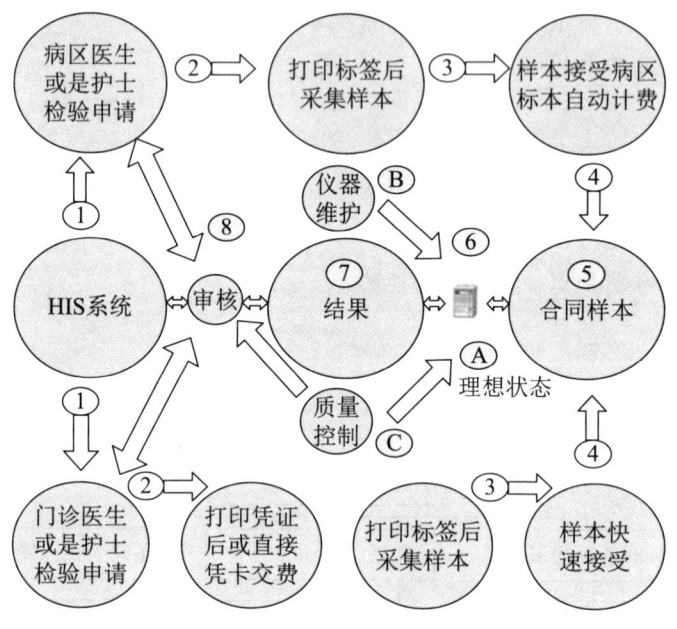

图 7-1 医院数据流程

实验室工作流程，即一份检验医嘱在实验室内部流动的过程：样本接收—确认自动收费—分发至各小组—任务清单形成—上机测定—结果审核—相应护士站定时打印。

实验室维护和质控流程：维护操作（如清洗仪器、擦洗工作台、记录温度、准备清洁剂、仪器定标等）—质控上机测定—核收质控结果。

实验室日常工作中常用到医嘱号和标本号。医嘱号是申请者开出的检验医嘱，在 LIS 执行时生成的流水号，它对应检验医嘱执行表中的一条记录。标本号就是操作者在分析标本时编的号码。医嘱号与标本号是一对一关系，医嘱号或标本号采用条码技术，分析仪、设备可以直接识别标本，结合 LIS 提高了实验室的动化程度。在实验室常用一维条码，条码贴在圆形的试管上，保证识别率。条码标签由专门厂家定做，选用厚度薄、黏性好、防静电处理的材料。由于信息是动态的，条码只能用专用条码打印机现场打印。

条码标签采用二联或三联，一联贴在试管或容器上，另外一联留底或是给病人，减少了手工登记。采用取单证标签方式，病人可以清楚地知道报告时间和取单地点。

门诊服务台配置条码阅读器可以实现病人凭取单凭证标签扫描即可自动打印取单。条码直接进入分析仪器，部分仪器采用双向通信即仪器在识别读取到条码信息后通过 RS-232 串口向计算机系统发送请求，计算机系统从检验科信息管理系统发送请求，计算机系统获取检验科信息到仪器，仪器自动进行测试，完成后将结果发送计算机。

条码技术在浙江大学医学院附属邵逸夫医院的应用取得了明显的效果，实现了真正的全自动操作。条码技术成功地应用到检验分析的过程中，使仪器能识别标本的有关信息，自动按条码信息或主机发送的信息执行各种操作，免除了人工在仪器上输入各种检测指令的过程，简化了工作程序，使全自动分析成为现实。

（资料来源：RFID 世界网，https://www.rfidworld.com.cn/success/2010_11_e6c1fbae3e 17b406.html.）

任务 7.1　解密条码的识读

任务描述

条码符号是图形化的编码符号。对条码符号的识读要借助一定的专用设备，将条码符号中含有的编码信息转换成计算机可识别的数字信息。通过完成该学习任务，掌握条码识读的原理，熟悉识读系统的组成，理解条码识读的相关概念。

任务知识

7.1.1　条码识读的基本工作原理

条码识读的基本工作原理：由光源发出的光线经过光学系统照射到条码符号上面，被反射回来的光经过光学系统成像在光电转换器上，使之产生电信号。信号经过电路放大后产生一模拟电压，它与照射到条码符号上被反射回来的光成正比，再经过滤波和整形，形成与模拟信号对应的方波信号，再经译码器解释为计算机可以直接接收的数字信号。

7.1.2　条码识读系统的组成

从系统结构和功能上讲，条码识读系统由扫描系统、信号整形、译码三部分组成，如图 7-2 所示。

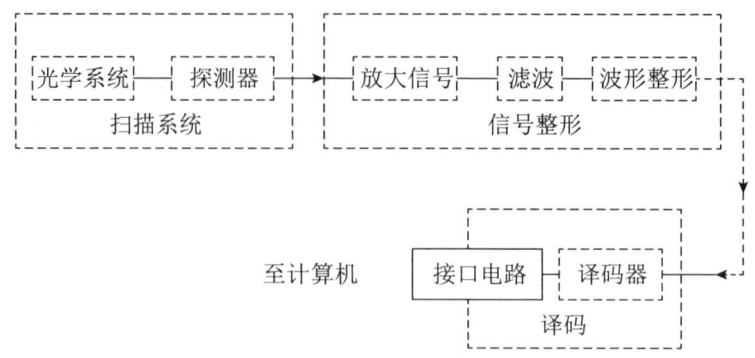

```
┌─────────────────────────┐    ┌──────────────────────────────┐
│ ┌────────┐   ┌────────┐ │    │ ┌──────┐ ┌────┐ ┌────────┐   │
│ │光学系统├───┤探测器  ├─┼────┼─┤放大信号├─┤滤波├─┤波形整形├─┐ │
│ └────────┘   └────────┘ │    │ └──────┘ └────┘ └────────┘ │ │
│        扫描系统         │    │          信号整形          │ │
└─────────────────────────┘    └────────────────────────────┘ │
                                                              │
                        ┌──────────────────────────────┐      │
                        │  ┌────────┐    ┌────────┐    │      │
          至计算机 ◄────┼──┤接口电路├────┤ 译码器 ├────┼──────┘
                        │  └────────┘    └────────┘    │
                        │            译码              │
                        └──────────────────────────────┘
```

图 7-2 条码识读系统组成

扫描系统：由光学系统及探测器即光电转换器件组成。它可完成对条码符号的光学扫描，并通过光电探测器，将条码条空图案的光信号转换为电信号。

信号整形部分：由信号放大、滤波和波形整形组成。它的功能在于将条码的光电扫描信号处理成为标准电位的矩形波信号，其高低电平的宽度和条码符号的条空尺寸相对应。

译码部分：一般由嵌入式微处理器组成。它的功能就是对条码的矩形波信号进行译码，其结果通过接口电路输出到条码应用系统中的数据终端。

条码符号的识读涉及光学、电子学和微处理器等多种技术。要完成正确识读，必须满足以下几个条件：

（1）建立一个光学系统并产生一个光点，使该光点在人工或自动控制下能沿某一轨迹进行直线运动且通过一个条码符号的左侧空白区、起始符、数据符、终止符及右侧空白区。

（2）建立一个反射光接收系统，使它能够接收到光点从条码符号上反射回来的光。同时，要求接收系统的探测器的敏感面尽量与光点经过光学系统成像的尺寸相吻合。

（3）要求光电转换器将接收到的光信号不失真地转换成电信号。

（4）要求电子电路将电信号放大、滤波、整形，并转换成电脉冲信号。

（5）建立某种译码算法，将所获得的电脉冲信号进行分析和处理，从而得到条码符号所表示的信息。

（6）将所得到的信息转储到指定的地方。

上述的前四步一般由扫描器完成，后两步一般由译码器完成。

1. 光源

首先，对于一般的条码应用系统，条码符号在制作时，条码符号的条空反差均针对630nm 附近的红光而言，所以条码扫描器的扫描光源应该含有较大的红光成分。因为红外线反射能力在 900nm 以上；可见光反射能力一般为 630～670nm；紫外线反射能力为 300～400nm。一般物品对 630nm 附近的红光的反射性能和对近红外光的反射性能十分接近，所以，有些扫描器采用近红外光。

扫描器所选用的光源种类很多，主要有半导体光源和激光光源，也有选用白炽灯、闪光灯等光源的。在这里主要介绍半导体发光二极管和激光器。

（1）半导体发光二极管。半导体发光二极管又称发光二极管，它实际上就是一个由 P 型半导体和 N 型半导体组合而成的二极管。当在 P－N 结上施加正向电压时，发光二极管就发出光来，如图 7-3 所示。

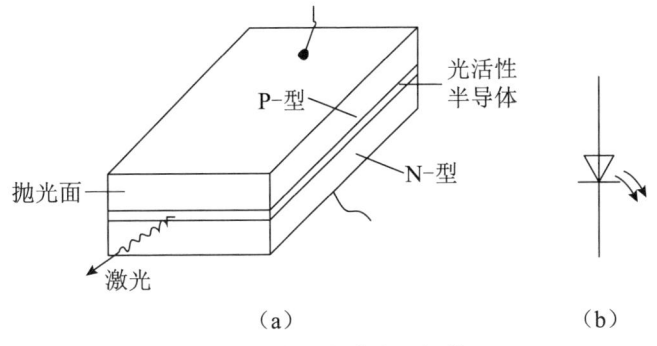

图 7-3　半导体发光二极管

（2）激光器。激光技术已有三十多年的历史，现在已广泛应用于各个领域。激光器可分为气体激光器和固体激光器，气体激光器波长稳定，多用于长度测量。固体半导体激光器具有光功率大、功耗低、体积小、工作电压低、寿命长、可靠性高、价格低廉的优点，这使得原来广泛使用的气体激光器被迅速取代。

激光与其他光源相比，有其独特的性质：

①有很强的方向性。

②单色性和相干性极好。其他光源无论采用何种滤波技术也得不到像激光器发出的那样的单色光。

③可获得极高的光强度。条码扫描系统采用的都是低功率的激光二极管。

2. 光电转换接收器

接收到的光信号需要经光电转换器转换成电信号。

手持枪式扫描识读器的信号频率为几十千赫到几百千赫。一般采用硅光电池、光电二极管和光电三极管作为光电转换器件。

3. 放大、整形与计数

全方位扫描器中的条码信号频率为几兆赫到几十兆赫，如图 7-4 所示。全方位扫描器一般都是长时间连续使用，为了使用者的安全，要求激光源出射能量较小。因此，最后接收到的能量极弱。为了得到较高的信噪比（这由误码率决定），通常都采用低噪声的分立元件组成前置放大电路来放大信号。

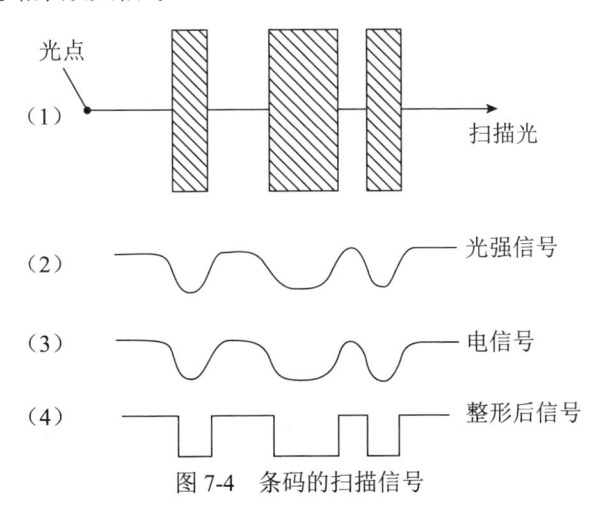

图 7-4　条码的扫描信号

由于条码印刷时的边缘模糊性，更主要是因为扫描光斑的大小有限以及电子线路的低通特性，使得到的信号边缘模糊，这种信号通常称为"模拟电信号"。这种信号还需经整形电路尽可能准确地将边缘恢复出来，变成通常所说的"数字信号"。

条码识读系统经过对条码图形的光电转换、放大和整形，其中信号整形部分由信号放大、滤波、波形整形组成。它的功能在于将条码的光电扫描信号处理成为标准电位的矩形波信号，其高低电平的宽度和条码符号的条空尺寸相对应。这样就可以按高低电平持续的时间计数。

4. 译码

条码是一种光学形式的代码。它不是利用简单的计数来识别和译码的，而是需要用特定方法来识别和译码。译码包括硬件译码和软件译码。硬件译码通过译码器的硬件逻辑来完成，译码速度快，但灵活性较差。为了简化结构和提高译码速度，现已研制了专用的条码译码芯片，并已经在市场上销售。软件译码通过固化在 ROM 中的译码程序来完成，灵活性较好，但译码速度较慢。实际上每种译码器的译码都是通过硬件逻辑与软件共同完成的。

不论采用什么方法，译码都包括如下几个过程：

（1）记录脉冲宽度。译码过程的第一步是测量记录每一脉冲的宽度值，即测量条空宽度。记录脉冲宽度可利用计数器完成。译码器有一个比较复杂的分频电路，它能自动形成不同频率的计数时钟以适应于不同的扫描设备。

（2）比较分析处理脉冲宽度。脉冲宽度的比较方法有多种。比较过程并非简单地求比值，而是经过转换/比较后得到一系列便于存储的二进制数值，把这一系列的数据放入缓冲区以便下一步的程序判别。转换/比较的方法因码制的不同也有多种方法。比较常见的是均值比较法和对数比较法。

（3）程序判别。译码过程中的程序判别是用程序来判定转换/比较所得到的一系列二进制数值，把它们译成条码符号所表示的字符，同时也完成校验工作。

5. 通信接口

目前常用的条码识读器的通信接口主要有 USB 接口、串行接口和键盘接口。

（1）USB 接口。USB 是连接计算机与外界设备的一种串口总线标准，也是一种输入输出接口的技术规范，支持即插即用及热插拔功能，也是目前最常用的条码识读器通信接口方式。

（2）串行接口。串行接口是计算机与条码识读器之间一种常用的通信方式，现在逐渐被 USB 接口形式所替代。扫描条码得到的数据由串口输入，需要驱动或直接读取串口数据，需要外接电源。

（3）键盘接口。条码识读器连接计算机的键盘接口，计算机键盘插头再与条码扫描器的另一个额外的外接接口相连接。

7.1.3 条码识读系统的基本概念

1. 首读率、误码率、拒识率

（1）首读率（first read rate）是指在相同条件下，条码符号初次被扫描即被成功识读的次数与识读条码符号总次数的比值。

（2）误码率（misread rate）是指在相同条件下，错误识读条码符号的次数与识读条码符号总次数的比值。

（3）拒识率（non-read rate）是指在相同条件下，不能识别的条码符号数量与条码符号总数量的比值。

不同的条码应用系统对以上指标的要求不同。一般要求首读率在85%以上，拒识率低于1%，误码率低于0.01%。但对于一些重要场合，要求首读率为100%，误码率为0.0001%。

需要指出的是，首读率与误码率这两个指标在同一识读设备中呈现出矛盾统一的特性。当条码符号的质量固定时，若要降低误码率，就必须加强译码算法，尽可能排除所有可疑字符，而这一过程往往会导致首读率的下降。当系统的整体性能达到一定的水平后，试图在进一步提高首读率的同时降低误码率将变得不切实际。然而，在这种情况下，我们可以通过牺牲一个指标来换取另一个指标的更优表现。在实际的应用系统中，首次读出和拒识的情况较为明显，但误识的情况却常常难以察觉，因此用户在使用时务必保持警惕。

2. 扫描器的分辨率

扫描器的分辨率是指扫描器在识读条码符号时能够分辨出的条（空）宽度的最小值。它与扫描器的扫描光点（扫描系统的光信号的采集点）尺寸有着密切的关系。扫描光点尺寸的大小是由扫描器光学系统的聚焦能力决定的，聚焦能力越强，所形成的光点尺寸越小，则扫描器的分辨率越高。

调节扫描光点的大小有两种方法：一种是采用一定尺寸的探测器接收光栏；另一种是通过控制实际扫描光点的大小。

对于普通扫描光源的扫描系统，由于照明光斑一般很大，主要采用探测器接收光栏来调节扫描光点的大小，如图7-5（a）所示。

对于激光扫描，通过调节激光光束可以直接调节的扫描光点，如图7-5（b）所示。这时在探测器的采集区中，激光的光信号占主流，所以激光的扫描光点就标志了扫描系统的分辨率。

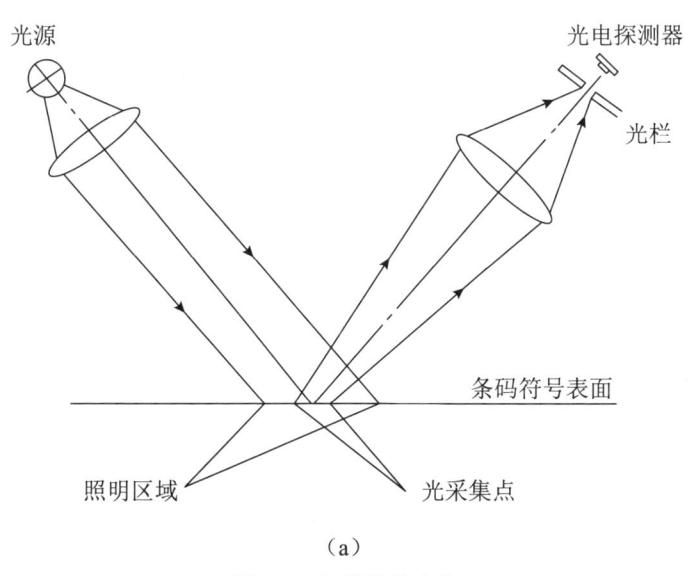

（a）

图7-5 扫描器的光点

光源　　　　　　　　　　　　　光电探测器

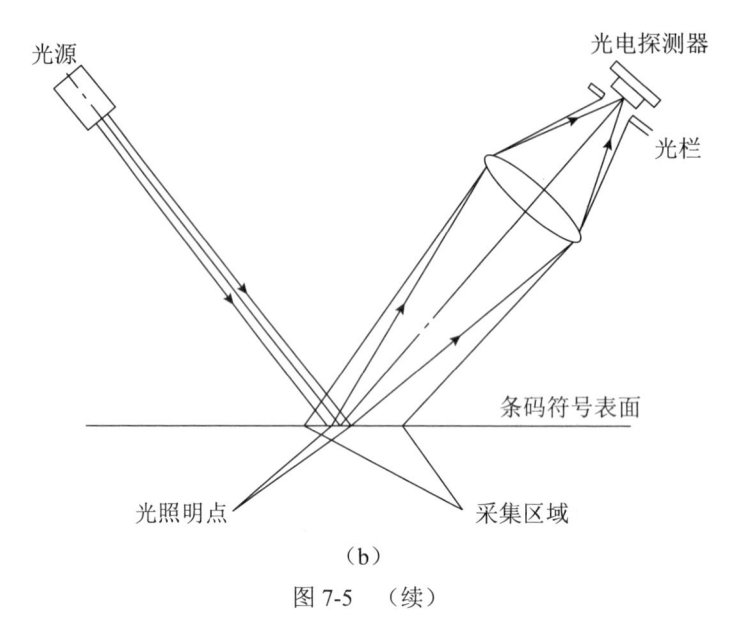

光栏

条码符号表面

光照明点　　　采集区域

（b）

图 7-5 （续）

条码扫描器的分辨率并不是越高越好。在能够保证识读的情况下，不需要把分辨率做得太高。若过分强调分辨率，不仅会提高设备的成本，而且必然造成扫描器对印刷缺陷的敏感程度的提高，则条码符号上微小的污点、脱墨等对扫描信号都会产生严重的影响，如图 7-6（c）所示。

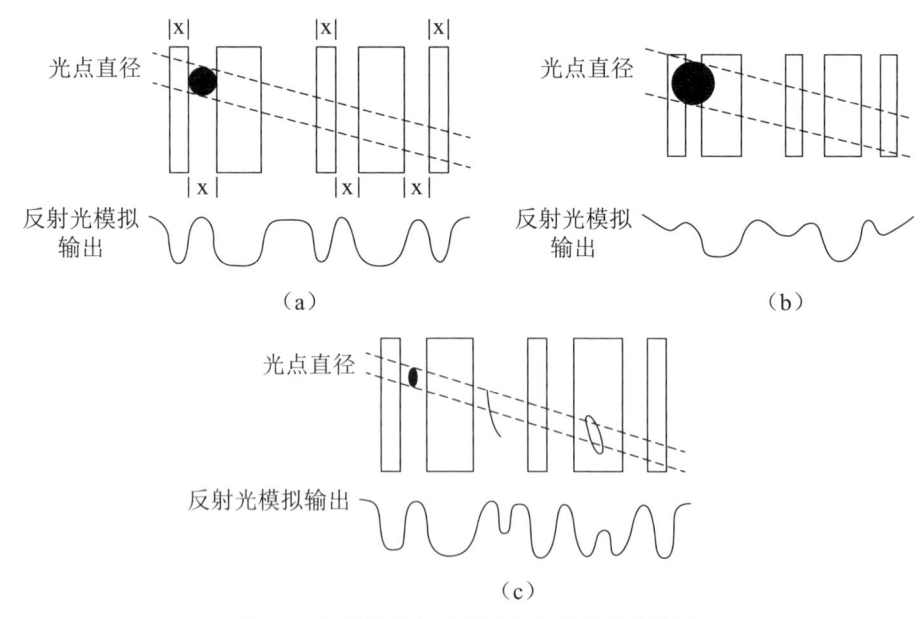

光点直径　　　　　　　　　　　　　　　光点直径

反射光模拟输出　　　　　　　　　　　　反射光模拟输出

（a）　　　　　　　　　　　　　　　　　（b）

光点直径

反射光模拟输出

（c）

图 7-6　扫描系统的分辨率与扫描信号的关系

当扫描光点做得很小时，扫描对印刷缺陷的敏感度很高，则会造成识读困难。如果扫描光点做得太大，扫描信号就不能反映出条与空的变化，同样会造成识读困难，如图 7-6（b）所示。较为优化的一种选择是：光点直径（椭圆形的光点是指短轴尺寸）为最窄单元宽度值的 0.8～1.0 倍，如图 7-6（a）所示。

为了在不牺牲分辨率的情况下降低印刷缺陷对识读效果的影响，通常把光点设计成椭圆形或矩形，但必须使其长轴方向与条码符号条高的方向平行，否则会降低分辨率，无法进行正常工作，所以无法确定光点方向的扫描器（如光笔）不能采用这一方法，主要适用于扫描器的安装及扫描方向都固定的场合。

3. 扫描距离和扫描景深

根据扫描器与被扫描的条码符号的相对位置，扫描器可分为接触式和非接触式两种。所谓接触式即扫描时扫描器直接接触被扫描的条码符号；而非接触式即扫描时扫描器与被扫描的条码符号之间可保持一定距离。这一距离的范围就叫作扫描景深，通常用DOF表示。

扫描景深是非接触式的条码扫描器的一个重要参数。在一定程度上，扫描识读距离的范围和条码符号的最窄元素宽度X以及条码其他的质量参数有关。X值大，条码印刷的误差小，条码符号条空反差大，该范围相应的也会大一些。

激光扫描器扫描工作距离一般为8～30英寸（20～76cm），有些特殊的手持激光扫描器识读距离能够达到数英尺。CCD扫描器的扫描景深一般为1～2英寸，但出现有新型的CCD扫描器，其识读距离能够扩展到7英寸（17.78cm）。

4. 扫描频率

扫描频率是指条码扫描器进行多重扫描时每秒的扫描次数。选择扫描器扫描频率时应充分考虑扫描图案的复杂程度及被识别的条码符号的运动速度。不同的应用场合对扫描频率的要求不同。单向激光扫描的扫描频率一般为40线/s。POS系统用台式激光扫描器（全向扫描）的扫描频率一般为200线/s。工业型激光扫描器的扫描频率可达1000线/s。

5. 抗镜向反射能力

条码扫描器在扫描条码符号时其探测器接收到的反射光是漫反射光，而不是直接的镜向反射光，这样能保证正确识读。在设计扫描器的光学系统时已充分考虑了这一问题。但在某些场合，会出现直接反射光进入探测器影响正常识读的情况。例如，在条码符号表面加一层覆膜或涂层，会增加识读难度。因为当光束照射条码符号时，覆膜的镜向反射光要比条码符号的漫反射光强得多。如果较强的直接反射光进入接收系统，必然影响正确识读，所以在设计光路系统时应尽量使镜向光远离接收光路。对于用户来说，在选择条码扫描器时应注意其光路设计是否考虑了镜向反射问题，最好选择那些有较强抗镜向反射能力的扫描器。

6. 抗污染、抗皱折能力

在一些应用环境中，条码符号容易被水迹、手印、油污、血渍等弄脏，也可能被某种原因弄皱，使得表面不平整，致使在扫描过程中信号变形。这一情况应在信号整形过程中给予充分考虑。

7. 涉及扫描识读的常用术语

引自中华人民共和国国家标准GB/T 12905—2019《条码术语》：

（1）条码识读器：识读条码符号并与计算机系统交换信息的设备。

（2）扫描头：通过扫描将条码符号信息转变成能输入到译码器的电信号的光电设备。

（3）译码：确定条码符号所表示的信息的过程。

（4）译码器：通过分析、处理电脉冲信号得到条码符号所表示信息的电子装置。

（5）识读设备分辨率：仪器能够分辨条码符号中最窄单元（模块）宽度的指标，以百分比表示。

（6）读取距离：扫描器能够读取条码时的最大距离。

（7）读取景深（DOF）：扫描器能够读取条码的距离范围。

（8）红外光源：波长位于红外光谱区的光源。

（9）可见光源：波长位于可见光谱区的光源。

（10）光斑尺寸：扫描光斑的直径。

（11）接触式扫描器：扫描时需和被识读的条码符号作物理接触方能识读的扫描器。

（12）非接触式扫描器：扫描时不需和被识读的条码符号作物理接触就能识读的扫描器。

（13）手持式扫描器：靠手动控制完成条码符号识读的扫描器。

（14）固定式扫描器：安装在固定位置上的扫描器。

（15）固定光束式扫描器：扫描光束相对固定的扫描器。

（16）移动光束式扫描器：通过摆动或多边形棱镜等实现自动扫描的扫描器。

（17）激光扫描器：以激光为光源的扫描器。

（18）CCD扫描器：采用电荷耦合器件（CCD）的电子自动扫描光电转换器。

（19）光笔：笔形接触式固定光束式扫描器。

（20）全方位扫描器：光栅式扫描器，具备全向识读性能的条码扫描器。

（21）条码数据采集终端：手持式扫描器与掌上电脑（手持式终端）的功能组合为一体的设备单元。

7.1.4 条码识读器的分类

条码识别设备由条码扫描和译码两部分组成。现在绝大部分的条码识读器都将扫描器和译码器集成为一体。人们根据不同的用途和需要设计了各种类型的扫描器。下面按条码识读器的扫描方式、操作方式、识读码制能力和扫描方向对各类条码识读器进行分类。

1. 按扫描方式分类

条码识读设备按扫描方式可分为接触式和非接触式两种条码扫描器。

（1）接触式识读设备包括光笔与卡槽式条码扫描器。

（2）非接触式识读设备包括CCD扫描器与激光扫描器。

2. 按操作方式分类

条码识读设备按操作方式可分为手持式和固定式两种条码扫描器。

（1）手持式条码扫描器应用于许多领域，特别适用于条码尺寸多样、识读场合复杂、条码形状不规整的应用场合。在这类扫描器中有光笔、激光枪、手持式全向扫描器、手持式CCD扫描器和手持式图像扫描器。

（2）固定式扫描器扫描识读不用人手把持，适用于省力、人手劳动强度大（如超市的扫描结算台）或无人操作的自动识别应用场合。固定式扫描器有卡槽式扫描器、固定式单线、单方向多线式（栅栏式）扫描器、固定式全向扫描器和固定式CCD扫描器。

拓展阅读7.1：
条码扫描器的3种识读原理的区别详解

3. 按识读码制的能力分类

条码扫描设备在原理上可分为光笔、CCD、激光和拍摄四类条码扫描器。光笔与卡槽式条码扫描器只能识读一维条码。激光条码扫描器只能识读行排式二维条码（如 PDF417 码）和一维码。图像式条码识读器可以识读常用的一维条码，还能识读行排式和矩阵式的二维条码。

4. 按扫描方向分类

条码扫描设备按扫描方向可分为单向和全向条码扫描器。其中，全向条码扫描器又分为平台式和悬挂式。悬挂式全向扫描器是从平台式全向扫描器发展而来，如图 7-7 所示。这种扫描器也适用于商业 POS 系统以及文件识读系统。识读时可以手持，也可以放在桌子上或挂在墙上，使用时更加灵活方便。

图 7-7　挂式全向扫描器

任务 7.2　认识常用条码识读设备

任务描述

常用的条码识读设备包括激光枪、CCD 扫描器、光笔与卡槽式扫描器、全向扫描平台和图像式条码扫描器。通过完成该学习任务，认识常用识读设备的工作原理，并能根据应用场景选用合适的条码识读设备。

任务知识

7.2.1　激光枪

激光枪属于手持式自动扫描的激光扫描器。

激光扫描器是一种远距离条码阅读设备，其性能优越，因而被广泛应用。激光扫描器的扫描方式有单线扫描、光栅式扫描和全角度扫描三种方式。激光手持式扫描器属单线扫描，其景深较大，扫描首读率和精度较高，扫描宽度不受设备开口宽度限制。卧式激光扫描器为全角扫描器，其操作方便，操作者可双手对物品进行操作，只要条码符号面向扫描器，不管其方向如何，均能实现自动扫描，超级市场中大都采用这种设备。

现阶段主要有激光扫描技术和光学成像数字化技术。激光扫描技术的基本原理是先由机具产生一束激光（通常是由半导体激光二极管产生），再由转镜将固定方向的激光束形成激光扫描线（类似电视机的电子枪扫描），激光扫描线扫描到条码上再反射回机具，由机具内部的光敏器件转换成电信号。其原理如图 7-8 所示。

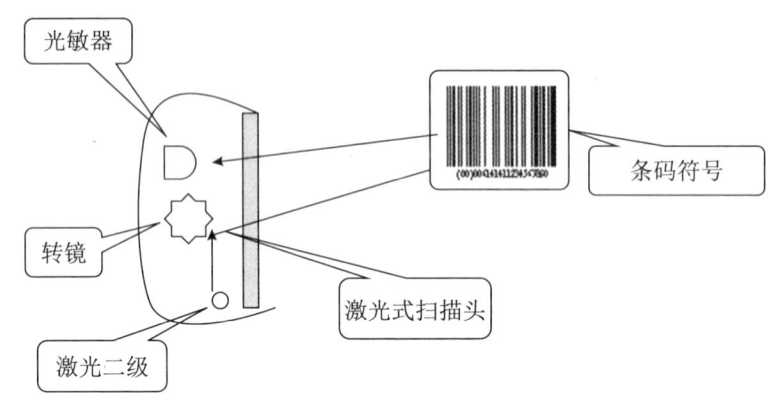

图 7-8　激光扫描原理

激光式扫描头的工作流程如图 7-9 所示。

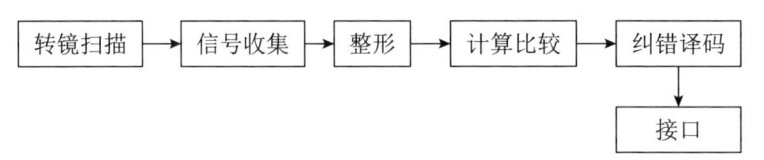

图 7-9　激光式扫描头的工作流程

利用激光扫描技术的优点是识读距离适应能力强，具有穿透保护膜识读的能力，识读的精度和速度比较高。缺点是对识读的角度要求比较严格，而且只能识读堆叠式二维条码（如 PDF417 码）和一维码。

激光枪的扫描动作通过转动或振动多边形棱镜等光装置来实现。这种扫描器的外形结构类似于手枪，如图 7-10 所示。手持激光扫描器比激光扫描平台具有方便灵活不受场地限制的特点，适用于扫描体积较小且首读率不是很高的物品。除此之外，它还具有接口灵活、应用广泛的特点。手持激光扫描器，是新一代的商用激光条码扫描器，扫描线清晰可见，扫描速度快，一般扫描频率大约每秒 40 次，有的可达到每秒 44 次。有的还可选具有自动感应功能的智能支架，可灵活使用于各种应用环境。

图 7-10　手持激光扫描器

这种扫描器的主要特点是识读距离长，通常它的扫描区域能在1英尺以外。有些超长距离的扫描器，其扫描距离甚至可以达到10英尺。目前新型的CCD扫描器也可以达到一般的激光扫描器所能够达到的识读距离。

7.2.2 CCD扫描器

这种扫描器主要采用了电荷耦合装置（charge coupled device，CCD）。CCD元件是一种电子自动扫描的光电转换器，也叫CCD图像感应器。它可以代替移动光束的扫描运动机构，不需要增加任何运动机构，便可以实现对条码符号的自动扫描。

1. CCD扫描器的两种类型

手持式CCD扫描器和固定式CCD扫描器均属于非接触式扫描器，只是形状和操作方式不同，其扫描机理和主要元器件完全相同，如图7-11所示。扫描景深和操作距离取决于照射光源的强度和成像镜头的焦距。

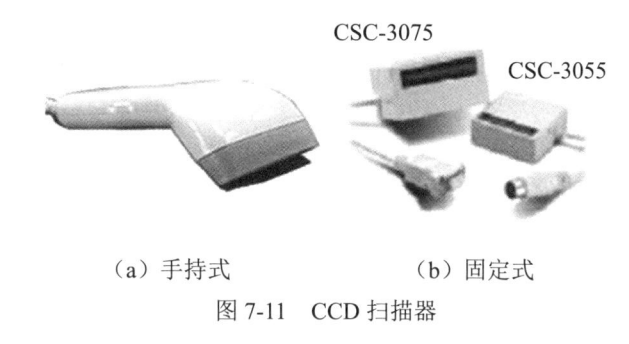

（a）手持式　　　　（b）固定式

图7-11 CCD扫描器

CCD扫描器利用光电耦合（CCD）原理，对条码印刷图案进行成像，然后再译码。它的特点包括：无任何机械运动部件，性能可靠，寿命长；按元件排列的节距或总长计算，可以进行测长；价格比激光枪便宜；可测条码的长度受限制；景深小。

2. 选择CCD扫描器的两个参数

（1）景深。由于CCD的成像原理类似于照相机，如果要加大景深，相应地要加大透镜，从而会使CCD体积过大，不便操作。优秀的CCD应无须紧贴条码即可识读，而且体积适中，操作舒适。

（2）分辨率。如果要提高CCD分辨率，必须增加成像处光敏元件的单位元素。低价CCD一般是512像素（pixel），识读EAN、UPC等商品条码已经足够，对于别的码制识读就会困难一些。中档CCD以1024 pixel为多，有些能达到2048 pixel，能分辨最窄单位元素为0.1mm的条码。

7.2.3 光笔与卡槽式扫描器

光笔和大多数卡槽式扫描器都采用手动扫描的方式。手动扫描比较简单，扫描器内部不带有扫描装置，发射的照明光束的位置相对于扫描器是固定的，完成扫描过程需要手持扫描器扫过条码符号。这种扫描器就属于固定光束扫描器。光笔扫描如图7-12所示。

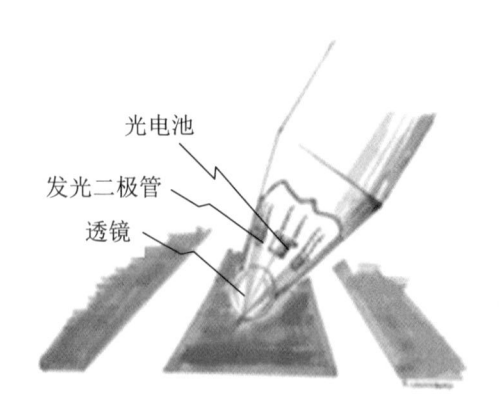

图 7-12　光笔扫描

1. 光笔

光笔属于接触式固定光束扫描器。在其笔尖附近装有发光二极管 LED 作为照明光源，并含有光电探测器。在选择光笔时，要根据应用中的条码符号正确选择光笔的孔径（分辨率）。分辨率高的光笔的光点尺寸能达到 4mil（0.1mm），6mil 属于高分辨率，10mil 属于低分辨率。一般光笔的光点尺寸在 0.2mm 左右。

选择光笔分辨率时，有一个经验的计算方法：条码最小单元尺寸 X 的密尔数乘以 0.7，然后进位取整，该密尔数就是使用的光笔孔径的大小。例如，$X=10$mil，那么就应该选择孔径在 7mil 左右的光笔。

光笔的耗电量非常低，所以它比较适用于和电池驱动的手持数据采集终端相连。

光笔的光源有红光和红外光两种。红外光笔擅长识读被油污弄脏的条码符号。光笔的笔尖容易磨损，一般用蓝宝石笔头，不过，光笔的笔头也可以更换。

随着条码技术的发展，光笔已逐渐被其他类型的扫描器所取代。现在已研制出一种蓝牙光笔扫描器，能支持更多条码类型，改进扫描操作后，还可以用作触摸屏的触笔，如图 7-13 所示。人性化设计，配备蜂鸣器，电池可提供 5000 次以上扫描，适用于在平面上扫描所有应用程序，是新一代接触式扫描器。还有一种蓝牙无线扫描器，适用于大量高速扫描场合，以及非常暗淡或明亮的环境，在反光或弯曲的表面，或透过玻璃进行扫描，甚至可以扫描损坏的或制作粗糙的条码。

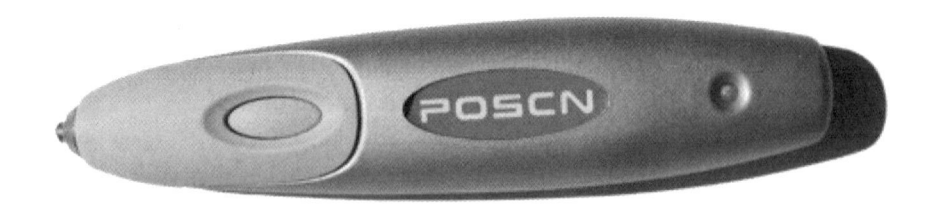

图 7-13　蓝牙光笔扫描器

2. 卡槽式扫描器

卡槽式扫描器属于固定光束扫描器，内部结构和光笔类似。它上面有一个槽，手持带有条码符号的卡从槽中滑过实现扫描。这种识读广泛应用于时间管理及考勤系统，它经常和带有液晶显示和数字键盘的终端集成为一体。

7.2.4 全向扫描平台

全向扫描平台属于全向激光扫描器，如图 7-14 所示。全向扫描指的是标准尺寸的商品条码从任何方向通过扫描器的区域都会被扫描器的某条或某两条扫描线扫过整个条码符号。一般全向扫描器的扫描线方向为 3～5 个，每个方向上的扫描线为 4 个左右。这方面的具体指标取决于扫描器的具体设计。

图 7-14　全向扫描平台

全向扫描器一般用于商业超市的收款台。它一般有 3～5 个扫描方向，扫描线数一般为 20 条左右。全向扫描器可以安装在柜台下面，也可以安装在柜台侧面。

这类设备的高端产品为全息式激光扫描器。它用高速旋转的全息盘代替了棱镜状多边转镜扫描。有的扫描线能达到 100 条，扫描的对焦面达到 5 个，每个对焦面含有 20 条扫描线，扫描速度可以高达 8 000 线/s，特别适用于传送带上识读不同距离、不同方向的条码符号。这种类型的扫描器对传送带的最大速度要求小的为 0.5m/s，高的为 4m/s。

7.2.5 图像式条码扫描器

采用面阵 CCD 摄像方式将条码图像摄取后进行分析和解码，可识读一维条码和二维条码。

这里详细介绍一下有关图形采集和数字化处理和拍摄方式的内容。

1. 图形采集和数字化处理

目前国际上对条码图形采集方式主要有两种，即"光学成像"（Image）方式和"激光"（Laser）方式。其中光学成像方式中又有两种，一种是面阵 CCD，一种是 CMOS。在采用图像方式中绝大多数采用技术较为成熟的 CCD 器件。其中少数已经采用了 CMOS 器件。从长远发展的角度看，图像方式在条码采集中的应用将是一个必然的趋势。

CCD 技术是一种传统的图形/数字光电耦合器件。其基本原理是利用光学镜头成像，转化为时序电路，实现 A/D 转换为数字信号。CCD 的优点是像质好，感光速度快，有许多高分辨率的芯片供选择，但信号特性是模拟输出，所以必须加入模数转换电路。加之 CCD 本身要用时序和放大电路来驱动，所以硬件开销很大，成本较高。

CMOS 技术是近年发展起来的新兴技术。与 CCD 一样，它是一种光电耦合器件。但是其时序电路和 A/D 转换是集成在芯片上，无须辅助电路来实现。其优点是单块芯片就能完成数字化图像的输出，硬件开销非常少，成本低。缺点是像质一般（感光像素间的漏电流较大），感光速度较慢，目前分辨率也偏低。

CCD 技术已经是一种传统成熟的技术，虽然分辨率高，感光速度快，但是电路复杂，价格下降的空间也很小。CMOS 技术虽然目前在性能上略低于 CCD 器件，但是近年来的发展速度很快，国际上新近开发的产品，正在逐步采用该技术。从各种资料和近期发展情况来看，CMOS 技术正以迅猛的速度发展，并且价格越来越低，性能越来越高。同时，在图形采集和转换方面，采用 CMOS 技术和大规模逻辑阵列技术配合，将能够满足图形采集和信号传输的需求。目前国际上所有图像方式识读器，几乎所有国外品牌都采用了 FPGA（大规模可编程逻辑阵列）技术。

采用 FPGA 除了可以完成数字图形采集外，还可以用来完成条码的纠错和译码，因为纠错算法是一种特别适合硬件实现的算法，用 FPGA 更容易实现。对于大容量的条码如果用 FPGA 来完成纠错算法，能比软件算法提高 10 倍左右的速度。FPGA 还可以完成图像处理，理论上整个图形处理的算法都可以用硬件来完成。

2. 拍摄方式

在条码识读机中被广泛使用的另一项技术是光学成像数字化技术。其基本原理是通过光学透镜成像在半导体传感器上，再通过模拟/数字转化（传统的 CCD 技术）或直接数字化（CMOS 技术）输出图像数据。CMOS 将采集到的图像数据送到嵌入式计算机系统进行处理。处理的内容包括图像处理、解码、纠错、译码，最后处理结果通过通信接口（如 RS232）送往 PC 机。拍摄方式的原理如图 7-15 所示。拍摄方式采集器的工作流程如图 7-16 所示。拍摄方式图像传感流程如图 7-17 所示。

图 7-15 拍摄方式的原理

图 7-16 拍摄方式采集器的工作流程

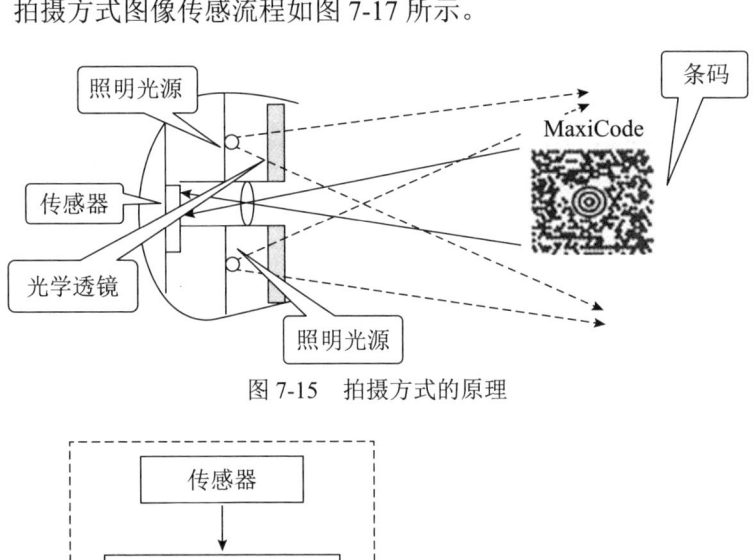

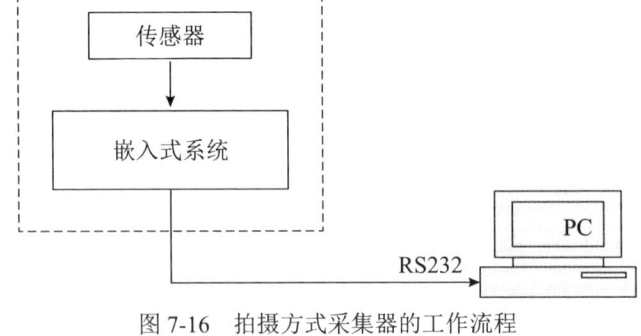

图 7-17 拍摄方式图像传感流程

7.2.6 手机扫描

在手机上安装相应的商品条码识别软件，通过手机摄像头扫描商品条码，就可以识别商品并进行智能搜索，可更快捷准确地获取该商品的相关信息。将手机二维条码软件安装于具有拍照功能的手机终端之上，通过手机终端拍摄二维条码（如 QR code），可以解析出其中信息。这为手机市场、网络营销以及电子商务等应用带来了新的市场机会，也开启了无线增值行业的商机。电子票务、移动付款、手机上网、电子名片等，为人们的生活增添了一份便捷。

拓展阅读 7.2：常用二维码识读器工作原理和种类及优缺点分析

7.2.7 数据采集器

数据采集器也称盘点机、掌上电脑。它是将条码扫描装置、RFID 技术与数据终端一体化，带有电池可离线操作的终端电脑设备。它具备实时采集、自动存储、即时显示、即时反馈、自动处理、自动传输功能，为现场数据的真实性、有效性、实时性、可用性提供了保证。其具有一体性、机动性、体积小、重量轻、高性能和适于手持等特点。

数据采集器具有中央处理器（CPU），只读存储器（ROM）、可读写存储器（RAM）、键盘、屏幕显示器与计算机接口。

根据数据采集器使用用途的不同，大体上可分为两类：在线式数据采集器和便携式数据采集器。

1. 在线式数据采集器

在线式数据采集器又可分为台式和连线式，它们大部分直接由交流电源供电，一般是非独立使用的，在采集器与计算机之间由电缆连接传输数据，不能脱机使用。

这种扫描器向计算机传输数据的方式一般有两种：一种是键盘仿真；另一种是通过通信接口向计算机传输数据。前者无须单独供电，其动力由计算机内部引出；后者则需单独供电。

因此，在线式数据采集器必须安装在固定的位置，并且需把条码符号拿到扫描器前阅读。物流企业多在出入库管理中进行使用。由于在线式数据采集器在使用范围和用途上存在一些限制，不能应用在需要脱机使用的场合，如库存盘点、大件物品的扫描等。为了弥补在线式数据采集器的不足之处，便携式数据采集器便应运而生。

2. 便携式数据采集器

便携式数据采集器是为适应一些现场数据采集和扫描笨重物体的条码符号而设计的，适合于脱机使用的场合。识读时，与在线式数据采集器相反，它是将扫描器带到条码符号前扫描，因此，又称之为手持终端机、盘点机。

它由电池供电，与计算机之间的通信并不和扫描同时进行，它有自己的内部储存器，可以存一定的数据，并可在适当的时候将这些数据传输给计算机。几乎所有的便携式数据采集器都有一定的编程能力，再配上应用程序便可成为功能很强的专用设备，从而满足不同场合的应用需要。越来越多的物流企业将目光投向便携式数据采集器，国内已经有很多物流企业将便携式数据采集器用于仓库管理、运输管理以及物品的实时跟踪。

便携式数据采集器的选购应注意以下 5 点。

（1）适用范围。用户可根据自身的不同情况，选择不同的便携式数据采集器。如果用户在比较大型的、立体式仓库应用便携式数据采集器，考虑到有些物品的存放位置较高，离操作人员较远，就应当选扫描景深大、读取距离远、首读率较高的采集器；而对于中小型仓库的使用者，在此方面的要求并不是很高，可以选择一些功能齐备、便于操作的采集器。对于选购便携式数据采集器来说，应购买适用于本身需要的，而不要盲目购买价格贵、功能很强的采集系统。

（2）译码范围。译码范围是便携式数据采集器选择时的一个重要指标。每一个用户都有自己的条码码制范围，大多数便携式数据采集器都可以识别 EAN 条码、UPC 条码等几种甚至十几种不同的码制，但也存在着很大差别。在物流企业应用中，还要考虑 GS1-128 条码、39 条码、库德巴条码等。因此，用户在购买时要充分考虑到自己实际应用中的编码范围，据此来选取合适的采集器。

（3）接口要求。采集器的接口能力是评价其功能的又一个重要指标，也是选择采集器时重点考虑的内容。用户在购买时要首先明确自己原系统的操作环境、接口方式等情况，再选择适应该操作环境和接口方式的便携式数据采集器。

（4）对首读率的要求。首读率是数据采集器的一个综合性指标，它与条码符号的印刷质量、译码器的设计和扫描器的性能均有一定关系。首读率越高，越节省工作时间，但相应其价格也必然高出其他便携式数据采集器。在物品的库存（盘点）过程中，通过人工控制，可以用便携式数据采集器重复扫描条码符号。因此，对首读率的要求并不严格，它只是工作效率的量度而已。但在自动分拣系统中，对首读率的要求就很高。当然，便携式数据采集器的首读率越高，必然导致它的误码率提高，所以用户在选择采集器时要根据自己的实际情况和经济能力来购买符合系统需求的采集器，在首读率和误码率两者间进行平衡。

（5）价格。选择便携式数据采集器时，其价格也是一个值得关心的问题。便携式数据采集器由于其配置不同、功能不同，价格也会产生很大差异。因此，在购买采集器时要注意产品的性能价格比，将满足应用系统要求且价格较低者作为选购对象。

任务 7.3 条码的识读操作

任务描述

条码扫描器广泛应用于商业 POS 收银系统、快递仓储物流、银行保险、通信等多个领域。通过完成该学习任务，能对各种条码设备进行安装、设置和使用。

任务知识

7.3.1 条码识读器的安装

条码识读器按照接口方式可分为键盘口（PS/2 接口）、串口、USB 口。

键盘接口（PS/2）在正常情况下，只要插在电脑键盘接口中，同时会提供一个额外的外接线，用于插入键盘线，这可保证键盘与扫描枪同时使用也不会冲突，较容易操作。

串口接口扫描枪连接电脑的接口是九针的头，但串口比 USB、键盘接口更稳定，在恶劣工作环境中，串口扫描枪更有市场。

USB 接口是现在比较主流的扫描枪，这种接口的扫描枪可以不用驱动，只需插在电脑上就能够使用，操作非常简单。

目前基本上每个品牌系列的条码识读器都有串口、USB 接口两种配置供消费者选择。

7.3.2 条码识读器的操作

1. 操作目的

（1）认识一种手持式条码扫描器；

（2）学会条码扫描器的设置方式。

2. 操作内容

以 NLS-OY20 条码扫描枪为例：

（1）认识该型号手持式条码扫描器；

（2）根据该型号提供的用户手册，对扫描枪的几种常见设置进行操作；

（3）根据该型号提供的用户手册，对扫描枪的条码符号参数进行设置。

3. 相关设备及工具

PC 电脑、扫描枪对应的用户手册。

4. 操作内容

（1）认识扫描枪并进行常规操作。

S1：认识扫描枪的外观（可通过查阅用户手册了解），如图 7-18 所示。

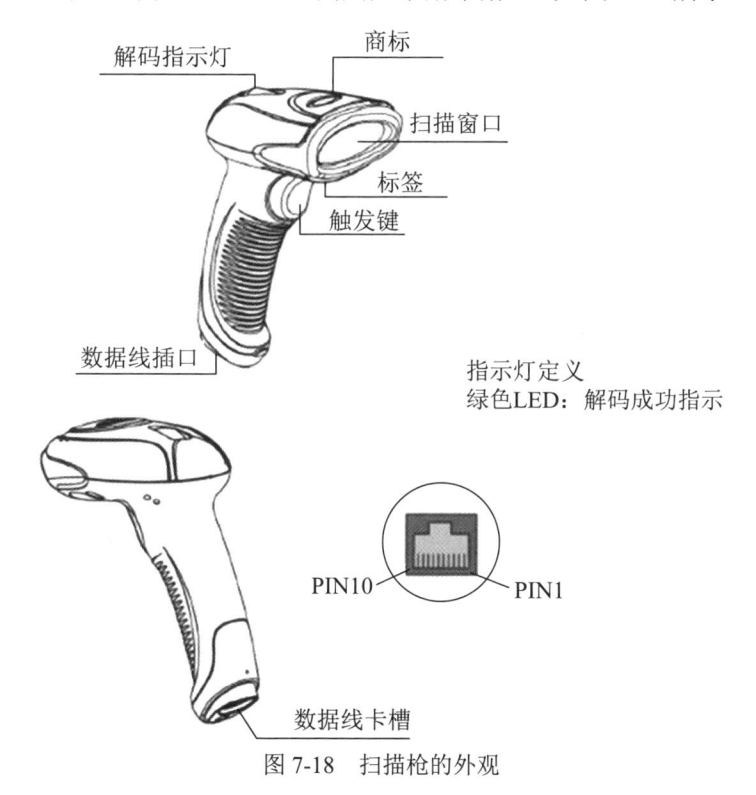

图 7-18 扫描枪的外观

S2：扫描枪连接电脑。将 USB 数据线的设备接口端（RJ45 接口）与扫描枪相连；将 USB 数据线的主机接口端（USB 接口）与电脑相连，如图 7-19 所示。

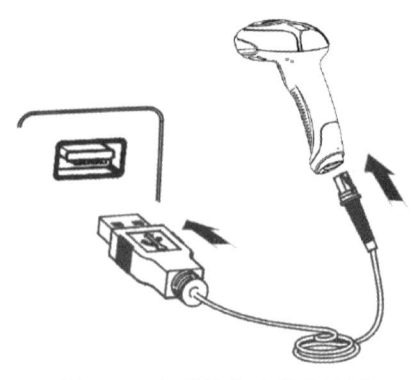

图 7-19　扫描枪与电脑的连接

S3：任意打开一个 WORD 文档，扫描图 7-20 中所示条码，得到相应的数据码，确认是否与图示一致。

图 7-20　条码例图

（2）设置扫描枪解码声音为静音。

S1：扫描枪连接电脑。

S2：查阅扫描枪对应的用户手册，找到关于该项设置的条码，扫描该条码，如图 7-21 所示。

图 7-21　设置扫描枪解码声音为静音

128

S3：扫描成功后，在任意 WORD 文档中，扫描图 7-20 所示条码，确认解码声音静音是否设置成功。

（3）设置扫描枪结束符后缀为禁止（即条码扫描完成后没有换行）。

S1：扫描枪连接电脑。

S2：如之前操作其他设置，可通过扫描恢复出厂设置的条码来清空之前的设置，如图 7-22 所示。

图 7-22　恢复出厂设置

S3：查阅扫描枪对应的用户手册，找到关于该项设置的条码，扫描该条码，如图 7-23 所示。

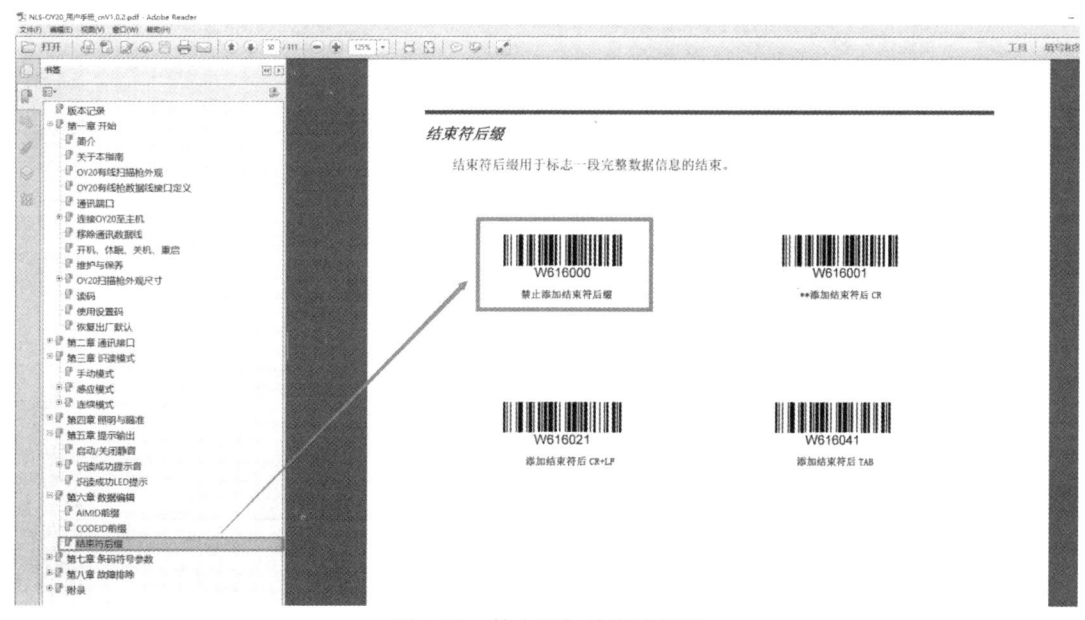

图 7-23　禁止添加结束符后缀

S4：扫描成功后，在任意 WORD 中，扫描图 7-20 所示条码，确认扫描结束后是否有回车，如无回车则设置成功。

（4）以 EAN-13 码为例，通过设置扫描枪相关参数进行实训。

S1：扫描枪连接电脑；

S2：如之前操作其他设置，可通过扫描恢复出厂设置的条码来清空之前的设置，如图 7-24 所示。

图 7-24　恢复出厂设置

S3：查阅扫描枪对应的用户手册，找到设置"禁止识读 EAN-13"的条码，扫描该条码，如图 7-25 所示。

图 7-25　禁止识读条码设置

S4：扫描成功后，在任意 WORD 中，扫描图 7-20 所示的条码，确认扫描结束后是否成功，如无法识别则设置成功。

【项目综合实训】

1. 掌握一种便携式数据采集器或无线数据采集器的使用方法。
（1）按照设备说明书将便携式数据采集器与计算机相连。
（2）参数设置。设置"远程主机地址"，即装载软件的服务器地址，保存设置。
（3）下载数据。
（4）数据终端单据录入。
（5）数据终端数据上传。
2. 根据给定的条码识读设备进行以下条码符号的识读并填表。

序号	条码符号	是否可读	识读结果	条码类型
1				
2				
3				
4				
5				
6				

【思考题】

1. 简述条码识读的基本原理。

2. 扫描器的分辨率是不是越高越好？为什么？

3. 选择 CCD 扫描器时主要考虑什么参数？

4. 数据采集器的选购主要考虑哪些因素？

5. 商品条码因质量不合格而无法识读时，销售者是否能够使用店内码予以替换和覆盖？请简要说明。

【在线测试题】

扫描二维码，在线答题。

项目八　条码技术应用于零售商品

项目目标

知识目标：
1. 熟记零售商品代码的编码原则，掌握编码方法；
2. 理解商品条码符号的二进制表示；
3. 掌握商品条码符号的质量要求；
4. 掌握商品二维条码的数据结构和信息服务。

能力目标：
1. 能够对企业的零售商品代码进行编码方案的设计；
2. 能够完成商品条码系统成员的申请；
3. 正确使用国家有关技术标准解决实际问题。

素质目标：
1. 培养信息处理能力；
2. 培养知识拓展能力。

知识导图

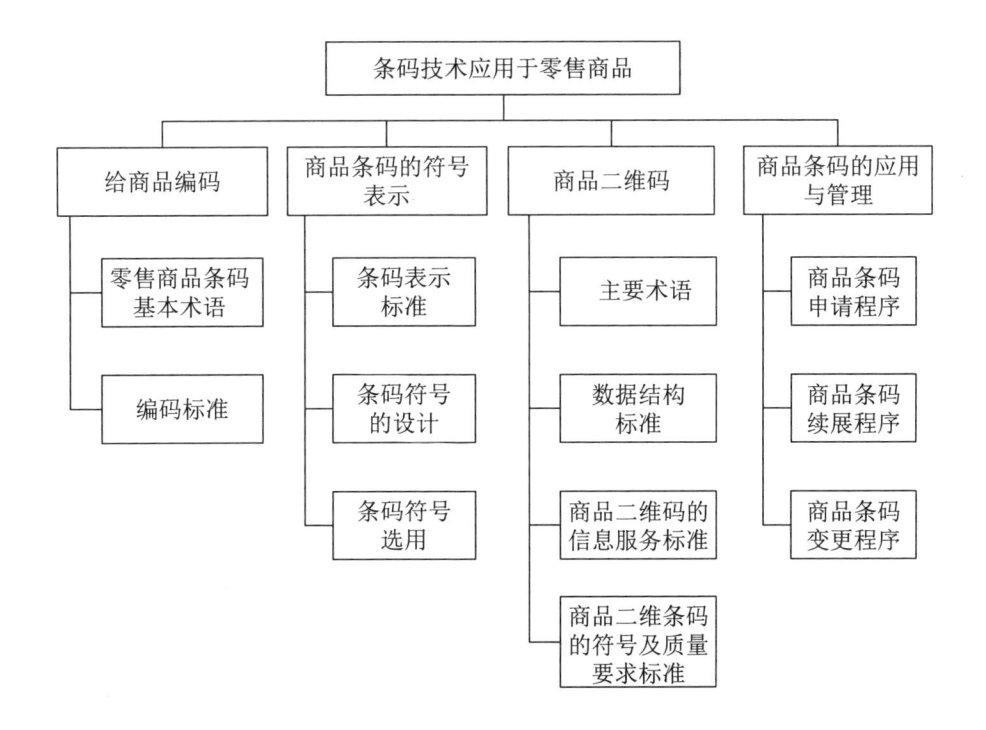

```
                        条码技术应用于零售商品
        ┌───────────────┬───────────────┬───────────────┐
    给商品编码      商品条码的符号表示    商品二维码      商品条码的应用与管理
        │               │               │               │
   零售商品条码      条码表示标准      主要术语       商品条码申请程序
    基本术语            │               │               │
        │           条码符号的设计    数据结构标准    商品条码续展程序
     编码标准           │               │               │
                    条码符号选用    商品二维码的     商品条码变更程序
                                   信息服务标准
                                        │
                                  商品二维条码的
                                  符号及质量要求标准
```

导入案例

拍案说法：产品冒用条码信息

"我在网上买了一瓶'特级初榨橄榄油'，扫产品条形码时发现该条码信息跟产品外包装上任何一个企业信息都不一致，我怀疑是盗用条码信息。"

近日，某地市场监督管理局接到消费者投诉，根据线索，该局立即组织执法人员赶赴现场进行实地调查。经该局执法人员调查发现，当事公司委托第三人生产特级初榨橄榄油，并在未经注册取得中国商品条码系统成员证书的情况下，在"特级初榨橄榄油""去皮鸡腿（孜然味）"等 8 种商品上使用了公司 B 的商品条码。

法规科普：

根据《商品条码管理办法》第二十一条第一款规定"任何单位和个人未经核准注册不得使用厂商识别代码和相应的条码"。根据《商品条码管理办法》第三十五条："未经核准注册使用厂商识别代码和相应商品条码的，在商品包装上使用其他条码冒充商品条码或伪造商品条码的，或者使用已经注销的厂商识别代码和相应商品条码的，责令其改正，处以 30 000 元以下罚款。"该企业未经核准注册使用厂商识别代码和相应的条码，市场监督管理局作出行政处罚决定，责令当事人改正上述违法行为，并处罚款 10 000 元。

市场监管部门提醒消费者平时选购商品时可以使用"条码追溯"微信小程序来扫描商品条码，分辨真伪，以防上当受骗。同时，生产者、经销者应积极采用商品条码，并通过官方编码机构办理。商品条码的厂商识别码享有专用权，任何企业不得转让或与他人共享厂商识别码，不得使用未经核准注册或已注销的商品条码，不得冒用、伪造商品条码，否则将被责令整改并接受处罚。销售者进货时，应查验供货方的商品条码系统成员证书，核对厂商识别码是否一致。商品条码的厂商识别码有效期为 2 年，企业应在有效期满前办理续展手续，逾期不办理将予以注销。

（资料来源：中国质量新闻网，https://www.cqn.com.cn/ms/content/2023-11/28/content_9004353.html.）

任务 8.1 给商品编码

任务描述

商品标识代码是由国际物品编码协会（GS1）规定的、用于标识商品的一组数字，包括 GTIN-13 代码结构、GTIN-8 代码结构、GTIN-12 代码结构及其消零压缩代码结构。通过完成该学习任务，掌握零售商品代码的编制结构，对产品进行代码的编制。

任务知识

8.1.1 零售商品条码基本术语

1. 商品条码（bar code for commodity）

由一组规则排列的条、空及其对应代码组成，表示商品代码的条码符号，包括零售商品、储运包装商品、物流单元和参与方位置等的代码与条码标识。

2. 零售商品（retail commodity）

零售业中，根据预先定义的特征而进行定价、订购或交易结算的任意一项产品或服务。

3. 零售商品代码（identification code for retail commodity）

零售业中，标识商品身份的唯一代码，具有全球唯一性。

4. 前缀码（GS1 prefix）

商品代码的前3位数字，由国际物品编码协会（GS1）统一分配。

5. 放大系数（Magnification factor）

条码实际尺寸与模块宽度（X尺寸）为0.330mm的条码尺寸的比值。

拓展阅读8.1：我国登记使用商品条码消费品近2亿种商品数据库全球最大

8.1.2 编码标准

8.1.1.1 代码结构

零售商品代码的结构包括GTIN-13代码结构、GTIN-8代码结构、GTIN-12代码结构及其消零压缩代码结构。

1. GTIN-13代码结构

中国大陆地区的GTIN-13零售商品代码是由厂商识别代码、商品项目代码、校验码三部分组成全角。其代码由GS1系统、中国物品编码中心以及系统成员共同编写完成，主要编码分配模式如图8-1所示。

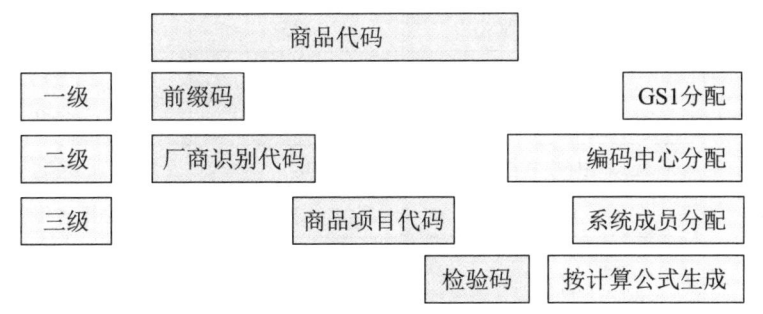

图8-1 零售商品编码分配模式

13位数字代码按照厂商申请的厂商识别代码位数的不同共有4种结构形式，见表8-1。

表 8-1　13 位代码结构

结构种类	厂商识别代码	商品项目代码	校验码
结构一	$X_{13}X_{12}X_{11}X_{10}X_9X_8X_7$	$X_6X_5X_4X_3X_2$	X_1
结构二	$X_{13}X_{12}X_{11}X_{10}X_9X_8X_7X_6$	$X_5X_4X_3X_2$	X_1
结构三	$X_{13}X_2X_{11}X_{10}X_9X_8X_7X_6X_5$	$X_4X_3X_2$	X_1
结构四	$X_{13}X_{12}X_{11}X_{10}X_9X_8X_7X_6X_5X_4$	X_3X_2	X_1

（1）厂商识别代码。厂商识别代码由 7～10 位数字组成，依法取得营业执照和相关合法经营资质证明的生产者、销售者和服务提供者，可以申请注册厂商识别代码，中国物品编码中心负责分配和管理。厂商识别代码的前 3 位代码为前缀码，国际物品编码协会已分配给中国物品编码中心的前缀码为 680～699（其中 680～689 为 2024 年 GS1 新增加分配），其中 690、691 采用表 8-1 中的结构一，692～696 采用结构二，697 采用结构三，698、699 未启用，国际物品编码协会已分配给国家（或地区）编码组织的前缀码见表 8-2。

表 8-2　GS1 已分配给国家（地区）编码组织的前缀码

前缀码	编码组织所在国家（或地区）/应用领域	前缀码	编码组织所在国家（或地区）/应用领域
000～019 030～039 060～139	美国	476	阿塞拜疆
		477	立陶宛
020～029 040～049 200～299	店内码	478	乌兹别克斯坦
		479	斯里兰卡
		480	菲律宾
050～059	优惠券	481	白俄罗斯
300～379	法国	482	乌克兰
380	保加利亚	484	摩尔多瓦
383	斯洛文尼亚	485	亚美尼亚
385	克罗地亚	486	格鲁吉亚
387	波黑	487	哈萨克斯坦
389	黑山共和国	488	塔吉克斯坦
400～440	德国	489	中国香港特别行政区
450～459 490～499	日本	500～509	英国
		520～521	希腊
460～469	俄罗斯	528	黎巴嫩
470	吉尔吉斯斯坦	529	塞浦路斯
471	中国台湾	530	阿尔巴尼亚
474	爱沙尼亚	531	马其顿
475	拉脱维亚	535	马耳他

续表

前缀码	编码组织所在国家（或地区）/应用领域	前缀码	编码组织所在国家（或地区）/应用领域
539	爱尔兰	740	危地马拉
540～549	比利时和卢森堡	741	萨尔瓦多
560	葡萄牙	742	洪都拉斯
569	冰岛	743	尼加拉瓜
570～579	丹麦	744	哥斯达黎加
590	波兰	745	巴拿马
594	罗马尼亚	746	多米尼加
599	匈牙利	750	墨西哥
600～601	南非	754～755	加拿大
603	加纳	759	委内瑞拉
604	塞内加尔	760～769	瑞士
608	巴林	770～771	哥伦比亚
609	毛里求斯	773	乌拉圭
611	摩洛哥	775	秘鲁
613	阿尔及利亚	777	玻利维亚
615	尼日利亚	778～779	阿根廷
616	肯尼亚	780	智利
618	科特迪瓦	784	巴拉圭
619	突尼斯	786	厄瓜多尔
621	叙利亚	789～790	巴西
622	埃及	800～839	意大利
624	利比亚	840～849	西班牙
625	约旦	850	古巴
626	伊朗	858	斯洛伐克
627	科威特	859	捷克
628	沙特阿拉伯	860	南斯拉夫
629	阿拉伯联合酋长国	865	蒙古国
640～649	芬兰	867	朝鲜
680～699	中国	868～869	土耳其
700～709	挪威	870～879	荷兰
729	以色列	880	韩国
730～739	瑞典	884	柬埔寨

续表

前缀码	编码组织所在国家（或地区）/应用领域	前缀码	编码组织所在国家（或地区）/应用领域
885	泰国	951	GS1总部（产品电子代码）
888	新加坡	955	马来西亚
890	印度	958	中国澳门特别行政区
893	越南	960～969	GS1总部（缩短码）
896	巴基斯坦	977	连续出版物
899	印度尼西亚	978～979	图书
900～919	奥地利	980	应收票据
930～939	澳大利亚	981～983	普通流通券
940～949	新西兰	990～999	优惠券
950	GS1总部		

注：以上数据截止到2024年。

（2）商品项目代码。商品项目代码由2～5位数字组成，一般由厂商编制，也可由中国物品编码中心负责编制。不难看出，由2位数字组成的商品项目代码有00～99共100个编码容量，可以标识100种商品。同理，由3位数字组成的商品项目代码可以标识1000种商品，由4位数字组成的商品项目代码可标识10 000种商品，而由5位数字组成的商品项目代码则可以标识多达100 000种商品。

（3）校验码。校验码为1位数字，用于检验整个编码的正误。校验码的计算方法如表8-3所示。

表8-3　13位代码校验码的计算方法示例

步骤	举例说明													
自右向左顺序编号	位置序号	13	12	11	10	9	8	7	6	5	4	3	2	1
	代码	6	9	0	1	2	3	4	5	6	7	8	9	X_1
a. 从序号2开始求出偶数位上数字之和①	9+7+5+3+1+9=34　　　　　　　①													
b. ①×3=②	34×3=102　　　　　　　②													
c. 从序号3开始求出奇数位上数字之和③	8+6+4+2+0+6=26　　　　　　　③													
d. ②+③=④	102+26=128　　　　　　　④													
e. 用大于或等于结果④且为10的整数倍的最小数减去④，其差即为所求校验码的值	130−128=2 校验码 $X_1=2$													

2. GTIN-8 代码结构

8 位代码由前缀码、商品项目代码和校验码三部分组成，其结构如表 8-4 所示。

表 8-4　8 位代码结构

前缀码	商品项目代码	校验码
$X_8X_7X_6$	$X_5X_4X_3X_2$	X_1

（1）前缀码。X_8—X_6 是前缀码，国际物品编码协会已分配给中国物品编码中心的前缀码为 680～699。

（2）商品项目代码。X_5—X_2 是商品项目代码，由 4 位数字组成。中国物品编码中心负责分配和管理。

（3）校验码。X_1 是校验码，为 1 位数字，用于检验整个编码的正误。校验码的计算方法是在 X_8 前补足 5 个"0"后按照 13 位代码计算。

8 位的零售商品代码留给商品项目代码的空间极其有限。以前缀码位 690 为例，只有 4 位数字可以用于商品项目的编码，即只可以标识 10 000 种商品。因此，如非确有必要，8 位的零售商品代码应当慎用。8 位代码的使用条件在后面的内容中将予以说明。

在我国由中国物品编码中心对于 8 位的零售商品代码进行统一分配，以确保代码在全球范围内的唯一性，厂商不得自行分配。

3. GTIN-12 代码结构及其消零压缩代码结构

12 位的代码可以用 UPC-A 和 UPC-E 两种商品条码的符号来表示。UPC-A 是 12 位代码的条码符号表示，UPC-E 是特定条件下将 12 位代码消"0"后得到的 8 位代码的符号表示。

需要指出的是，当产品出口到北美地区并且客户指定时，企业才需要申请使用 GTIN-12 代码。

其代码由厂商识别代码、商品项目代码和校验码组成的 12 位数字组成，其结构如下：

$X_{12}\ X_{11}\ X_{10}\ X_9\ X_8\ X_7\ X_6\ X_5\ X_4\ X_3\ X_2\ X_1$

厂商识别代码和商品项目代码 ————————　　　　　　校验码

（1）厂商识别代码。厂商识别代码是统一代码委员会（GS1 US）分配给厂商的代码，由左起 6～10 位数字组成。其中 X_{12} 为系统字符，其应用规则见表 8-5。

表 8-5　系统字符应用规则

系统字符	应用范围
0，6，7	一般商品
2	商品变量单元
3	药品及医疗用品
4	零售商店内码
5	代金券
1，8，9	保留

（2）商品项目代码。商品项目代码由厂商编码，由 1～5 位数字组成，编码方法与 13 位代码相同。

（3）校验码。校验码为 1 位数字，在 X_{12} 前补上数字"0"后按照 13 位代码结构校验码的计算方法计算。

（4）消零压缩代码结构。消零压缩代码是将系统字符为 0 的 12 位代码进行消零压缩所得的 8 位数字代码，消零压缩方法见表 8-6。其中，$X_8 \cdots X_2$ 为商品项目识别代码，X_8 为系统字符，取值为 0；X_1 为校验码，校验码为消零压缩前 12 位代码的校验码。

表 8-6　12 位代码转换为消零压缩代码的压缩方法

12 位代码			消零压缩代码	
厂商识别代码		商品项目代码 $X_6X_5X_4X_3X_2$	校验码 X_1	商品项目代码	校验码
X_{12}（系统字符）	$X_{11}X_{10}X_9X_8X_7$			
0	$X_{11}X_{10}$ 0 0 0 $X_{11}X_{10}$ 1 0 0 $X_{11}X_{10}$ 2 0 0	0 0 $X_4X_3X_2$	X_1	0 $X_{11}X_{10}X_4X_3X_2X_9$	X_1
	$X_{11}X_{10}$ 0 3 0 0 … $X_{11}X_{10}$ 9 0 0	0 0 0 X_3X_2		0 $X_{11}X_{10}X_9X_3X_2$ 3	
	$X_{11}X_{10}X_9$ 1 0 $X_{11}X_{10}X_9$ 9 0	0 0 0 0 X_2		0 $X_{11}X_{10}X_9X_8X_2$ 4	
	无 0 结尾 （$X_7 \neq 0$）	0 0 0 0 5 … 0 0 0 0 9		0 $X_{11}X_{10}X_9X_8X_7X_2$	

8.1.1.2 代码的编制原则

零售商品代码是一个统一的整体，在商品流通过程中应整体应用。编制零售商品代码时，应遵守以下基本原则。

1. 唯一性原则

相同的商品分配相同的商品代码，基本特征相同的商品视为相同的商品。

不同的商品应分配不同的商品代码，基本特征不同的商品视为不同的商品。

通常情况下，商品的基本特征包括商品名称、商标、种类、规格、数量和包装类型等产品特性。企业可根据所在行业的产品特征以及自身的产品管理需求为产品分配唯一的商品代码。

2. 无含义性原则

零售商品代码中的商品项目代码不表示与商品有关的特定信息，也就是说既与商品本身的基本特征无关，也与厂商性质、所在地域和生产规模等信息无关，零售商品代码与商品是一种人为的捆绑关系。这样有利于充分利用一个国家（地区）的厂商代码空间。

通常情况下，厂商在申请厂商代码后编制商品项目代码时，最好使用无含义的流水号。这样可以最大限度地利用商品项目代码的编码容量。

3. 稳定性原则

零售商品代码一旦分配，若商品的基本特征没有发生变化，就应保持不变。这样有利于生产和流通各环节的管理信息系统数据保持一定的连续性和稳定性。

一般情况下，当商品项目的基本特征发生了明显的重大变化时，就必须分配一个新的商品代码。但是，对于某些行业，比如医药保健业，哪怕是产品的成分只发生了微小的变化，也必须要分配不同的代码。

根据国际惯例，不再生产的产品，其商品代码自厂商将最后一批商品发送之日起，至少4年内不能重新分配给其他商品项目。对于服装类的商品，最低期限可为两年半。不过，即使商品已不在供应链中流通，由于要保存历史资料，也需要在数据库中较长时间地保留它的商品代码。

8.1.1.3 代码的编制

1. 独立包装的单个零售商品代码的编制

独立包装的单个零售商品是指单独的、不可再分的独立包装的零售商品。其商品代码的编制通常采用 GTIN-13 代码结构。当商品的包装很小，符合以下三种情况任意之一时，可申请采用 GTIN-8 代码结构：

① GTIN-13 代码的条码符号的印刷面积超过商品标签最大表面面积的 1/4 或全部可印刷面积的 1/8。

② 商品标签的最大表面面积小于 40cm^2 或全部可印刷面积小于 80cm^2。

③ 产品本身是直径小于 3cm 的圆柱体时。

2. 组合包装的零售商品代码的编制

（1）标准组合包装的零售商品代码的编制。标准组合包装的零售商品是指由多个相同的单个商品组成的标准的、稳定的组合包装的商品。其商品代码的编制通常采用 GTIN-13 代码结构，但不应与包装内所含单个商品的代码相同。

（2）混合组合包装的零售商品代码的编制。混合组合包装的零售商品是指由多个不同的单个商品组成的标准的、稳定的组合包装的商品。其商品代码的编制通常采用 GTIN-13 代码结构，但不应与包装内所含商品的代码相同。

如果商品是一个组合单元，其中每一部分都有相应的零售商品代码，那么任意一个零售商品代码发生变化，或者组合有所变化，都必须为商品分配一个新的零售商品代码。

如果组合单元变化微小，其零售商品代码一般不变。但如果需要对商品实施有效的订货、营销或者跟踪，就必须对其进行分类标识，另行分配商品代码。例如，针对某一特定代理区域的促销品、某一特定时期的促销品、使用不同语言进行包装的促销品。

某一产品的新变体取代原产品，消费者已经从变化中认为两者截然不同，这时就必须给新产品分配一个不同于原产品的零售商品代码。

3. 变量零售商品代码的编制

变量零售商品的代码用于商店内部或其他封闭系统中的商品消费单元。其商品代码的选择见 GB/T 18283。

任务 8.2　商品条码的符号表示

任务描述

商品条码的符号表示是通过一系列粗细不同的条和空来构成的，这些条和空组合成特定的图形代码，用以唯一标识商品。通过完成该学习任务，了解商品条码的符号结构、尺寸、颜色搭配和放置位置。

任务知识

8.2.1　条码表示标准

1. 码制

零售商品代码的条码表示采用 ISO/IEC 15420 中定义的 EAN/UPC 条码码制。EAN/UPC 条码共有 EAN-13、EAN-8、UPC-A、UPC-E 四种。

2. EAN/UPC 条码的符号结构

（1）EAN-13 条码的符号结构。EAN-13 条码由左侧空白区、起始符、左侧数据符、中间分隔符、右侧数据符、校验符、终止符、右侧空白区及供人识别字符组成，如图 8-2 和图 8-3 所示。

国家标准 GB/T 12904—2008 原文链接二维码

图 8-2　EAN-13 条码的符号结构

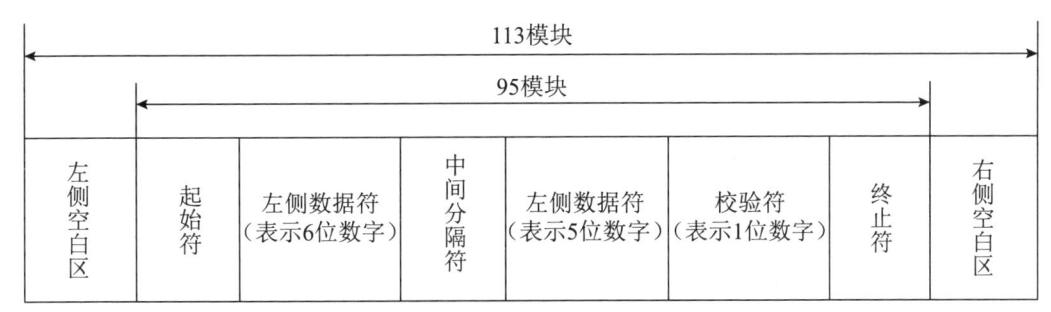

图 8-3 EAN-13 条码符号构成示意

左侧空白区：位于条码符号最左侧的与空的反射率相同的区域，其最小宽度为 11 个模块宽。

起始符：位于条码符号左侧空白区的右侧，表示信息开始的特殊符号，由 3 个模块组成。

左侧数据符：位于起始符右侧，表示 6 位数字信息的一组条码字符，由 42 个模块组成。

中间分隔符：位于左侧数据符的右侧，是平分条码字符的特殊符号，由 5 个模块组成。

右侧数据符：位于中间分隔符右侧，表示 5 位数字信息的一组条码字符，由 35 个模块组成。

校验符：位于右侧数据符的右侧，表示校验码的条码字符，由 7 个模块组成。

终止符：位于条码符号校验符的右侧，表示信息结束的特殊符号，由 3 个模块组成。

右侧空白区：位于条码符号最右侧的与空的反射率相同的区域，其最小宽度为 7 个模块宽。为确保右侧空白区的宽度，可在条码符号右下角加"＞"，其位置如图 8-4 所示。

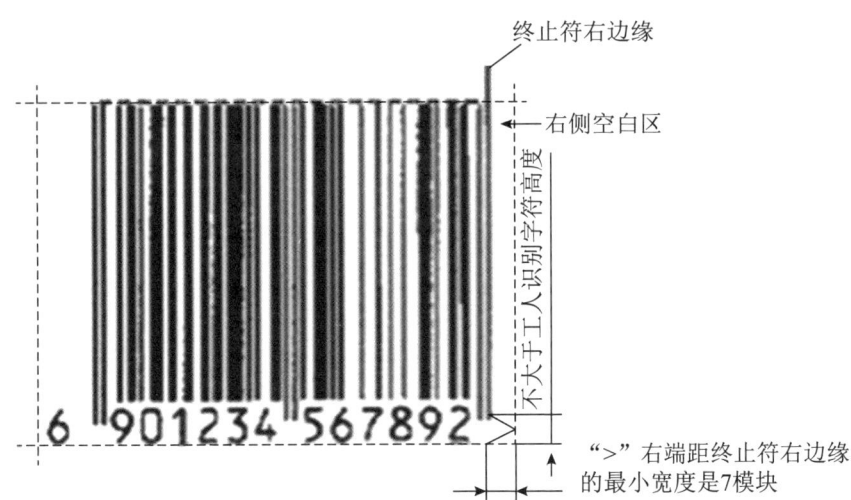

图 8-4 EAN-13 条码符号右侧空白区中"＞"的位置

供人识别字符：位于条码符号的下方与条码相对应的 13 位数字。供人识别字符优先选用 GB/T 12508 中规定的 OCR-B 字符集；字符顶部和条码字符底部的最小距离为 0.5 个模块宽。

（2）EAN-8 条码的符号结构。EAN-8 条码由左侧空白区、起始符、左侧

拓展阅读 8.2:
科普：商品条码认识误区

数据符、中间分隔符、右侧数据符、校验符、终止符、右侧空白区及供人识别字符组成，如图 8-5 和图 8-6 所示。

图 8-5　EAN-8 条码符号结构

EAN-8 条码的起始符、中间分隔符、校验符、终止符的结构同 EAN-13 条码。

图 8-6　EAN-8 条码符号构成示意图

EAN-8 条码的左侧空白区与右侧空白区的最小宽度均为 7 个模块宽。为了确保左右侧空白区的宽度，可在条码符号左下角加"＜"符号，在条码符号右下角加"＞"符号，"＜"和"＞"符号的位置如图 8-7 所示。

左侧数据符表示 4 位数字信息，由 28 个模块组成。

右侧数据符表示 3 位数字信息，由 21 个模块组成。

供人识别字符与条码相对应的 8 位数字，位于条码符号的下方。

（3）UPC-A 和 UPC-E 条码的符号结构。UPC-A 条码左、右侧空白区最小宽度均为 9 个模块宽，其他结构与 EAN-13 商品条码相同，如图 8-8 所示。UPC-A 供人识别字符中第一位为系统字符，最后一位是校验字符，它们分别被放在起始符与终止符的外侧。而且，表示系统字符和校验字符的条码字符的条高与起始符、终止符和中间分隔符的条高相等。UPC-E 条码由左侧空白区、起始符、数据符、终止符、右侧空白区及供人识别字符组成，如图 8-9 所示。

UPC-E 条码的左侧空白区、起始符的模块数同 UPC-A 条码。终止符为 6 个模块宽，右侧空白区最小宽度为 7 个模块宽，数据符为 42 个模块宽。

图 8-7 EAN-8 条码符号空白区中"＜""＞"的位置

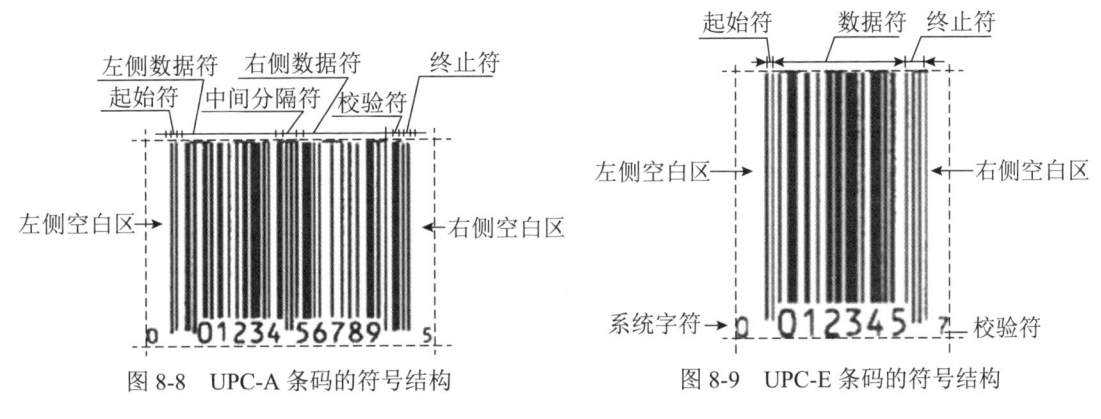

图 8-8 UPC-A 条码的符号结构

图 8-9 UPC-E 条码的符号结构

3. EAN/UPC 条码的二进制表示

EAN/UPC 条码字符集包括 A 子集、B 子集和 C 子集。每个条码字符由 2 个"条"和 2 个"空"构成。每个"条"或"空"由 1～4 个模块组成，每个条码字符的总模块数为 7。用二进制"1"表示"条"的模块，用二进制"0"表示"空"的模块，如图 8-10 所示。条码字符集可表示 0～9 共 10 个数字字符。EAN/UPC 条码字符集的二进制表示如表 8-7 所示。

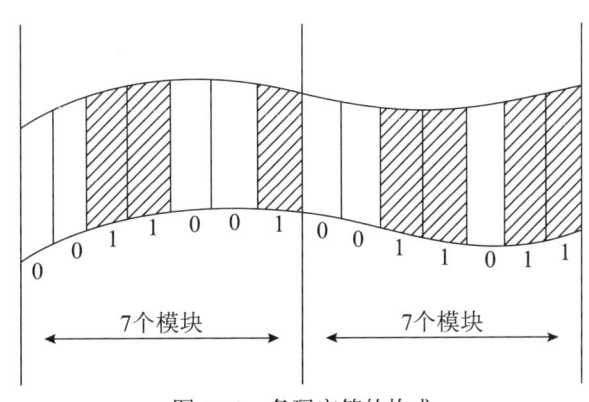

图 8-10 条码字符的构成

表 8-7　EAN/UPC 条码字符集的二进制表示

数字字符	A 子集	B 子集	C 子集
0	0001101	0100111	1110010
1	0011001	0110011	1100110
2	0010011	0011011	1101100
3	0111101	0100001	1000010
4	0100011	0011101	1011100
5	0110001	0111001	1001110
6	0101111	0000101	1010000
7	0111011	0010001	1000100
8	0110111	0001001	1001000
9	0001011	0010111	1110100

（1）EAN-13 条码的二进制表示。起始符、终止符的二进制表示都为"101"，如图 8-11（a）所示。中间分隔符的二进制表示为"01010"，如图 8-11（b）所示。EAN-13 条码的 13 代码中左侧的第一位数字为前置码，左侧数据符根据前置码的数值选用 A、B 子集，右侧数据符及校验符均用 C 子集表示，如表 8-8 所示。

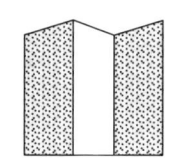

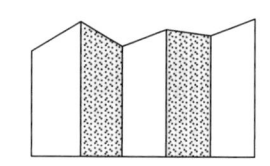

（a）起始符、终止符　　　　（b）中间分隔符

图 8-11　EAN/UPC 条码起始符、终止符、中间分隔符示意图

表 8-8　EAN-13 条码字符集的选用规则

前置码数值（位置序号第 13 位）	代码位置序号											
	左侧数据符的字符集						右侧数据符及校验符的字符集					
	12	11	10	9	8	7	6	5	4	3	2	1
0	A	A	A	A	A	A	总使用字符集 C					
1	A	A	B	A	B	B							
2	A	A	B	B	A	B							
3	A	A	B	B	B	A							
4	A	B	A	A	B	B							
5	A	B	B	A	A	B							
6	A	B	B	B	A	A							
7	A	B	A	B	A	B							
8	A	B	A	B	B	A							
9	A	B	B	A	B	A							

示例：确定一个 13 位代码 6901234567892 的左侧数据符的二进制表示。

①根据表 8-8 可查得：前置码为"6"的左侧数据符所选用的商品条码字符集依次排列为 ABBBAA。

②根据表 8-7 可查得：左侧数据符"901234"的二进制表示，如表 8-9 所示。

表 8-9　前置码为"6"时左侧数据符的二进制表示示例

左侧数据符	9	0	1	2	3	4
条码字符集	A	B	B	B	A	A
二进制表示	0001011	0100111	0110011	0011011	0111101	0100011

（2）EAN-8 条码的数据符及校验符。左侧数据符用 A 子集表示，右侧数据符和校验符用 C 子集表示。

（3）UPC-A 和 UPC-E 条码的数据符及校验符。UPC-A 条码的数据符及校验符的字符集选择同前置码为 0 的 EAN-13 条码的字符集。UPC-E 条码起始符的二进制表示与 UPC-A 相同，终止符的二进制表示为"010101"，如图 8-12 所示。其数据符根据校验码的值选用 A 子集或 B 子集，如表 8-10 所示。UPC-E 条码中系统字符（X_8）和校验码（X_1）不用条码字符表示。

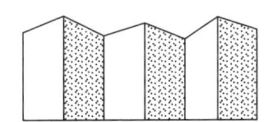

图 8-12　UPC-E 条码终止符示意图

表 8-10　UPC-E 条码数据符条码字符集的选用规则

校验码数值	条码字符集 代码位置序号					
	7	6	5	4	3	2
0	B	B	B	A	A	A
1	B	B	A	B	A	A
2	B	B	A	A	B	A
3	B	B	A	A	A	B
4	B	A	B	B	A	A
5	B	A	A	B	B	A
6	B	A	A	A	B	B
7	B	A	B	A	B	A
8	B	A	B	A	A	B
9	B	A	A	B	A	B

8.2.2　条码符号的设计

1. 尺寸

模块是构成条码符号的最小单元，当放大系数为 1.00 时，EAN/UPC 条码的模块宽度为 0.330mm，条码字符集中每个字符的各部分尺寸（单位：mm）如图 8-13 所示。

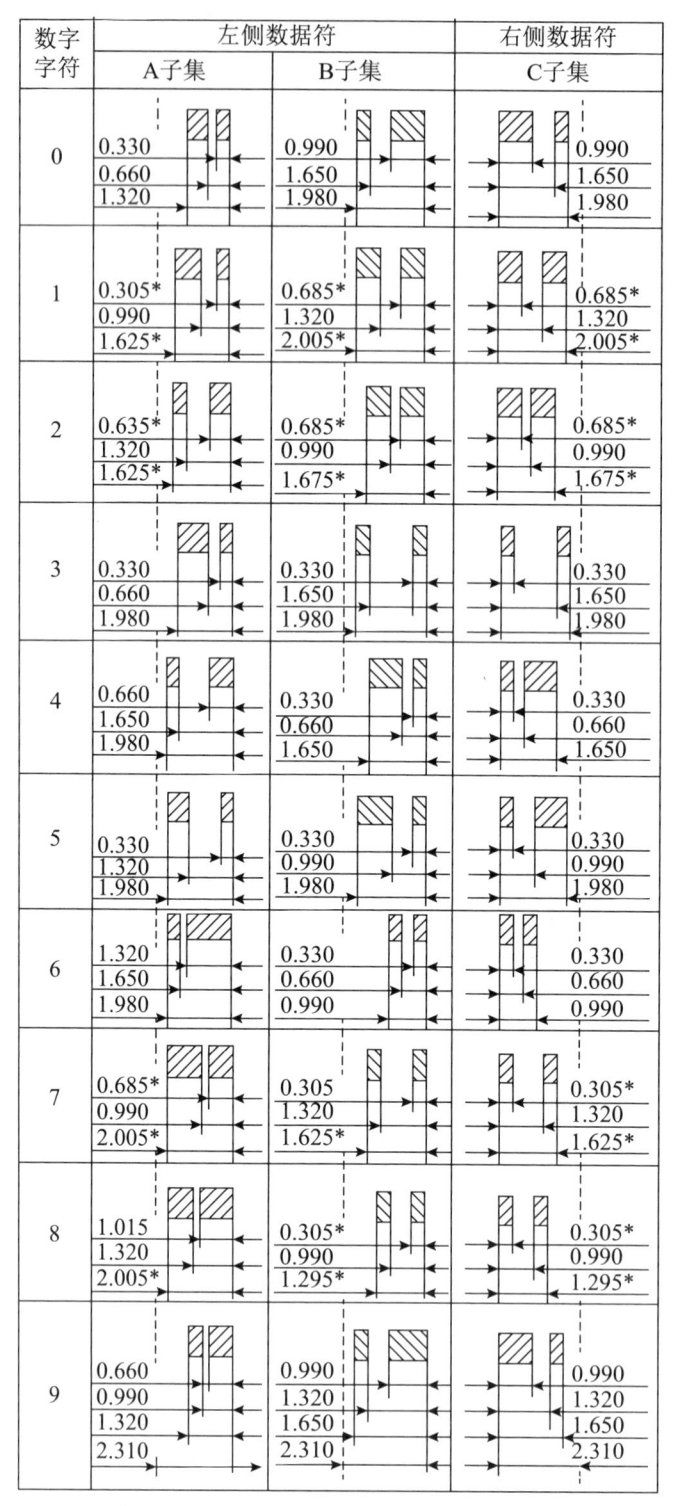

数字字符	左侧数据符 A子集	左侧数据符 B子集	右侧数据符 C子集
0	0.330 / 0.660 / 1.320	0.990 / 1.650 / 1.980	0.990 / 1.650 / 1.980
1	0.305* / 0.990 / 1.625*	0.685* / 1.320 / 2.005*	0.685* / 1.320 / 2.005*
2	0.635* / 1.320 / 1.625*	0.685* / 0.990 / 1.675*	0.685* / 0.990 / 1.675*
3	0.330 / 0.660 / 1.980	0.330 / 1.650 / 1.980	0.330 / 1.650 / 1.980
4	0.660 / 1.650 / 1.980	0.330 / 0.660 / 1.650	0.330 / 0.660 / 1.650
5	0.330 / 1.320 / 1.980	0.330 / 0.990 / 1.980	0.330 / 0.990 / 1.980
6	1.320 / 1.650 / 1.980	0.330 / 0.660 / 0.990	0.330 / 0.660 / 0.990
7	0.685* / 0.990 / 2.005*	0.305 / 1.320 / 1.625*	0.305 / 1.320 / 1.625*
8	1.015 / 1.320 / 2.005*	0.305* / 0.990 / 1.295*	0.305* / 0.990 / 1.295*
9	0.660 / 0.990 / 1.320 / 2.310	0.990 / 1.320 / 1.650 / 2.310	0.990 / 1.320 / 1.650 / 2.310

注：* 表示对 1，2，7，8 条码字符条空的宽度尺寸进行了适当调整。

图 8-13　条码字符的尺寸

条码字符 1、2、7、8 的条空宽度应进行适当调整，调整量为一个模块宽度的 1/13，如表 8-11 所示。

表 8-11　条码字符 1，2，7，8 条空宽度的调整量　　　　　　　　　　单位：mm

字符值	A 子集		B 子集或 C 子集	
	条	空	条	空
1	−0.025	+0.025	+0.025	−0.025
2	−0.025	+0.025	+0.025	−0.025
7	+0.025	−0.025	−0.025	+0.025
8	+0.025	−0.025	−0.025	+0.025

当放大系数为 1.00 时，EAN-13 条码的左右侧空白区最小宽度分别为 3.63mm 和 2.31mm，EAN-8 条码的左右侧空白区最小宽度均为 2.31mm。

当放大系数为 1.00 时，EAN 条码起始符、中间分隔符、终止符的尺寸（单位：mm）如图 8-14 所示。

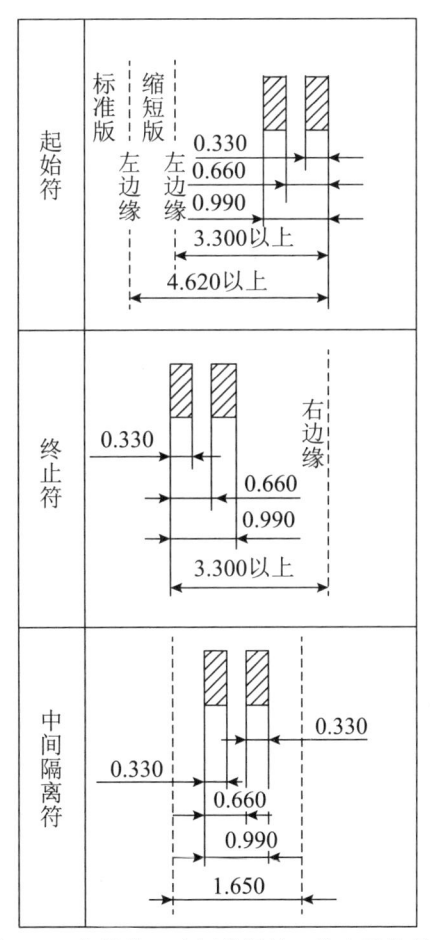

图 8-14　起始符、中间分隔符、终止符的尺寸

当放大系数为 1.00 时，供人识别字符的高度为 2.75mm。

当放大系数为 1.00 时，EAN-13、EAN-8、UPC-A 和 UPC-E 条码的符号尺寸分别如图 8-15～图 8-18 所示。

图 8-15　EAN-13 条码符号尺寸示意图（单位：mm）

图 8-16　EAN-8 条码符号尺寸示意图（单位：mm）

图 8-17　UPC-A 商品条码尺寸示意图（单位：mm）

图 8-18　UPC-E 条码尺寸示意图（单位：mm）

2. 条码符号的颜色搭配

条码识读设备是通过条码符号中条、空对光反射率的对比来实现识读的。不同颜色对光的反射率不同。一般来说，浅色的反射率较高，可作为空色，如白色、黄色等；深色的反射率较低，可作为条色，如黑色、深蓝色等。

商品条码要求条与空的颜色反差越大越好，最理想的颜色搭配为白色作空、黑色作条。

条码符号的条空颜色选择可以参考表8-12。

表8-12　条码符号条空颜色搭配参考表

序号	空色	条色	能否采用	序号	空色	条色	能否采用
1	白	黑	√	17	红	深棕	√
2	白	蓝	√	18	黄	黑	√
3	白	绿	√	19	黄	蓝	√
4	白	深棕	√	20	黄	绿	√
5	白	黄	×	21	黄	深棕	√
6	白	橙	×	22	亮绿	红	×
7	白	红	×	23	亮绿	黑	×
8	白	浅棕	×	24	暗绿	黑	×
9	白	金	×	25	暗绿	蓝	×
10	橙	黑	√	26	蓝	红	×
11	橙	蓝	√	27	蓝	黑	×
12	橙	绿	√	28	金	黑	×
13	橙	深棕	√	29	金	橙	×
14	红	黑	√	30	金	红	×
15	红	蓝	√	31	深棕	黑	×
16	红	绿	√	32	浅棕	红	×

注1："√"表示能采用；"×"表示不能采用。
注2：此表仅供条码符号设计者参考。

在进行条码符号的颜色搭配时，一般要注意以下一些原则。

（1）条空宜采用黑白颜色搭配。这样可以获得最大的对比度，也是最安全的颜色搭配。

（2）当所使用条码扫描设备发出的扫描光为红色时，红色不能用作条码符号中的条色。由于红光照射到红色的条时会获得最高的反射率，也就无法保证条空之间的对比度，从而影响对条码的识读。

（3）对于透明或半透明的印刷载体，应禁用与其包装内容物相同的颜色作为条色。此时可以采用在印条码的条色前，先印一块白色的底色作为条码的空色，然后用再印刷条色的方式予以解决。

（4）当装潢设计的颜色与条码设计的颜色发生冲突时，应以条码设计的颜色为准，改动装潢设计颜色。

（5）慎用金属材料作为印刷载体。金属表面往往容易形成镜面反射，从而影响条码的识读。可以采取打毛或者印刷底色的方法来解决条码在金属载体上的印刷问题。

8.2.3　条码符号选用

1. GTIN-13 编码的条码选用

GTIN-13 零售商品代码采用 EAN-13 的条码符号表示。

2. GTIN-8 编码的条码选用

GTIN-8 零售商品代码采用 EAN-8 的条码符号表示。

3. GTIN-12 编码的条码选用

GTIN-12 零售商品代码用 UPC-A 条码表示，其消零压缩代码用 UPC-E 条码表示。

8.2.4　条码符号的放置

通常，条码符号只要在印刷尺寸和光学特性方面符合标准的规定就能够被可靠识读。但是，如果将通用商品条码符号印刷在食品、饮料和日用杂品等商品的包装上，我们便会发现条码符号的识读效果在很多情况下受印刷位置的影响。因此，选择适当的位置印刷条码符号，对于迅速可靠地识读商品包装上的条码符号、提高商品管理和销售扫描结算效率非常重要。

1. 执行标准

商品条码符号位置可参阅国家标准 GB/T 14257—2009，其中确立了商品条码符号位置的选择原则，还给出了商品条码符号放置的指南。

2. 条码符号位置选择原则

（1）基本原则。条码符号位置的选择应以符号位置相对统一、符号不易变形及便于扫描操作和识读为准则。

（2）首选位置。商品包装正面是指商品包装上主要明示商标和商品名称的一个外表面。与商品包装正面相背的一个外表面被定义为商品包装背面。首选的条码符号位置宜在商品包装背面的右侧下半区域内。

（3）其他的选择。商品包装背面不适宜放置条码符号时，可选择商品包装另一个适合的面也是右侧下半区域放置条码符号。但是对于体积大或笨重的商品，条码符号不应放置在商品包装的底面。

（4）边缘原则。条码符号与商品包装邻近边缘的间距不应小于 8mm 或大于 102mm。

（5）方向原则。通则：商品包装上条码符号宜横向放置，如图 8-19（a）所示。横向放置时，条码符号的供人识别字符应为从左至右阅读。在印刷方向不能保证印刷质量或者商品包装表面曲率及面积不允许的情况下，应该将条码符号纵向放置如图 8-19（b）所示。纵向放置时，条码符号供人识别字符的方向宜与条码符号周围的其他图文相协调。

曲面上的符号方向：在商品包装的曲面上将条码符号的条平行于曲面的母线放置条码符号时，条码符号表面曲度 θ 应不大于 30°，如图 8-20 所示。可使用的条码符号放大系数最大值与曲面直径有关。条码符号表面曲度大于 30°，应将条码符号的条垂直于曲面的母线放置，如图 8-21 所示。

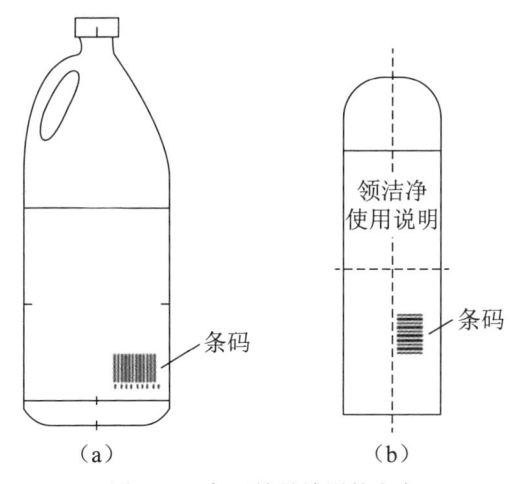

图 8-19 条码符号放置的方向

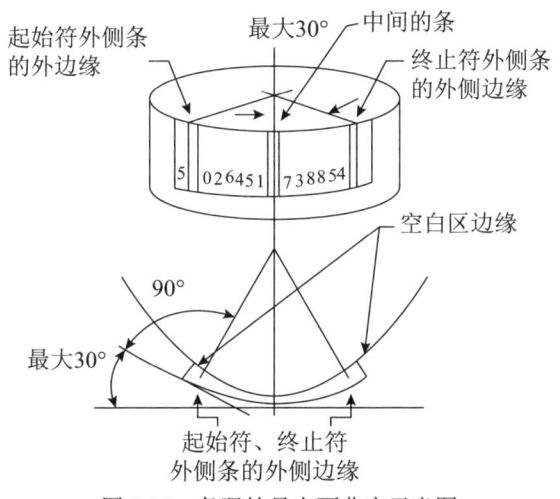

图 8-20 条码符号表面曲度示意图

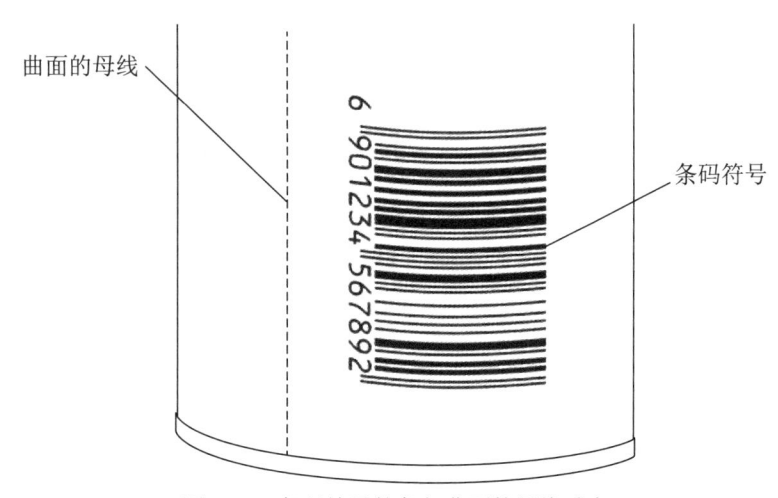

图 8-21 条码符号的条与曲面的母线垂直

（6）避免选择的位置。不应把条码符号放置在有穿孔、冲切口、开口、装订钉、拉丝拉条、接缝、折叠、折边、交叠、波纹、隆起、褶皱、其他图文和纹理粗糙的地方；不应把条码符号放置在转角处或表面曲率过大的地方；不应把条码符号放置在包装的折边或悬垂物下边。

任务 8.3　商品二维码

任务描述

商品二维码能承载更多的商品信息，通过完成该学习任务，掌握商品二维码数据结构、信息服务和符号质量要求，并能应用商品二维码解决实际问题。

任务知识

商品二维码，如同现代商业的微型门户，以其独特的黑白色块组合，承载了丰富的商品信息。只需轻轻一扫，消费者便可即时获取商品的名称、价格、生产日期、生产厂家，甚至更多的营销活动和优惠信息。它不仅是商品的身份证明，更是品牌与消费者之间沟通的桥梁。在快节奏的现代生活中，二维码以其便捷、快速、准确的特点，成为商品流通中不可或缺的一部分。

拓展阅读 8.3：浙江建设全球二维码迁移计划示范区 推动一维码升级为二维码

商品二维码的应用主要基于《商品二维码》（GB/T 33993—2017）这一国家标准，该标准规定了商品二维码的数据结构、信息服务和符号印制质量要求等技术要求。

国家标准 GB/T 33993—2017 原文链接 二维码

8.3.1　主要术语

1. 二维条码（two dimensional bar code）

在二维方向上表示信息的条码符号。

2. 商品二维条码（two dimensional code for commodity）

用于标识商品及商品特征属性、商品相关网址等信息的二维条码。

3. 应用标识符（application identifier，AI）

标识数据含义与格式的字符，由 2～4 位数字组成，一般用英文缩写 AI 表示。

8.3.2　数据结构标准

商品二维条码的数据结构分为编码数据结构、国家统一网址数据结构、厂商自定义网址数据结构三种。

1. 编码数据结构

（1）编码数据结构的组成。编码数据结构由一个或多个取自表 8-13 中的单元数据串按顺序组成。每个单元数据串由 GS1 应用标识符（AI）和 GS1 应用标识符（AI）数据字段组成。扩展数据项的 GS1 应用标识符和 GS1 应用标识符数据字段取自商品二维条码国家标准附录 A 内容中的表 A.1。其中，全球贸易项目代码单元数据串为必选项，其他单元数据串为可选项。

表 8-13 商品二维条码的单元数据串

单元数据串名称	GS1 应用标识符（AI）	GS1 应用标识符（AI）数据字段的格式	可选 / 必选
全球贸易项目代码	01	N_{14}	必选
批号	10	$X_{..20}$	可选
系列号	21	$X_{..20}$	可选
有效期	17	N_6	可选
扩展数据项	AI（见表 A.1）	对应 AI 数据字段的格式	可选
包装扩展信息网址	8200	遵循 RFC1738 协议中关于 URL 的规定	可选

N：数字字符；
N_{14}：14 个数字字符，定长；
X：表 B.1 中的任意字符；
$X_{..20}$：最多 20 个表 B.1 中的任意字符，变长；
扩展数据项：用户可从表 A.1 选择 1 个、2 个或者 3 个单元数据串，表示产品的其他扩展信息。
注：商品二维码的单元数据串不允许使用字符 "%，&，/，<，>，?"。

（2）全球贸易项目代码单元数据串。全球贸易项目代码单元数据串由 GS1 应用标识符 "01" 以及应用标识符对应的数据字段组成，应作为第一个单元数据串出现。全球贸易项目代码数据字段由 14 位数字代码组成，包含包装指示符、厂商识别代码、项目代码和校验码，厂商识别代码、项目代码和校验码的分配与计算见国家标准 GB 12904—2008。

（3）批号单元数据串。批号单元数据串由 GS1 应用标识符 "10" 以及商品的批号数据字段组成。批号数据字段为厂商定义的字母数字字符串，长度可变，最大长度为 20 个字节，可包含表 B.1 中除 "%，&，/，<，>，?" 之外的所有字符。

（4）系列号单元数据串。系列号单元数据串由 GS1 应用标识符 "21" 以及商品的系列号数据字段组成。系列号数据字段为厂商定义的字母数字字符，长度可变，最大长度为 20 个字节，可包含表 B.1 中除 "%，&，/，<，>，?" 之外的所有字符。

（5）有效期单元数据串。有效期单元数据串由 GS1 应用标识符 "17" 以及商品的有效期数据字段组成。有效期数据字段为 6 位长度固定的数字，由年（取后 2 位）、月（2 位）和日（2 位）按顺序组成。

（6）扩展数据项单元数据串。扩展数据项单元数据串取自表 A.1，用户可从表 A.1 中选择 1 个、2 个或者 3 个单元数据串，表示产品的其他扩展信息。

（7）包装扩展信息网址单元数据串。包装扩展信息网址单元数据串由 GS1 应用标识符 "8200" 以及对应的包装扩展信息网址数据字段组成。包装扩展信息网址数据字段为厂商授权的网址，遵循 RFC1738 协议中的相关规定。

（8）基于编码数据结构的商品二维条码示例。

示例 1：假设某商品二维条码的编码信息字符串如下：
（01）06901234567892（10）A1000B0000（21）C510319021010 83826

采用 Data Matrix 码的 GS1 模式，得到的商品二维条码符号如图 8-22 所示。采用 QR 码的 FNC1 模式编码，纠错等级均设置为 L 级（7%），得到的商品二维条码符号如图 8-23 所示。

图 8-22　Data Matrix 商品二维条码示例 1　　　　图 8-23　QR 商品二维条码示例 1

注：编码数据结构示例 1 中的应用标识符（如"01""10""21"等）两侧的括号不是标识符的一部分，不会像标识符一样存储在二维条码中，它们的设置只便于标准的使用者区分编码信息字符串中的应用标识符。

示例 2：假设某一商品有产品变体需要使用编码数据结构中的扩展数据项进行标识。查询商品二维条码国家标准附录 A 内容中的表 A.1 获取产品变体的 AI 和 AI 对应的数据格式分别为 20 和 N2。

假设商品二维条码的编码信息字符串如下：

（01）06901234567892（20）01（8200）http：//www.2dcode.org

采用 Data Matrix 码的 GS1 模式，得到的商品二维条码符号如图 8-24 所示。采用 QR 码的 FNC1 模式编码，纠错等级均设置为 L 级（7%），得到的商品二维条码符号如图 8-25 所示。

图 8-24　Data Matrix 商品二维条码示例 2　　　　图 8-25　QR 商品二维条码示例 2

2. 国家统一网址数据结构

国家统一网址数据结构由国家二维条码综合服务平台服务地址、全球贸易项目代码和标识代码三部分组成。国家二维条码综合服务平台地址为"http：//2dcode.org/"和"https：//2dcode.org/"；全球贸易项目代码为 16 位数字代码；标识代码为国家二维条码综合服务平台通过对象网络服务（OWS）分配的唯一标识商品的代码，最大长度为 16 个字节，见表 8-14。数据结构遵循 URI 格式。

表 8-14　国家统一网址数据结构

国家二维码综合服务平台服务地址	全球贸易项目代码	标识代码
http：//2dcode.org/ https：//2dcode.org/	AI＋全球贸易项目代码数据字段 如：0106901234567892	长度可变，最长 16 个字节

假设某商品的完整信息服务地址如下：http://www.example.com/goods.aspx?base_id=F25F56A9F703ED74E5252A4F154A7C3519BF58BE64D26882624E28E935292B86BD357045.

通过国家二维条码综合服务平台 OWS 服务得到商品二维条码编码如下：

http://2dcode.org/0106901234567892OXjVB3.

采用汉信码编码，纠错等级设置为 L2（15%），得到的商品二维条码符号如图 8-26 所示。

图 8-26 汉信码商品二维条码示例 1

3. 厂商自定义网址数据结构

（1）厂商自定义网址数据结构组成。厂商自定义网址数据结构由厂商或厂商授权的网络服务地址、必选参数和可选参数三部分依次连接而成，连接方式由厂商确定，应遵循 URI 格式，具体定义及有关格式见表 8-15。

表 8-15 厂商自定义网址数据结构

网络服务地址	必选参数		可选参数
http://example.com/ https://example.com/	全球贸易项目代码查询关键字"gtin"	全球贸易项目代码数据字段	取自表 A.1 的一对或多对查询关键字与对应数据字段的组合
注：example.com 仅为示例			

（2）必选参数。必选参数由查询关键字"gtin"以及全球贸易项目代码两部分组成，两部分之间应以 URI 分隔符分隔。

（3）可选参数。可选参数由取自商品二维条码国家标准附录 A 内容中的表 A.1 的一对或多对查询关键字与对应 AI 数据字段的组合组成，组合之间应以 URI 分隔符分隔。每对组合由查询关键字和对应的 AI 数据字段两部分组成，两部分之间应以 URI 分隔符分隔。

8.3.3 商品二维条码的信息服务标准

1. 编码数据结构的信息服务

在终端对商品二维条码进行扫描识读时，应对二维条码承载的信息进行解析，对于商品二维条码数据中包含的每一个单元数据串，根据解析出的 AI，查找商品二维条码国家标准附录 A 内容中的表 A.1 获取单元数据串名称和对应 AI 数据字段传输给本地的商品信息管理系统。

单元数据串名称和相应 AI 数据字段之间用"："分隔，不同单元数据串的信息分行显示。

示例：某商品二维条码中的编码信息字符串如下：

（01）06901234567892（10）A1000B0000（21）C51031902101083826

在终端扫描该商品二维条码后获得的编码信息格式如下：

全球贸易项目代码：06901234567892

批号：A1000B0000

系列号：C51031902101083826

2. 国家统一网址数据结构的信息服务

国家二维条码综合服务平台为商品分配唯一标识代码，国家二维条码综合服务平台服务地址与标识代码连接构成商品二维条码，与商品的完整信息服务地址对应。在终端扫描商品二维条码时，访问国家二维条码综合服务平台的 OWS 信息服务，获得商品的完整信息服务地址。

国家二维条码综合服务平台的 OWS 生成服务是为厂商自定义的商品完整信息服务地址分配唯一的标识代码。具体的生成流程如下：

（1）用户指定商品的完整信息服务地址。

（2）国家二维条码综合服务平台为商品分配标识代码。

（3）服务地址与标识代码组合成商品二维条码。

示例：用户指定商品的完整信息服务地址如下：

http://www.example.com/goods.aspx?base_id=F25F56A9F703ED74E5252A4F154A7C3519BF58BE64D26882624E28E935292B86BD357045，用户通过访问国家二维条码综合服务平台调用 OWS 生成服务，得到唯一标识代码：0106901234567892OXjVB3，国家二维条码综合服务平台将商品二维条码返回用户，用户将商品二维条码印制在商品的外包装上：

http://2dcode.org/0106901234567892OXjVB3。

3. 厂商自定义网址数据结构的信息服务

在终端对商品二维条码进行扫描识读时，链接厂商或厂商授权的商品二维条码网络服务地址，获取商品二维条码信息页面。

4. 基于厂商自定义网址数据结构商品二维条码示例

假设商品二维条码的编码信息字符串如下：

http://www.example.com/gtin/06901234567892/bat/Q4D593/ser/32a。

采用汉信码编码，纠错等级设置为 L2（15%），得到的商品二维条码符号如图 8-27 所示。

在终端进行商品二维条码的扫描识读，链接商品二维条码网络服务，获取商品二维条码信息页面。具体的解析流程如下：

（1）终端读取标签中的编码。例如：

http://www.example.com/gtin/06901234567892/bat/Q4D593/ser/32a。

图 8-27　汉信码商品二维条码示例 2

（2）与服务地址 http://www.example.com 进行通信，获取商品二维条码信息页面。

8.3.4　商品二维条码的符号及质量要求标准

1. 码制

商品二维条码应采用汉信码、快速响应矩阵码（简称 QR 码）、数据矩阵码（Data Matrix 码）等具有 GS1 或 FNC1 模式，且具有国家标准或国际 ISO 标准的二维条码码制。其中，编码数据结构在进行二维条码符号表示时，应选用码制的 GS1 模式或者 FNC1 模式进行编码。

2. 商品二维条码的尺寸

商品二维条码符号大小应根据编码内容、纠错等级、识读装置与系统、标签允许空间等因素综合确定，如有必要，需要进行相关的适应性实验确定。最小模块尺寸不宜小于 0.254mm。

3. 商品二维条码符号位置

商品二维条码符号位置选择基本原则与商品条码一致，见 GB/T 14257。此外，商品二维条码位置选择需要遵循以下原则：

（1）同一厂家生产的同一种商品的标识位置一致；

（2）标识位置的选择应保证标识符号不变形、不被污损；

（3）标识位置的选择应便于扫描、易于识读。

4. 商品二维条码中的图形位置

（1）商品二维条码周围无图形标识，如图 8-28 所示。

（2）在商品二维条码周围加上图形标识，图形标识由用户自由选择，一般选择与商品相关的品牌图形标识，如图 8-29 所示。在保证符号不影响识读的情况下，建议用户结合外包装和放置界面，选择合适的图案大小。避免图案过大，导致符号印制面积过大，或图案过小，消费者无法辨认等情况。

图 8-28 商品二维条码示例 1

（3）在商品二维条码中间加上图形标识，图形标识由用户自由选择，一般选择与商品相关的品牌图形标识，参见图 8-30。中间图形标识的大小根据二维条码符号的纠错等级决定，纠错等级越高，允许中间图案占整个二维条码符号的比例越大。

图 8-29 商品二维条码示例 2　　　图 8-30 商品二维条码示例 3

5. 商品二维条码符号质量要求

（1）商品二维条码符号质量等级。商品二维条码符号的质量等级不宜低于 1.5/*XX*/660。其中：1.5 是符号等级值；*XX* 是测量孔径的参考号（应用环境不同，测量孔径大小选择不同）；660 是测量光波长，单位为 nm，允许偏差 ±10nm。

（2）商品二维条码符号的印制质量测试要求。商品二维条码符号的质量等级应依据 GB/T 23704、相应码制标准以及本标准的符号质量要求对商品二维条码符号进行检测。

任务 8.4　商品条码的应用与管理

任务描述

商品条码的应用十分广泛，它在零售、物流、库存管理等各个环节中发挥着关键作用。商品条码的管理也十分重要，必须按照《商品条码管理办法》进行注册、编码、印制和应用。通过完成该学习任务，掌握商品条码的申请、续展、变更的流程，可根据企业实际情况进行商品条码系统成员的申请、续展和变更。

任务知识

企业根据需求可进行商品条码的申请、续展和变更，随着互联网技术的发展，三项业务均可以登录中国物品编码中心网站自行办理。

8.4.1　商品条码申请程序

1. 申请使用商品条码的程序

企业可以通过网上或编码中心各地的分支机构窗口办理注册手续，网上办理地址：http://www.gs1cn.org/Business/Register。

线上办理：登录中国物品编码中心官网，点击"我要申请商品条码"，手机号绑定成功后，按流程操作即可。

线下办理：在企业注册所在地编码分支机构（可查看分支机构地址及电话）窗口办理。申请流程如图 8-31 所示。

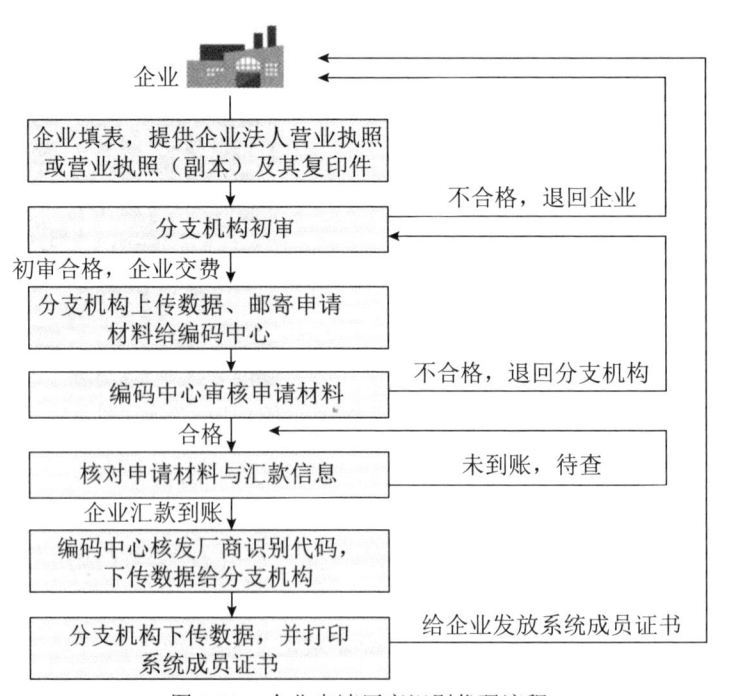

图 8-31　企业申请厂商识别代码流程

提交材料：

填写系统成员注册申请表，加盖企业公章；

企业营业执照或相关合法经营资质证明及复印件；

线下汇款提供汇款凭证复印件。

线上注册流程：

注册用户→信息录入→资料上传→在线支付→等待审核。

收费标准：

申请注册厂商识别代码的费用按照物编中【2019】23号文件规定收取。

审批时效：

自编码中心收到企业的商品条码申请材料及汇款后，3个工作日内完成。

注册成功发放材料：

企业申请获得厂商识别代码后，中国物品编码中心会给企业发放《中国商品条码系统成员证书》、条码卡、发票、《中国商品条码系统成员用户手册》等材料，请联系企业注册地所在地编码分支机构领取。领取证书时，请核对企业信息是否正确，查看证书有效期，切记有效期满前办理续展手续。

厂商识别代码使用期限：

根据《商品条码管理办法》第二十八条规定：厂商识别代码的有效期为2年。如果需要继续使用，系统成员应在厂商识别代码有效期满前3个月内办理续展手续。逾期未办理续展手续的，注销其厂商识别代码和成员资格。

2. 企业编制商品项目代码

设计、制作合格的条码的注意事项：

企业申请获得厂商识别代码后，首先要对其产品编制商品项目代码，商品项目代码的编制要遵循唯一性、无含义性和稳定性原则，最好按流水号方式编码。

其次，是设计条码符号。条码符号设计主要从印刷尺寸、颜色搭配、印刷位置三方面考虑，要执行相关国家标准（印刷尺寸、颜色搭配请查看GB 12904—2008《商品条码 零售商品编码语条码表示》，印刷位置请查看GB/T 14257—2009《商品条码 条码符号放置位置》）。

最后，是印制条码符号。为确保条码符号的印刷质量，建议在批量印刷之前，先印制包装小样到具有检测能力的机构进行检测，符号质量合格后再进行大批量印刷，从而达到控制条码质量的目的。

零售商品代码编制方法：

一般零售商品条码为13位，包含厂商识别代码、商品项目代码和校验位。厂商识别代码由中国物品编码中心分配。商品项目代码由企业自行分配，尽量按流水号分配，如001、002、003～999。校验位系统自动生成。

企业通过条码卡卡号密码登录中国商品信息服务平台（www.gds.org.cn），点击"产品管理"→"产品添加"，添加产品信息时，商品条码已显示厂商识别代码，后面补齐到第12位，点击其他空白处，出现"确认"提示，确认即可得出13位条码。

8.4.2 商品条码续展程序

为了提升对中国商品条码系统成员的服务质量，提高系统成员续展业务的办理效率，凡具备互联网访问、网银支付等条件的系统成员，可通过编码中心网上业务大厅在线提交厂商识别代码续展业务申请。

线上办理：登录中国物品编码中心网站，单击"我要续展"→"在线续展"选项，按流程操作即可。

线下办理：在企业注册所在地编码分支机构（可查看分支机构地址及电话）窗口办理。系统成员（企业）具体操作步骤如图 8-32 所示。

企业续展通过后，中国物品编码中心会给企业发放《中国商品条码系统成员证书》、发票等材料，请联系企业注册地所在地编码分支机构领取。

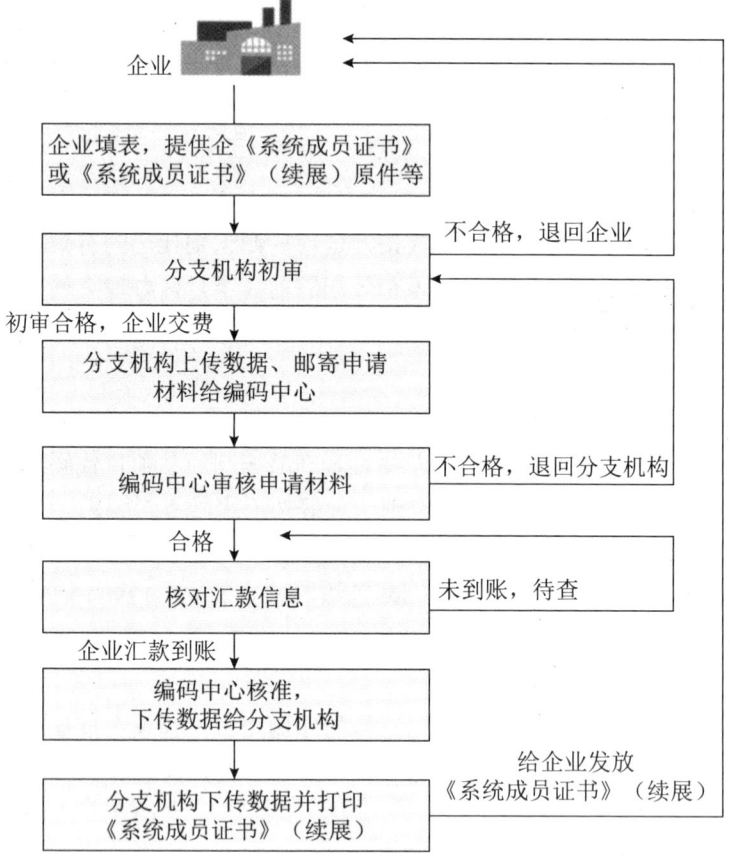

图 8-32 商品条码续展程序

8.4.3 商品条码变更程序

商品条码或系统成员（企业）变更的具体操作步骤如图 8-33 所示。

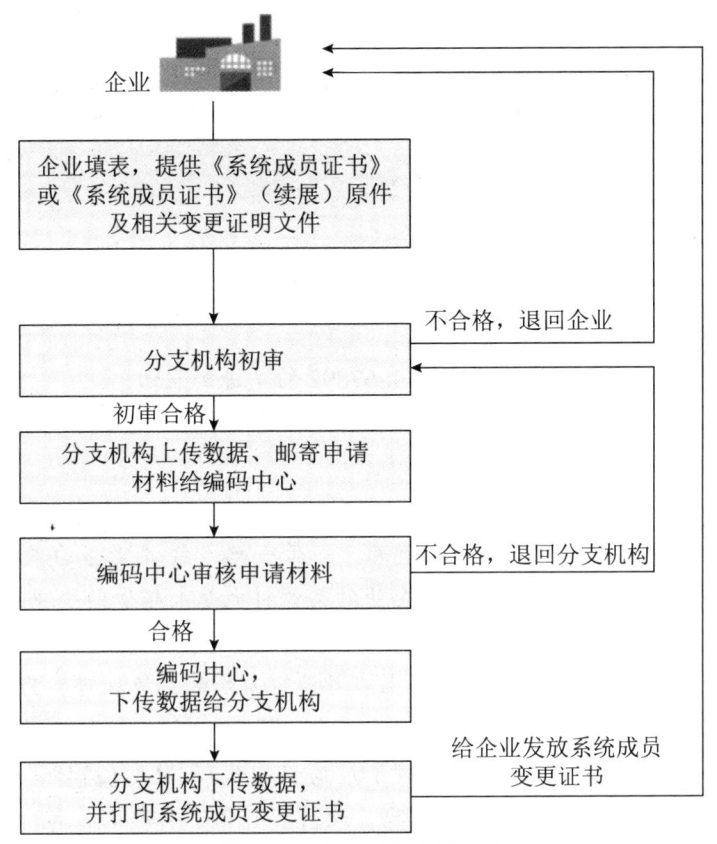

图 8-33　商品条码变更程序

【项目综合实训】

1. 中国商品条码系统成员的申请

实训背景：

市食品生产企业拟向中国物品编码中心申请成为商品条码系统成员，请你为该企业办理此申请业务。

企业有关资料如下：

企业名称：**市**食品有限公司

企业注册地址：**市**区***道***号邮编：300***

企业办公地址：**市**区***道***号邮编：300***

营业执照注册号（或工商注册号）：22013409*****

注册地行政区划代码：12****

注册资金：200万元

企业类别：单个生产企业

企业其他情况：**食品生产企业

实训内容：

请根据上述企业背景资料的说明，运用相关学习资源完成以下任务。

（1）请说明企业应向中国物品编码中心或其分支机构提供的资料。

（2）请填写《中国商品条码系统成员注册登记表》，该表可以从中国物品编码中心网站获取。

（3）画出申请流程图。

实训成果评价：

（1）应正确阐述企业所提交资料的项目。

（2）应正确填写《中国商品条码系统成员注册登记表》各项内容。

2. 用 Excel 制作 EAN-13 商品条码。

（1）根据所学知识，分析编码 6901234567892 的二进制表示；

（2）根据 EAN-13 条码的符号结构，在 Excel 单元格填涂颜色，制作条码；

（3）用手机识读自己制作的条码。

3. A 企业是全国知名的食品饮料生产企业，其产品涵盖蛋白饮料、包装饮用水、碳酸饮料、茶饮料等十余类 200 多个品种。随着"一带一路"经济贸易的发展和中国茶文化在"一带一路"合作伙伴国家的传播，A 企业的茶饮料也越来越受到欢迎，出口前景广阔。近期，A 企业又开发了一款冷泡型茶饮料，共有 5 种口味，分别是乌龙茶、白茶、绿茶、薄荷茶和茉莉花茶。此前已有 267 款产品上市并获得市场的广泛认可。为便于销售和储藏运输，销售部门设计了两种规格的包装单元：6 杯 / 箱和 12 杯 / 箱。

中国物品编码管理机构已为企业发放了厂商识别代码"682123456"，企业为产品赋项目代码的规则是：按产品上市的顺序赋码，此前已有 267 个产品上市。

（1）请为新款冷泡型茶饮料的产品编制代码（提醒：每种口味的产品都是一个独立的产品，须单独编码。）；

（2）计算每一个代码的校验码；

（3）利用 CodeSoft 软件生成商品条码；

（4）确保打印出的商品条码标签能正确识读。

【思考题】

1. 请描述一个标准商品条码（如 EAN-13）的结构组成，并解释每个部分的含义。
2. 随着物联网（IoT）和大数据技术的发展，商品条码将如何进一步演变？
3. 如果商家想使用缩短版的商品条码，应该如何做？
4. 商品条码的使用是否存在安全和隐私方面的风险？
5. 简述商品二维码的信息服务。

【在线测试题】

扫描二维码，在线答题。

项目九　条码技术应用于仓储管理

项目目标

知识目标
1. 掌握储运包装相关基本术语；
2. 掌握储运包装 13 位、14 位数字代码结构；
3. 掌握不同包装商品的代码编制方法；
4. 掌握 ITF-14、GS1-128 条码符号结构。

能力目标
1. 可对不同的仓储对象进行编码；
2. 根据不同编码和应用选择适合的条码符号。

素质目标
1. 提高学生的总结归纳能力；
2. 提升学生的信息处理能力，增强科技强国的信心。

知识导图

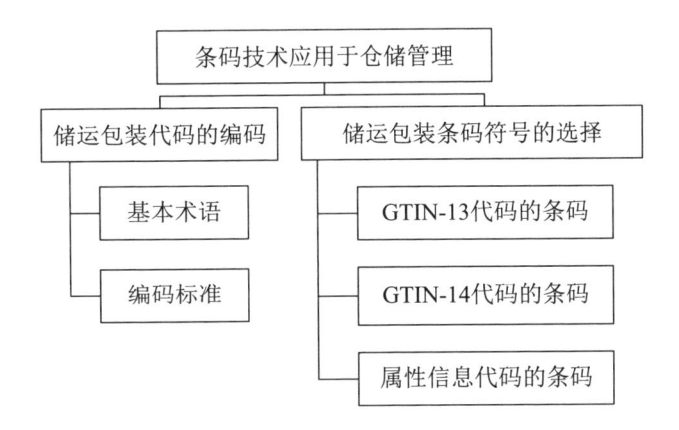

```
                    条码技术应用于仓储管理
                    ┌──────────┴──────────┐
            储运包装代码的编码         储运包装条码符号的选择
            ┌───────┤                ├───────────┐
            │   基本术语              │  GTIN-13代码的条码
            │                        │
            │   编码标准              │  GTIN-14代码的条码
                                     │
                                     │  属性信息代码的条码
```

导入案例

快递包裹的"奇幻旅行"：智能分拣让物流"跑"得更快

有一种快乐，叫"你的快递到了"。繁忙的工作学习之余，最快乐的事情莫过于收快递、拆快递了。近几年，越来越感叹"快递怎么这么快"。包裹大军纷纷提前来袭，甚至在促销活动结束前就在家门口堆满了。

那么数以亿计的快递包裹是如何快速准确地送达到我们手中的呢？事实上，在这看似简单的快递过程中，一个个包裹都完成了一段段"非一般"的"奇幻旅行"。包裹寄出后，经快递网点打包运送至区域快递分拣中心，根据不同配送目的地进行分类处理，通过飞机、高铁、货车等多种交通方式分流输送至不同地区，最后配送到消费者手中。随着快递量的爆炸式增长，尤其是在"双十一""6·18"等订单量暴涨期间，人工分拣无法应对超大规模物流需求，大量包裹堆积在快递网点或分拣中心，快递爆仓、滞后等情况十分普遍，严重影响消费者的购物体验。

针对快递物流分拣效能提升的迫切需求，中国科学院智能物流装备系统工程实验室，联合产业孵化企业中科微至，在"弘光专项"的支持下，开展了系列关键技术攻关，在专用芯片、关键部件、核心算法、系统软件等方面均实现了自主知识产权，成功研制了系列化智能物流分拣系统，实现了从小件信封到大型货物的全类型包裹高效分拣。

"排队入场"——单件分离排序：包裹进入分拣线前多呈现杂乱堆放状态，导致系统无法完整获取每个包裹信息，易出现错分问题。团队基于 AI 视觉定位技术与高灵敏差速机构研制了叠件自动分离系统和单件自动排序系统，针对堆叠、并行包裹进行精准识别和自动疏导，实现固定间隔有序均匀输送。

"身份认证"——多面条码识别：分拣首要任务是识别包裹的寄送地址，每个包裹都对应唯一的"身份证"——条码，针对各种"高、矮、胖、瘦"任意姿态摆放的包裹，团队研发了自适应调焦大分辨率线阵图像传感技术、基于大分辨率图像条码/二维码高精度识别技术，研制形成了多面条码识别系统，在包裹快速输送过程中实现 360°全方位条码精准识别。

"小车输送"——自动分拣建包：识别到地址信息后，包裹被送上分拣"小车"加速奔跑起来，通过多任务实时调度系统分配"下车"地点，精准控制高速运行中的包裹在到达瞬间即通过"滑梯"平稳滑向目标格口。同一目的地包裹将被统一打包，借助交通工具运输到对应地区。

该团队研制的系列化智能物流分拣系统已应用于 10 多家国内主流快递和电商企业，并出口至泰国、印度尼西亚、菲律宾、新加坡、俄罗斯、印度、马来西亚等 10 多个国家和地区，最高分拣效率达 10 万件/小时，分拣准确率达 99.99%，可 24 小时稳定持续作业，有效节省人力成本近 70%，大幅提升了包裹物流周转时效，助力快递电商提质增效。

（资料来源：中科院之声，https://mp.weixin.qq.com/s/O2PjfDg_662-63sBU4kjOQ.）

任务 9.1　储运包装代码的编码

任务描述

储运包装商品进行统一编码，是实现每一种商品在入库、上架、分拣、出库、运输等储运过程中各类信息有效、及时捕捉的有效途径。通过完成该学习任务，理解储运包装相关基本术语，掌握储运包装代码结构，会根据应用场景进行代码的编制。

9.1.1 基本术语

（1）储运包装商品（dispatch commodity），即由一个或若干个零售商品组成的用于订货、批发、配送及仓储等活动的各种包装的商品。

（2）定量零售商品（fixed measure retail commodity），即按相同规格（类型、大小、重量、容量等）生产和销售的零售商品。

（3）变量零售商品（variable measure retail commodity），即在零售过程中，无法预先确定销售单元，按基本计量单位计价销售的零售商品。

（4）定量储运包装商品（fixed measure dispatch commodity），是由定量零售商品组成的稳定的储运包装商品。

（5）变量储运包装商品（variable measure dispatch commodity），是由变量零售商品组成的储运包装商品。

9.1.2 编码标准

1. 代码结构

储运包装商品可以分为定量储运包装商品和变量储运包装商品。变量储运包装商品和定量储运包装商品所采用的条码和编码规则有很大的不同。储运包装商品的编码一般采用GTIN-13或GTIN-14数字代码结构。

（1）GTIN-13代码结构。储运包装商品的GTIN-13代码结构与零售商品的GTIN-13代码结构相同，如表9-1所示。

表9-1 储运包装商品的GTIN-13代码结构

结构种类	厂商识别代码	商品项目代码	校验码
结构一	$X_{13}X_{12}X_{11}X_{10}X_9X_8X_7$	$X_6X_5X_4X_3X_2$	X_1
结构二	$X_{13}X_{12}X_{11}X_{10}X_9X_8X_7X_6$	$X_5X_4X_3X_2$	X_1
结构三	$X_{13}X_{12}X_{11}X_{10}X_9X_8X_7X_6X_5$	$X_4X_3X_2$	X_1
结构四	$X_{13}X_{12}X_{11}X_{10}X_9X_8X_7X_6X_5X_4$	X_3X_2	X_1

（2）GTIN-14代码结构。储运包装商品的GTIN-14代码结构如表9-2所示。

表9-2 储运包装商品GTIN-14位代码结构

储运包装商品包装指示符	内部所含零售商品代码前12位	校验码
V	$X_{12}\ X_{11}\ X_{10}\ X_9\ X_8\ X_7\ X_6\ X_5\ X_4\ X_3\ X_2\ X_1$	C

第一，储运包装商品包装指示符。储运包装商品包装指示符是14位代码中的第一位数字，用于指示储运包装商品的不同包装级别，取值范围为1～9。其中1～8用于定量储运包装商品，9用于变量储运包装商品。

第二，内部所含零售商品代码前12位。内部所含零售商品代码前12位，是指包含在储运包装商品内的零售商品代码去掉校验码后的12位数字，储运包装商品14位代码中的第 2 位到第 13 位数字为内部所含零售商品代码前 12 位。

第三，校验码。储运包装商品 14 位代码中的最后一位为校验码，计算方法如下所示。

① 代码位置序号。代码位置序号是指包括检验码在内的，由右至左的顺序号（校验码的代码位置序号为 1）。

② 计算步骤。校验码的计算步骤如下：

步骤 1：从代码位置序号 2 开始，所有偶数位的数字代码求和。

步骤 2：将步骤 1 的和乘以 3。

步骤 3：从代码位置序号 3 开始，对所有奇数位的数字代码求和。

步骤 4：将步骤 2 与步骤 3 的结果相加。

步骤 5：用 10 减去步骤 4 所得结果的个位数作为校验码（个位数为 0，校验码为 0）。

示例：代码 0690123456789C 的校验码 C 计算如表 9-3 所示。

表 9-3　14 位代码的校验码计算方法

步　骤	举 例 说 明
1. 自右向左顺序编号	位置序号 14 13 12 11 10 9 8 7 6 5 4 3 2 1 代码　　　0　6　9　0　1　2　3　4　5　6　7　8　9　C
2. 从序号 2 开始求出偶数位上数字之和①	9+7+5+3+1+9=34　　　①
3. ①×3=②	34×3=102　　　②
4. 从序号 3 开始求出奇数位上数字之和③	8+6+4+2+0+6=26　　　③
5. ②+③=④	102+26=128　　　④
6. 用 10 减去结果④所得结果的个位数作为校验码（个位数为 0，校验码为 0）	10-8=2 校验码 C=2

2. 代码编制

（1）标准组合式储运包装商品。标准组合式储运包装商品是多个相同零售商品组成的标准组合包装商品。标准组合式储运包装商品的编码可以采用与其所含零售商品的代码不同的 GTIN-13 代码。编码方法同零售商品的 GTIN-13 代码，既可参照 GB 12904—2008《商品条码　零售商品编码与条码表示》，也可以采用 GTIN-14 代码（包装指示符取值为 1～8）。

（2）混合组合式储运包装商品。混合组合式储运包装商品是多个不同零售商品组成的标准组合包装商品，这些不同的零售商品的代码各不相同。混合组合式储运包装商品可采用与其所含各零售商品的代码均不相同的 GTIN-13 代码，即内装零售商品是用不同的代码标识的。编码方法同零售商品的 GTIN-13 代码，也可参照 GB 12904—2008《商品条码　零售商品编码与条码表示》。除了采用 GTIN-13 代码外，也可以采用 GTIN-14 代码（包装指示符为 1～8）。

（3）变量储运包装商品。变量储运包装商品采用 GTIN-14 代码（包装指示符取值为 9），编码代码结构如表 9-2 所示。

（4）同时又是零售商品的储运包装商品。储运包装商品又是零售商品时，按零售商品 GTIN-13 代码进行编码。

拓展阅读 9.1：
快速消费品储运包装

任务 9.2　储运包装条码符号的选择

任务描述

储运包装商品在选择条码时首先要判断储运包装商品是定量还是变量，不同的储运包装商品有不同的条码符号要求。通过完成该学习任务，能够掌握 GTIN-13 代码和 GTIN-14 代码的条码表示方法。

9.2.1　GTIN-13 代码的条码

GTIN-13 代码的条码采用 EAN-13、ITF-14 或 GS1-128 条码表示。

当储运包装商品不是零售商品时，应在 13 位代码前补"0"变成 14 位代码，采用 ITF-14 或 GS1-128 条码表示。13 位数字代码的储运包装商品采用 EAN-13 条码，示例如图 9-1 至图 9-3 所示。

图 9-1　表示 GTIN-13 代码的 EAN-13 条码示例

图 9-2　表示 GTIN-13 代码的 ITF-14 条码示例

图 9-3　表示 GTIN-13 代码的 GS1-128 条码示例

ITF-14 条码是连续型、定长、具有自校验功能，且条、空都表示信息的双向条码。它的条码字符集、条码字符的组成与交插 25 条码相同。交插 25 码是在 25 条码的基础上发展起来的。

GS1-128 条码由原国际物品编码协会（EAN）和原美国统一代码委员会（UCC）共同设计。它是一种连续型、非定长、有含义的高密度、高可靠性、两种独立的校验方式的条码。

1. 25 条码

25 条码是一种只有条表示信息的非连续型条码。每一个条码字符由规则排列的 5 个条组成，其中有两个条为宽单元，其余的条和空、字符间隔是窄单元，故称之为"25 条码"。25 条码的字符集为数字字符 0～9。图 9-4 为表示"123458"的 25 条码结构。

图 9-4 表示"123458"的 25 条码

从图 9-4 中可以看出，25 条码由左侧空白区、起始符、数据符、终止符及右侧空白区构成。空不表示信息，宽单元用二进制的"1"表示，窄单元用二进制的"0"表示，起始符用二进制"110"表示（2 个宽单元和 1 个窄单元），终止符用二进制"101"表示（中间是窄单元，两边是宽单元）。因为相邻字符之间有字符间隔，所以 25 条码是非连续型条码。

25 条码是最简单的条码，它研制于 20 世纪 60 年代后期，1990 年由美国正式提出。这种条码只含数字 0～9，应用比较方便。当时主要用于各种类型文件处理及仓库的分类管理、标识胶卷包装及机票的连续号等。但 25 条码不能有效地利用空间，人们在 25 条码的启迪下，将条表示信息，扩展为用空表示信息。因此，在 25 条码的基础上又研制出了条、空均表示信息的交插 25 条码。

2. 交插 25 条码

交插 25 条码（interleaved 2 of 5 bar code）是在 25 条码的基础上发展起来的，它弥补了 25 条码的许多不足之处，不仅增大了信息容量，而且由于自身具有校验功能，还提高了可靠性。交插 25 条码起初广泛应用于仓储及重工业领域，1987 年开始用于运输包装领域和储运单元的识别与管理。我国也研究制定了交插 25 条码标准，主要应用于运输、仓储、工业生产线、图书情报等领域的自动识别管理。

交插 25 条码是一种条、空均表示信息的连续型、非定长、具有自校验功能的双向条码。它的字符集为数字字符 0～9。图 9-5 是表示"3185"的交插 25 条码的结构。

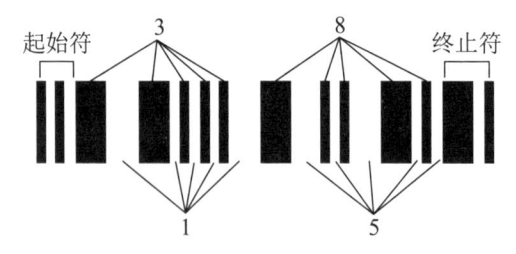

图 9-5 表示"3185"的交插 25 条码

从图 9-5 中可以看出，交插 25 条码由左侧空白区、起始符、数据符、终止符及右侧空白区构成。它的每一个条码数据符由 5 个单元组成，其中 2 个是宽单元（表示二进制的"1"），3 个窄单元（表示二进制的"0"）。条码符号从左到右，表示奇数位数字符的条码数据符由条组成，表示偶数位数字符的条码数据符由空组成。在一个交插 25 条码中，组成条码符号的条码字符个数为偶数,当条码字符所表示的字符个数为奇数时,应在字符串左端添加"0",如图9-6所示。

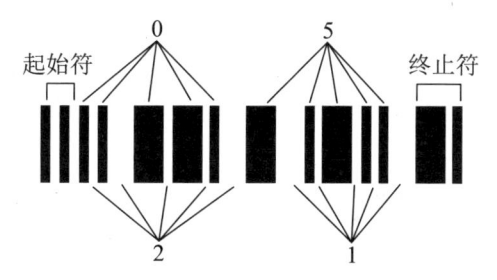

图9-6 表示"251"的条码(字符串左端添加"0")

起始符包括两个窄条和两个窄空。终止符包括两个条(1个宽条、1个窄条)和1个窄空。它的字符集为数字字符0~9,字符的二进制表示如表9-4所示。

表9-4 交插25条码字符集的二进制表

字符	二进制表示	字符	二进制表示
0	00110	5	10100
1	10001	6	01100
2	01001	7	00011
3	11000	8	10010
4	00101	9	01010

3. ITF-14条码简介

ITF-14条码用于标识非零售的或不通过POS系统的贸易商品。它对印刷精度要求不高,比较适合直接印刷(热转印或喷墨)于表面不够光滑、受力后尺寸易变形的包装材料,如瓦楞纸或纤维板。

(1)符号结构。ITF-14条码的条码字符集、条码字符的组成同交插二五条码,详见GB/T 16829—2003。ITF-14条码由矩形保护框、左侧空白区、起始符、7对数据符、终止符和右侧空白区组成,符号如图9-7所示。其中:①表示矩形保护框,②表示左侧空白区,③表示起始符,④表示7对数据符,⑤表示终止符,⑥表示右侧空白区。

图9-7 ITF-14条码符号(保护框完整印刷)

(2)技术要求。
- X尺寸:X尺寸范围为0.495~1.016mm。
- 宽窄比(N):N的设计值为2.5,N的测量值范围为$2.25 \leqslant N \leqslant 3$。

- 条高：ITF-14 条码符号的最小条高是 32mm。
- 空白区：条码符号的左右空白区最小宽度是 10 个 X 尺寸。
- 保护框：保护框线宽的设计尺寸是 4.8mm。保护框应容纳完整的条码符号（包括空白区），保护框的水平线条应紧接条码符号条的上部和下部。对于不使用制版印刷方法印制的条码符号，保护框的宽度应该至少是窄条宽度的 2 倍，保护框的垂直线条可以缺省，如图 9-8 所示。

图 9-8 ITF-14 条码符号（保护框的垂直线条缺省）

- 供人识别字符：一般情况下，供人识别字符（包括条码校验字符在内）的数据字符应与条码符号一起使用，按条码符号的比例清晰印刷。起始符和终止符没有供人识别字符，对供人识别字符的尺寸和字体不作规定。在空白区不被破坏的前提下，供人识别字符可以放在条码符号周围的任何地方。

4. GS1-128 条码

GS1-128 条码由原国际物品编码协会（EAN）和原美国统一代码委员会（UCC）共同设计而成。它是一种连续型、非定长、有含义的高密度、高可靠性、两种独立的校验方式的代码。在 ISO、CEN 和 AIM 所发布的标准中，将紧跟在起始字符后面的功能字符 1（FNC1）定义为专门用于表示 GS1 系统应用标识符数据，以区别于 code 128 码。应用标识符（application identifier，AI）是标识编码应用含义和格式的字符，其作用是指明跟随在应用标识符后面的数字所表示的含义。GS1-128 条码是唯一能够表示应用标识的条码符号。GS1-128 可编码的信息范围广泛包括项目标识、计量、数量、日期、交易参考信息、位置等。GS1-128 条码如图 9-9 所示。

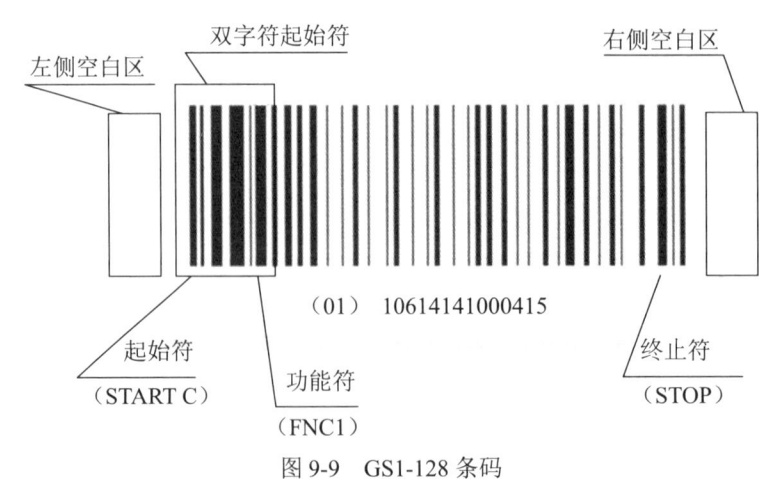

图 9-9 GS1-128 条码

（1）符号特点。GS1-128 条码具有以下特点：

① GS1-128 条码是由一组平行的条和空组成的长方形图案。

② 除终止符（stop）由 13 个模块组成外，其他字符均由 11 个模块组成。

③ 在条码字符中，每 3 个条和 3 个空组成一个字符，终止符由 4 个条和 3 个空组成。条或空都有 4 个宽度单位，可以从 1 个模块宽到 4 个模块宽。

④ GS1-128 条码有一个由字符 START A（B 或 C）和字符 FNC1 构成的特殊的双字符起始符，即：START A（B 或 C）＋ FNC1，如图 9-10 所示，这一双字符起始符号能够区分 GS1-128 条码和普通的 128 条码。

⑤ 符号中通常采用符号校验符。符号校验符不属于条码字符的一部分，也区别于数据代码中的任何校验码。

⑥ 符号可从左、右两个方向阅读。

⑦ 符号的长度取决于需要编码的字符的个数。决定 GS1-128 条码的符号长度的参数有两个：物理长度取决于所编码的字符数和所使用的模块宽度（X 的尺寸），字符数包括辅助字符。GS1-128 条码符号最大长度须符合两个要求：包括空白区在内，最大物理长度不能超过 165 mm；编码的最大数据字符数为 48，其中包括应用标识符和作为分隔符适用的 FNC1 字符，但不包括辅助字符和校验符。

⑧ 对于一个特定长度的 GS1-128 条码符号，符号的尺寸可随放大系数的变化而变化。放大系数的具体数值可根据印刷条件和实际印刷质量确定。一般情况下，条码符号的尺寸是指标准尺寸（放大系数为 1）。放大系数的取值范围为 0.25～1.2。

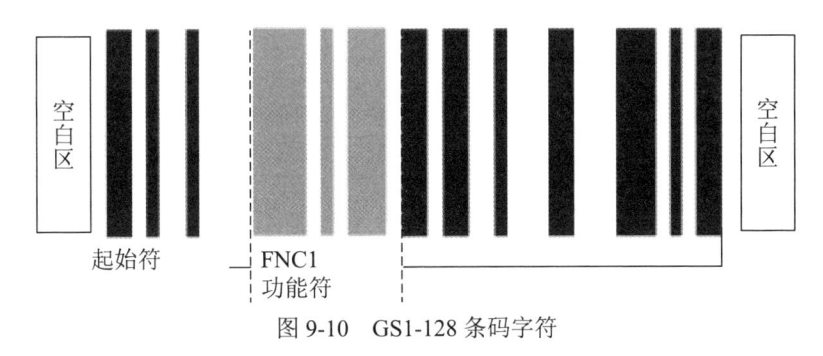

图 9-10 GS1-128 条码字符

（2）符号结构。GS1-128 条码是 128 条码（Code 128）的子集，Code 128 无固定数据结构，如图 9-11 所示。

图 9-11 Code 128 的数据结构

而 GS1-128 是通过应用标识符定义数据，用于开放的供应链，如图 9-12 所示。

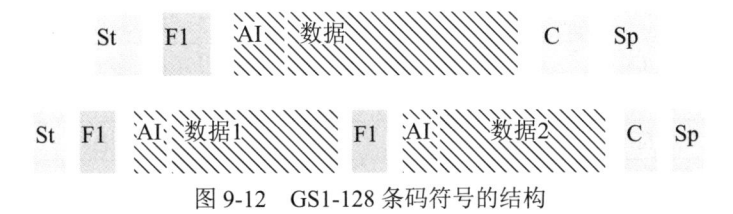

图 9-12 GS1-128 条码符号的结构

GS1-128 条码符号的结构要求如表 9-5 所示。表中阿拉伯数字为模块数，N 为数据字符与辅助字符个数之和。

表 9-5　条码符号的构成

左侧空白区	双字符起始符	数据字符（含应用标识符）	符号检验符	终止符	右侧空白区
10	22	$11N$	11	13	10

（3）校验符。GS1-128 条码的符号校验符总是位于终止符之前。校验符的计算是按模 103 的方法，通过对终止符外的所有符号代码值的计算得来的。计算方法如下：

① 从起始字符开始，赋予每个字符一个加权因子；
② 从起始符开始，每个字符的值与相应的加权因子相乘；
③ 将上一步中的积相加；
④ 将上一步的结果除以 103；
⑤ 第四步的余数即为校验符的值。

校验符的条码表示见 GB/T 15425—2014。如果余数是 102，那么校验符的值与功能符 FNC1 的值相等，这时功能符 FNC1 只能充当校验符，如表 9-6 所示。

国家标准：GB/T 15435—2014 原文链接二维码

表 9-6　GS1-128 条码校验位计算示例

字符	StarB	FNC1	A	I	M	CodeC	12	34
字符值（步骤1）	104	102	33	41	45	99	12	34
权数（步骤2）	1	1	2	3	4	5	6	7
乘积（步骤3）	104	102	66	123	180	495	72	238
乘积的和（步骤4）	1380							
除以 103（步骤5）	1380÷103=13　余数 41							
余数 = 校验字符的值	41							

（4）条码符号表示的字符代码的位置。数据代码必须以眼睛可读的形式标在条码符号的上方或下方。校验符不属于数据字符的一部分，因此不以人眼可读的形式标出。GS1-128 条码符号对相应的数据代码的位置和字符类型不作具体规定，但必须字迹清晰，摆放合理。

（5）GS1-128 条码符号的标准尺寸。GS1-128 条码符号的标准尺寸取决于编码字符的数量，如表 9-7 所示。表中 N 是数据字符与辅助字符个数之和。GS1-128 条码符号中的左右空白区不得少于 10 模块宽。在标准尺寸下，模块宽是 1.00mm。因此，包括空白区在内，GS1-128 条码的整个宽度为（$11N+66$）mm。标准尺寸下的条码符号高度是 31.8mm，它取决于符号的放大系数。符号最小高度为 20mm（不含眼睛可读数据）。

表 9-7　GS1-128 条码编码字符宽度

编码字符	模块数量
起始符	1×11 模块 =11
FNC1	1×11 模块 =11
校验符	1×11 模块 =11
终止符	1×13 模块 =13
N 个数据字符	N×11 模块 =$11N$

（6）尺寸选择。GS1-128 条码的放大系数可以根据 EAN 条码的印刷条件和允许的条码误差而定。在实际选择放大系数时，不仅要考虑印刷增益，而且还要考虑该条码符号所附着的 GS1-128 条码或者 ITF 条码符号的尺寸，二者要匹配。在 GS1-128 条码中，条码字符模块的宽度不能小于 EAN-13 或者 ITF 条码中最窄条宽度的 75%。与 EAN-13 或者 ITF 条码相匹配的 GS1-128 条码的最小放大系数如表 9-8 所示。系列储运包装上，应用标识符为"00"的标准应用标识，其 GS1-128 条码符号的最小放大系数为 0.5，最大放大系数为 0.8。

表 9-8　EAN-13 条码与 GS1-128 条码，ITF 条码与 GS1-128 条码放大系数对照表

EAN-13 放大系数	GS1-128 最小放大系数	ITF 放大系数	GS1-128 最小放大系数
0.8	0.25	0.625	0.50
0.9	0.25	0.7	0.55
1.0	0.25	0.8	0.65
1.2	0.30	0.9	0.70
1.4	0.35	1.0	0.80
1.6	0.40	1.1	0.85
1.8	0.45	1.2	0.98
2.0	0.50		

GS1-128 条码符号的最大长度允许在一个条码符号中对多个字符串进行编码，这种编码方式称为链接。链接的编码方式比分别对每个字符串进行编码更节省空间，因为只使用一次符号控制字符。同时，一次扫描也比多次扫描的准确性更高，不同的元素串可以以一个完整的字符串从条码扫描器中传送。

（7）符号的位置（GB/T14257—2009 商品条码 条码符号放置指南）。GS1-128 条码符号最好平行地置于 EAN-13 或者 ITF 等主码符号的右侧。称 EAN-13 或者 ITF 为主码符号，是由于它们用来标识贸易项目的代码或编号，相对而言，GS1-128 条码的特点在于标识这些贸易项目的附加信息。在留有足够空白区的条件下，应尽可能缩小两个符号间的距离，但符号的高度应相同。

（8）编码规则。GS1-128 条码有 3 种不同的字符集，分别为字符集 A、字符集 B 和字符集 C。字符集 A 包括所有标准的大写英文字母、数字字符、控制字符、特殊字符及辅助字符；字符集 B 包括所有标准的大写和小写英文字母、数字字符、特殊字符及辅助字符；字符集 C 包括 00 ~ 99 的 100 个数字以及辅助字符。因为字符集 C 中的一个条码字符表示两个数字字符，因此，使用该字符集表示数字信息可以比其他字符集信息量增加一倍，即条码符号的密度提高一倍。这个字符集的交替使用可将 128 个 ASC Ⅱ 码编码。GB/T 15425—2014 列出了 GS1-128 条码的所有 A、B、C 三种字符集。

（9）辅助字符。GS1-128 条码有 9 个辅助字符：START A、CODE A、SHIFT、START B、CODE B、STOP、START C、CODE C 和 FNC 1。辅助字符的条码表示见 GB/T 15425—2014。

（10）ITF-14 与 GS1-128 条码及其他码制的混合使用。GTIN-14 编码可以用 ITF-14 表示，也可以用 GS1-128 条码表示。当要表示全球贸易项目标识代码的附加信息时，要使用 GS1-128 条码。在这种情况下，GTIN（全球贸易项目代码）可以用 ITF-14 或 GS1 系统的其他条码表示，而附加的数据要用 GS1-128 条码表示。

当储运包装商品同时是零售商品时，应采用 EAN/UPC 条码表示，详见本书项目八相关内容，也可参照 GB 12904—2008。

9.2.2　GTIN-14 代码的条码

采用 ITF-14 条码或 GS1-128 条码表示，如图 9-13、图 9-14 所示。

图 9-13　包装指示符为"2"的 ITF-14 条码示例

图 9-14　包装指示符为"1"的 GS1-128 条码示例

9.2.3　属性信息代码的条码

如果需要标识储运包装商品的属性信息（如所含零售商品的数量、重量、长度等），可在 13 或 14 位代码的基础上增加属性信息。属性信息用 GS1-128 条码表示，参见 GB/T 15425—2014，如图 9-15 和图 9-16 所示。

图 9-15　含批号"123"的 GS1-128 条码示例

[其中（01）、（10）为应用标识符]

图 9-16　重量是 84.4kg 的变量储运包装商品的 GS1-128 条码示例

[其中（01）、（3101）为应用标识符]

【项目综合实训】

为订货、仓储方便，A 企业设计了 5 款仓储包装商品，分别如下：

（1）单一口味的 6 杯/箱

（2）单一口味的 12 杯/箱

（3）混合口味的 6 杯/箱

（4）混合口味的 12 杯/箱

（5）混合口味的 24 杯/箱

其中，第（1）至（3）款产品既用于仓储，也可以直接在零售终端销售；第（4）、（5）款产品仅用于订货和仓储。

（1）请根据国家标准《商品条码 储运包装商品编码与条码表示》GB/T 16830—2008 的规定，为 A 企业的 5 款包装储运商品编制代码，计算校验位，并将设计结果填入下表：

储运包装商品	代码结构	代码	校验位
单一口味的 6 杯/箱			
单一口味的 12 杯/箱			
混合口味的 6 杯/箱			
混合口味的 12 杯/箱			
混合口味的 24 杯/箱			

（2）说明编制思路和选择代码结构的理由。

（3）利用 CodeSoft 软件生成商品条码。

（4）打印条码标签并能正确识读。

【思考题】

1. 什么是储运包装商品？
2. 储运包装商品有几种编码？分别用什么条码来表示？
3. 简述 ITF-14 条码的技术要求。
4. 简述储运包装商品代码的编制。
5. GS1-128 条码的特点有哪些？

【在线测试题】

扫描二维码，在线答题。

项目十　条码技术应用于物流

项目目标

知识目标
1. 了解物流单元标识代码和附加信息代码的结构；
2. 掌握物流单元标识代码的编制规则；
3. 了解应用标识符的编码结构以及应用规则；
4. 掌握物流单元标签的格式组成。

能力目标
1. 能够表述不同附加信息代码的应用场景；
2. 能够识读不同应用标识符的含义；
3. 能够制作符合要求的物流单元标签。

素质目标
1. 培养学生动手制作物流单元标签的实践能力；
2. 提高学生社会调研的沟通交流能力；
3. 增强学生的信息处理能力。

知识导图

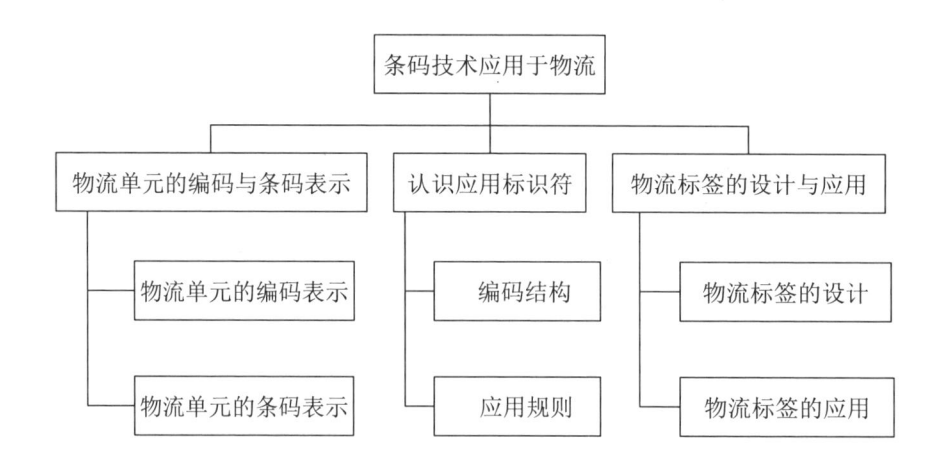

```
                    条码技术应用于物流
          ┌──────────────┼──────────────┐
   物流单元的编码与条码表示   认识应用标识符   物流标签的设计与应用
      ├─ 物流单元的编码表示     ├─ 编码结构      ├─ 物流标签的设计
      └─ 物流单元的条码表示     └─ 应用规则      └─ 物流标签的应用
```

导入案例

石家庄海关：优化措施，提升通关便捷度

2023年4月13日，一架装载了13吨电子商品、服装、机械配件等货物的飞机从河北石家庄正定国际机场起飞，标志着石家庄—新西伯利亚国际货运航线正式开通，航线每周执行3班。

为保障新航线开航，石家庄海关下属石家庄机场海关积极对接机场集团、航空公司及相关境内外运营部门，根据航线及货物特点提供"一对一"帮扶指导，设立"绿色通道"，优化检疫监管流程，进一步提升通关效能，降低企业物流通关成本。

"我们深入落实关地合作备忘录具体措施，推进国际贸易'单一窗口'建设，为企业提供通关'一站式'服务。"石家庄机场海关查验科副科长李凡介绍。

近年来，石家庄海关充分发挥职能作用，对内优化口岸营商环境和服务，强化智慧海关建设，提升跨境贸易便利化水平；对外持续深化京津冀间机制配合、业务融合、流程整合，助力河北建设现代商贸物流基地。

据悉，石家庄海关先后与北京、天津海关签署5项合作机制，累计制定各类合作内容49项。其中，对京津冀区域内总部企业开展"同步入组、同步认证、同步研判"的AEO（经认证的经营者）三关协同认证模式，总部企业一旦认证成功，其位于区域内的其他分公司将同步享受AEO各项优惠政策，目前已有7家总部企业完成认证。

跨境电子商务发展势头强劲，石家庄海关推广跨境电商零售进口商品条码应用，实现数字化监管。商品条码是每个商品唯一的"身份证""通行证"，使用商品条码能直接获取国外源头生产商信息等内容，提高跨境商品透明度，既让消费者放心购买，又提升企业保税仓储管理及物流配送效率。跨境电商企业沅旌供应链（河北）有限公司负责人郑钧鸿说："我们公司主要经营护肤品、保健品零售进口，商品种类繁多。在入库理货以及商品打包出区环节通过商品条码自动对碰，提高了商品识别准确度和分类识别效率。"

针对跨境电商包裹时效性强的特点，海关引导企业自主选择"通关一体化""两步申报"等多种通关模式，支持企业提前申报报关数据，而后由系统自动比对、自动抬杆、自动放行。2023年年初石家庄重点推进"优化口岸营商环境10条措施""提升通关便利化水平18条措施"等，推动海关通关便利化。

数据显示，2023年第一季度，河北省进、出口通关平均时间分别为30.05小时、0.79小时，较2017年分别压缩81.3%、95.12%。1~5月，河北省外贸进出口总值2387.5亿元，同比增长12.5%。

（资料来源：张腾扬. 人民日报[N]. 2023年06月20日，第15版.）

任务 10.1 物流单元的编码与条码表示

任务描述

物流单元是为了便于运输或仓储而建立的临时性组合包装单元。在供应链中如果需要对物流单元进行个体的跟踪与管理,通过扫描每个物流单元上的条码标签,实现物流与相关信息流的链接,可分别追踪每个物流单元的实物移动。通过完成该学习任务,应掌握物流单元的编码规则以及条码表示。

10.1.1 物流单元的编码表示

1. 代码结构

(1) 物流单元标识代码的结构。物流单元标识代码是标识物流单元身份的唯一代码,具有全球唯一性。物流单元标识就是对在供应链中运转的物流单元进行标识。标识物流单元的编码通常是用条码符号表示的,以条码符号的形式表示编码,可使编码自动、快速、准确地采集与识别,以便于更好地实现供应链管理目标。物流标识技术主要由物流编码技术、物流条码符号技术以及符号印制与自动识读技术等构成。物流单元标识代码采用系列货运包装箱代码(serial shipping container code, SSCC)表示,由扩展位、厂商识别代码、系列号和校验码4部分组成,是18位的数字代码,分为4种结构,如表10-1所示。其中,扩展位由1位数字组成,取值范围为0~9;厂商识别代码由7~10位数字组成;系列号由9~6位数字组成;校验码为1位数字。

表 10-1 SSCC 结构

结构种类	扩展位	厂商识别代码	系列号	校验码
结构一	N_1	$N_2 N_3 N_4 N_5 N_6 N_7 N_8$	$N_9 N_{10} N_{11} N_{12} N_{13} N_{14} N_{15} N_{16} N_{17}$	N_{18}
结构二	N_1	$N_2 N_3 N_4 N_5 N_6 N_7 N_8 N_9$	$N_{10} N_{11} N_{12} N_{13} N_{14} N_{15} N_{16} N_{17}$	N_{18}
结构三	N_1	$N_2 N_3 N_4 N_5 N_6 N_7 N_8 N_9 N_{10}$	$N_{11} N_{12} N_{13} N_{14} N_{15} N_{16} N_{17}$	N_{18}
结构四	N_1	$N_2 N_3 N_4 N_5 N_6 N_7 N_8 N_9 N_{10} N_{11}$	$N_{12} N_{13} N_{14} N_{15} N_{16} N_{17}$	N_{18}

SSCC 与应用标识符 AI(00)一起使用,采用 GS1-128 条码符号表示;附加信息代码与相应的应用标识符 AI 一起使用,采用 GS1-128 条码表示,GS1-128 条码符号见 GB/T 15425—2014《商品条码 128 条码》,应用标识符见 GB/T 16986—2018《商品条码 应用标识符》。

(2) 附加信息代码的结构。附加信息代码是标识物流单元相关信息的代码,如物流单元内贸易项目的全球贸易项目代码(global trade item number, GTIN)、贸易与物流量度、物流单元内贸易项目的数量等信息,由应用标识符 AI(Application Identifier)和编码数据组成。如果使用物流单元附加信息代码,则需要与 SSCC 一并处理。常用的附加信息代码如表 10-2 所示。

表 10-2 常用的附加信息代码结构

AI	编码数据名称	编码数据含义	格式
02	CONTENT	物流单元内贸易项目的 GTIN	N_2+N_{14}
33nn，34nn 35nn，36nn	GROSS WEIGHT, LENGTH 等	物流计量	N_4+N_6
37	COUNT	物流单元内贸易项目的数量	$N_2+N\cdots 8$
401	CONSIGNMENT	全球货物托运标识代码	$N_3+X\cdots 30$
402	SHIPMENGT NO.	全球货物装运标识代码	N_3+N_{17}
403	ROUTE	路径代码	$N_3+X\cdots 30$
410	SHIP TO LOC	交货地全球位置码	N_3+N_{13}
413	SHIP FOR LOC	货物最终目的地全球位置码	N_3+N_{13}
420	SHIP TO POST	交货地的邮政编码	$N_3+X\cdots 20$
421	SHIP TO POST	含 ISO 国家（地区）代码的交货地邮政编码	$N_3+N_3+X\cdots 12$

①物流单元内贸易项目的应用标识符 AI（02）。应用标识符"02"对应的编码数据的含义为物流单元内贸易项目的 GTIN，此时应用标识符"02"应与同一物流单元上的应用标识符"37"及其编码数据一起使用。

当 N_1 为 0，1，2，…，8 时，物流单元内的贸易项目为定量贸易项目；当 $N_1=9$ 时，物流单元内的贸易项目为变量贸易项目。当物流单元内的贸易项目为变量贸易项目时，应对有效的贸易计量标识。应用标识符及其对应的编码数据格式如表 10-3 所示。

表 10-3 AI（02）及其编码数据格式

应用标识符	物流单元内贸易项目的 GTIN	校验码
02	$N_1N_2N_3N_4N_5N_6N_7N_8N_9N_{10}N_{11}N_{12}N_{13}$	N_{14}

物流单元内贸易项目的 GTIN：表示在物流单元内包含贸易项目的最高级别的标识代码。校验码的计算参见 GB/T 16986—2018 附录 A。具体方法是：从右至左对代码进行编号，偶数位上数字之和的 3 倍加上奇数位上数字之和，以大于或等于求和结果数值且为 10 的最小整数倍的数字减去求和结果，所得的值为校验码数值。

②物流量度应用标识符 AI（33nn），AI（34nn），AI（35nn），AI（36nn）。应用标识符"33nn，34nn，35nn，36nn"对应的编码数据的含义为物流单元的量度和计量单位。物流单元的计量可以采用国际计量单位，也可以采用其他单位计量。通常一个给定的物流单元只应采用一种量度单位。然而，相同属性的多个计量单位的应用不妨碍数据的正确处理。物流量度编码数据格式如表 10-4 所示。

表 10-4 物流量度编码数据格式

AI（33nn），AI（34nn），AI（35nn），AI（36nn）及其编码数据格式	
应用标识符	量度值
$A_1A_2A_3A_4$	$N_1N_2N_3N_4N_5N_6$

应用标识符 $A_1A_2A_3A_4$，其中，$A_1A_2A_3$ 表示一个物流单元的计量单位，如表 10-5 和表 10-6 所示。应用标识符 A_4 表示小数点的位置，例如，A_4 为 0 表示没有小数点，A_4 为 1 表示小数点在 N_5 和 N_6 之间。

量度值指的是对应的编码数据为物流单元的量度值，物流量度应与同一单元上的标识代码 SSCC 或变量贸易项目的 GTIN 一起使用。

表 10-5　物流单元的计量单位应用标识符（公制物流计量单位）

AI	编码数据含义（格式 n6）	单位名称	单位符号	编码数据名称
330n	毛重	千克	kg	GROSS WEIGHT
331n	长度或第一尺寸	米	m	LENGTH
332n	宽度、直径或第二尺寸	米	m	WIDTH
333n	深度、厚度、高度或第三尺寸	米	m	HEIGHT
334n	面积	平方米	m^2	AREA
335n	毛体积、毛容积	升	l	VOLUME（l）log
336n	毛体积、毛容积	立方米	m^3	VOLUME（m^3）log

表 10-6　物流单元的计量单位应用标识符（非公制物流计量单位）

AI	编码数据含义（格式 n6）	单位名称	单位符号	编码数据名称
340n	毛重	磅	lb	GROSS WEIGHT
341n	长度或第一尺寸	英寸	in	LENGTH
342n	长度或第一尺寸	英尺	ft	LENGTH
343n	长度或第一尺寸	码	yd	LENGTH
344n	宽度、直径或第二尺寸	英寸	i	WIDTH
345n	宽度、直径或第二尺寸	英尺	f	WIDTH
346n	宽度、直径或第二尺寸	码	y	WIDTH
347n	深度、厚度、高度或第三尺寸	英寸	i	HEIGHT
348n	深度、厚度、高度或第三尺寸	英尺	f	HEIGHT
349n	深度、厚度、高度或第三尺寸	码	y	HEIGHT
353n	面积	平方英寸	i^2	AREA
354n	面积	平方英尺	f^2	AREA
355n	面积	平方码	y^2	AREA
362n	毛体积、毛容积	夸脱	q	VOLUME
363n	毛体积、毛容积	加仑	gal（US）	VOLUME
367n	毛体积、毛容积	立方英寸	i^3	VOLUME
368n	毛体积、毛容积	立方英尺	f^3	VOLUME
369n	毛体积、毛容积	立方码	y^3	VOLUME

③物流单元内贸易项目数量应用标识符 AI（37）。应用标识符"37"对应的编码数据

的含义为物流单元内贸易项目的数量，应与 AI（02）一起使用。AI（37）及其编码数据格式见表 10-7。贸易项目数量指的是物流单元中贸易项目的数量。

表 10-7　AI（37）及其编码数据格式

AI	贸易项目的数量
37	$N_1 \cdots N_j\,(j \leqslant 8)$

④货物托运代码应用标识符 AI（401）。应用标识符"401"对应的编码数据的含义为货物托运代码，用来标识一个需要整体运输的货物的逻辑组合。货物托运代码由货运代理人、承运人或事先与货运代理人订立协议的发货人分配。货物托运代码由货物运输方的厂商识别代码和实际委托信息组成。AI（401）及其编码数据格式见表 10-8。

表 10-8　AI（401）及其编码数据格式

AI	货物托运代码
401	厂商识别代码 ⟶ 委托信息 ⟶ $N_1 \cdots N_i X_{i+1} \cdots X_j\,(j \leqslant 30)$

厂商识别代码：见 GB 12904—2008《商品条码 零售商品编码与条码表示》。

货物托运代码为字母数字字符，包含 GB/T 1988—1998《信息技术 信息交换用七位编码字符集》中的所有字符，见 GB/T 16986—2018 附录 B.1。委托信息的结构由该标识符的使用者确定。货物托运代码在适当的时候可以作为单独的信息处理，或与出现在相同单元上的其他标识数据一起处理。数据名称为 GINC。（注：如果生成一个新的货物托运代码，在此之前的货物托运代码应从物理单元中去掉。）

⑤装运标识代码应用标识符 AI（402）。应用标识符"402"对应的编码数据的含义为装运标识代码，用来标识一个需整体装运的货物的逻辑组合（内含一个或多个物理实体）。装运标识代码（提货单）由发货人分配。装运标识代码由发货方的厂商识别代码和发货方参考代码组成。

如果一个装运单元包含多个物流单元，应采用 AI（402）表示一个整体运输的货物的逻辑组合（内含一个或多个物理实体）。它为一票运输货载提供了全球唯一的代码，还可以作为一个交流的参考代码在运输环节中使用，如 EDI 报文中能够用于一票运输货载的代码和/或发货人的装货清单。AI（402）及其编码数据格式见表 10-9。

表 10-9　AI（402）及其编码数据格式

应用标识符	装运标识代码
402	厂商识别代码　货方参考代码　校验码 $N_1 N_2 N_3 N_4 N_5 N_6 N_7 N_8 N_9 N_{10} N_{11} N_{12} N_{13} N_{14} N_{15} N_{16} N_{17}$

厂商识别代码为发货方的厂商识别代码，见 GB 12904—2008《商品条码 零售商品编码与条码表示》。发货方参考代码由发货方分配。校验码的计算参见 GB/T 16986—2018 附录 A，同物流单元内贸易项目代码校验码的计算。装运标识代码在适当的时候可以作为

单独的信息处理，或与出现在相同单元上的其他标识数据一起处理。数据名称为 GSIN。（注：建议按顺序分配代码。）

⑥路径代码应用标识符 AI（403）。应用标识符"403"对应的编码数据的含义为路径代码。路径代码由承运人分配，目的是提供一个已经定义的国际多式联运方案的移动路径。路径代码为字母数字字符，其内容与结构由分配代码的运输商确定。AI（403）及其编码数据格式见表 10-10。

表 10-10 AI（403）及其编码数据格式

AI	路径代码
403	$X_1 \cdots X_j (j \leqslant 30)$

路径代码由承运人分配，提供一个已经定义的国际多式联运方案的移动路径。路径代码为字母数字字符，包含 GB/T 1988—1998 表 2 中的所有字符，见 GB/T 16986—2018 附录 D。其内容与结构由分配代码的运输商确定。如果运输商希望与其他运输商达成合作协议，则需要一个多方认可的指示符指示路径代码的结构。路径代码应与相同单元的 SSCC 一起使用。数据名称为 ROUTE。

⑦交货地全球位置码应用标识符 AI（410）。应用标识符"410"对应的编码数据的含义为交货地位置码。该单元数据串用于通过位置码 GLN 实现对物流单元的自动分类。交货地位置码由收件人的公司分配，由厂商识别代码、位置参考代码和校验码构成。AI（410）及其编码数据格式见表 10-11。

表 10-11 AI（410）及其编码数据格式

AI	厂商识别代码　位置参考代码　校验码
410	$N_1 N_2 N_3 N_4 N_5 N_6 N_7 N_8 N_9 N_{10} N_{11} N_{12} \ N_{13}$

厂商识别代码：见 GB 12904—2008《商品条码 零售商品编码与条码表示》。位置参考代码由收件人的公司分配。检验码的计算参见 GB/T 16986—2018 附录 A，同物流单元内贸易项目代码校验码的计算。交货地全球位置码可以单独使用，或与相关的标识数据一起使用。数据名称为 SHIP TO LOC。

⑧货物最终目的地全球位置码 AI（413）。应用标识符"413"对应的编码数据的含义为货物最终目的地全球位置码，用于标识物理位置或法律实体。AI（413）由厂商识别代码、位置参考代码和校验码构成。AI（413）及其编码数据格式见表 10-12。

表 10-12 AI（413）及其编码数据格式

AI	厂商识别代码　位置参考代码　校验码
413	$N_1 N_2 N_3 N_4 N_5 N_6 N_7 N_8 N_9 N_{10} N_{11} N_{12} N_{13}$

厂商识别代码：见 GB 12904—2008。位置参考代码由最终收受人的公司确定。校验码参见 GB/T 16986—2018 附录 A，计算与物流单元内贸易项目代码校验码相同。货物

最终目的地全球位置码可以单独使用，或与相关的标识数据一起使用。数据名称为 SHIP FOR LOC。（注：货物最终目的地全球位置码是收货方内部使用，承运商不使用。）

⑨同一邮政区域内交货地的邮政编码应用标识符 AI（420）。应用标识符"420"对应的编码数据的含义为交货地地址的邮政编码（国内格式）。该单元数据串是为了在同一邮政区域内使用邮政编码对物流单元进行自动分类。AI（420）及其数据格式如见表 10-13。

表 10-13 AI（420）及其编码数据格式

AI	邮政编码
420	$X_1 \cdots X_j (j \leq 20)$

邮政编码：由邮政部门定义的收件人的邮政编码，同一邮政区域内交货地的邮政编码通常单独使用。数据名称为 SHIP TO POST。

⑩含 ISO 国家（或地区）代码的交货地邮政编码应用标识符 AI（421）。应用标识符"421"对应的编码数据的含义为交货地地址的邮政编码（国际格式）。该单元数据串用于利用邮政编码对物流单元自动分类。由于邮政编码是以 ISO 国家代码为前缀码，故在国际范围内通用，AI（421）及其编码数据格式见表 10-14。

表 10-14 AI（421）及其编码数据格式

AI	ISO 国家（或地区）代码	邮政编码
421	$N_1 N_2 N_3$	$X_4 X_j (j \leq 12)$

ISO 国家（或地区）代码 $N_1 N_2 N_3$ 为 GB/T 2659.1—2022《世界各国和地区及其行政区划名称代码第 1 部分：国家和地区代码》中的国家和地区名称代码。邮政编码是邮政部门定义的收件人的编码。具有 3 位 ISO 国家（或地区）代码的交货地邮政编码通常单独使用。数据名称为 SHIP TO POST。

2. 编制规则

（1）物流单元标识代码的编制规则

①基本原则。唯一性原则：每个物流单元都应分配一个独立的 SSCC，并在供应链流转过程中及整个生命周期内保持唯一不变。稳定性原则：一个 SSCC 分配以后，从货物起运日期起的一年内，不应重新分配给新的物流单元，有行业惯例或其他规定的可延长期限。

②扩展位。SSCC 的扩展位用于增加编码容量，由厂商自行编制。

③厂商识别代码。厂商识别代码的编制规则见 GB 12904—2008，由中国物品编码中心统一分配。

④系列号。系列号由获得厂商识别代码的厂商自行编制。

⑤校验码。校验码根据 SSCC 的前 17 位数字计算得出，计算方法见 GB/T 16986—2018 附录 A 的校验码计算方法。

（2）附加信息代码的编制规则：附加信息代码由用户根据实际需求按照附加信息代码结构的规定编制。

10.1.2 物流单元的条码表示

SSCC 与应用标识符 AI（00）一起使用，采用 GS1-128 条码符号表示；附加信息代码与相应的应用标识符 AI 一起使用，采用 GS1-128 条码表示。GS1-128 条码符号见 GB/T 15425—2014。应用标识符见 GB/T 16986-2018。

任务 10.2　认识应用标识符

任务描述

GS1-128 应用标识条码在各个行业中发挥着至关重要的作用，尤其是在全球供应链管理、物流、零售和医疗保健领域，极大地增强了产品信息的透明度，提高了供应链的效率和安全性。应用标识符是组成 GS1-128 应用标识条码的一部分，通过完成该学习任务，应掌握不同的应用标识符的含义以及应用规则。

10.2.1 编码结构

GS1-128 应用标识条码是一种连续型、非定长条码，能更多地标识贸易单元中需表示的信息，如产品批号、数量、规格、生产日期、有效期、交货地等。GS1-128 应用标识条码由应用标识符和数据两部分组成，应用标识符（application identifier，AI）是 GS1 全球物品编码标识体系中用于标识数据含义与格式的字符，由 2 到 4 位数字组成。条码应用标识的数据长度取决于应用标识符。

GS1-128 条码由起始符号、数据字符、校验符、终止符、左右侧空白区及供人识读的字符组成，用以表示 GS1 系统应用标识符字符串。GS1-128 条码可表示变长的数据，条码符号的长度依字符的数量、类型和放大系数的不同而变化，并且能将若干信息编码在一个条码符号中。该条码符号可编码的最大数据字数为 48 个，包括空白区在内的物理长度不能超过 165mm。GS1-128 条码不用于 POS 零售结算，用于标识物流单元，如图 10-1 所示。

(02)6 690124 00004 9(17)050101(37)10(10)ABC

图 10-1　GS1-128 条码的符号结构

使用 AI 可以将不同内容的数据表示在一个 GS1-128 条码中，不同的数据间不需要分隔，既节省了空间，又为数据的自动采集创造了条件。图 10-1 中 GS1-128 条码符号示例中的（02）、（17）、（37）和（10）即为应用标识符。

10.2.2 应用规则

应用标识符及其对应的数据编码共同构成应用标识。

1. 以"0"开头的应用标识符

（1）物流单元的应用标识符 AI（00）。应用标识符"00"对应的数据编码的含义为系列货运包装箱代码（serial shipping container code，SSCC），数据编码格式见表10-15。

表 10-15 系列货运包装箱代码的应用标识

AI	SSCC		
	扩展位	厂商识别代码 系列代码	校验码
00	N_1	$N_2N_3N_4N_5N_6N_7N_8N_9N_{10}N_{11}N_{12}N_{13}N_{14}N_{15}N_{16}N_{17}$	N_{18}

应用标识符 00：表示后跟系列货运包装箱代码。

扩展位：用于增加 SSCC 内系列代码的容量，由建立 SSCC 的厂商分配。N_1 的取值范围为 0～9。

厂商识别代码：见 GB12904—2008。

系列代码：由厂商分配的系列号。

校验码：校验码的计算方法见 GB/T 16986—2018《商品条码 应用标识符》国家标准附录 A。

（2）应用标识符"01"。对应的数据编码的含义为全球贸易项目代码（global trade item number，GTIN）；应用标识符"02"对应的数据编码的含义为物流单元内贸易项目的 GTIN，表示在物流单元内包含的最高包装级别贸易项目的标识代码。

2. 以"1"开头的应用标识符

（1）批号应用标识符 AI（10）。应用标识符"10"对应的数据编码的含义为贸易项目的批号代码，数据编码格式见表10-16。批号是与贸易项目相关的数据信息，用于产品追溯。批号数据信息可涉及贸易项目本身或其所包含的项目，如一个产品的组号、班次号、机器号、时间或内部的产品代码等。批号为字母数字字符，长度可变，最长20位。字符详见 GB/T 16986—2018 附录 B。批号应与贸易项目的 GTIN 一起使用。

表 10-16 批号的应用标识

AI	批号
10	$X_1 \cdots X_j\ (j \leqslant 20)$

（2）生产日期应用标识符 AI（11）。应用标识符"11"对应的数据编码的含义为贸易项目的生产日期，数据编码格式见表10-17。

表 10-17 生产日期的应用标识

AI	生产日期		
	年	月	日
11	N_1N_2	N_3N_4	N_5N_6

生产日期是指生产、加工或组装的日期，由制造商确定。

年：以 2 位数字表示，不可省略。例如，2003 年为"03"。

月：以 2 位数字表示，不可省略。例如，1 月为"01"。

日：以 2 位数字表示，如某月的 2 日为"02"。如果无须表示具体日期，填写"00"。生产日期应与贸易项目的 GTIN 一起使用。

数据名称为 PROD DATE。

注：生产日期的范围为过去的 49 年和未来的 50 年。年份的确定见 GB/T 16986—2018 附录 C。

（3）其他日期的应用标识符 AI。应用标识符"12"对应的数据编码的含义为贸易项目的付款截止日期；应用标识符"13"对应的数据编码的含义为贸易项目的包装日期；应用标识符"15"对应的数据编码的含义为贸易项目的保质期；应用标识符"16"对应的数据编码的含义为销售截止日期；应用标识符"17"对应的数据编码的含义为贸易项目的有效期（失效期）。

3. 以"2"开头的应用标识符

（1）内部产品变体应用标识符 AI（20）。应用标识符"20"对应的数据编码的含义为贸易项目的内部产品变体号，数据编码格式见表 10-18。

表 10-18　内部产品变体应用标识

AI	变体号
20	N_1N_2

如果贸易项目的某些改变不足以重新分配一个 GTIN，并且此变化仅仅与品牌所有者和为其代理的任何第三方有关，内部产品变体号用于区别常规的贸易项目。

内部产品变体仅限于制造商和为其代理的任何第三方使用，并且不与任何贸易伙伴进行交易。如果需要用于交易，应根据 GTIN 的分配规则为产品变体分配一个新的 GTIN。

变体号为贸易项目之外的补充代码，变体号由品牌所有者分配。一个特定的贸易项目只允许最多产生 100 个内部产品变体。内部产品变体应与同一项目的 GTIN 一起使用。数据名称为 VARIANT。

（2）其他以"2"开头的应用标识符。应用标识符"21"对应的数据编码的含义为贸易项目的系列号；应用标识符"22"对应的数据编码的含义为贸易项目的消费品变体代码；应用标识符"240"对应的数据编码的含义为贸易项目的附加产品标识代码；应用标识符"241"对应的数据编码的含义为客户方代码；应用标识符"242"对应的数据编码的含义为定制产品变体代码；应用标识符"243"对应的数据编码的含义为包装组件代码（packaging component number，PCN）；应用标识符"250"对应的数据编码的含义为贸易项目的二级系列号；应用标识符"251"对应的数据编码的含义为贸易项目的源实体参考代码；应用标识符"253"对应的数据编码的含义为全球文件类型代码（global document type identifier，GDTI）；应用标识符"254"对应的数据编码的含义为全球参与方位置码扩展部分代码；应用标识符"255"对应的数据编码的含义为全球优惠券代码（global coupon number，GCN）。

4. 以"3"开头的应用标识符

应用标识符"30"对应的数据编码的含义为变量贸易项目中项目的数量，数据编码格式见表 10-19。

表 10-19 项目数量的应用标识

AI	项目数量
30	$N_1 \cdots N_j (j \leq 8)$

项目数量：变量贸易项目中项目的数量，由数字字符表示，长度可变，最长8位。变量贸易项目数量不能单独使用，应与相关贸易项目的 GTIN 一起使用。数据名称为 VAR.COUNT。

注：AI（30）不用于标识一个定量贸易项目包含的数量。如果 AI（30）错误地出现在一个定量贸易项目上，并非表示无效项目标识，而只作为多余数据来处理。

其他以"3"开头的应用标识符可查阅 GB/T 16986—2018《商品条码 应用标识符》。

5. 以"4"开头的应用标识符

应用标识符"400"对应的数据编码的含义为客户订单代码，限于两个贸易伙伴之间使用，数据编码格式见表 10-20。

表 10-20 客户订单代码的应用标识符

AI	客户订单代码
400	$X_1 \cdots X_j (j \leq 30)$

客户订单代码为数字字母字符，长度可变，最长30位，见 GB/T16986—2018 附录 C。

客户订单代码由发出订单的公司分配，代码的结构由客户决定。例如，订单代码可以包括发布号与行号。客户订单代码在适当的时候可单独处理，或与同一单元的 GS1 标识代码一起处理。

数据名称为 ORDERNUMBER。

注：此单元离开客户场所之前，客户订单代码应从单元中删除。

其他以"4"开头的应用标识符可查阅 GB/T 16986—2018《商品条码 应用标识符》。

6. 以"7"开头的应用标识符

应用标识符"7001"对应的数据编码的含义为北约物资代码（NATO Stock Number, NSN），数据编码格式见表 10-21。

表 10-21 北约物资代码的应用标识

AI	北约供应分类 →	分配国 →	连续号 →
7001	$N_1 N_2 N_3 N_4$	$N_5 N_6$	$N_7 N_8 N_9 N_{10} N_{11} N_{12} N_{13}$

北约物资代码是在北约组织内使用的物资代码。物资项目制造或设计的国家负责分配代码。北约物资代码是贸易项目的一个属性，应与相关贸易项目的 GTIN 一起使用。

数据名称为 NSN。

其他以"7"开头的应用标识符可查阅 GB/T 16986—2018《商品条码 应用标识符》。

7. 以"8"开头的应用标识符

应用标识符"8001"对应的数据编码的含义为卷状产品的可变属性值，数据编码格式见表 10-22。

表 10-22　卷状产品可变属性值的应用标识符

AI	卷状产品可变属性值				
8001	$N_1 N_2 N_3 N_4$	$N_5 N_6 N_7 N_8 N_9$	$N_{10} N_{11} N_{12}$	N_{13}	N_{14}

由于生产方式的缘故，有些卷状产品不能按照已有的标准计数，需按变量项目处理。对于这些产品，标准的贸易计量无法满足。当需要表示卷状产品可变属性信息时，其标识由 GTIN 和卷状产品的可变属性值组成。

卷状产品的可变属性值 $N_1 \sim N_{14}$ 取值如下：

$N_1 \sim N_4$：以毫米计量的卷宽；

$N_5 \sim N_9$：以米计量的实际长度；

$N_{10} \sim N_{12}$：以毫米计量的内径；

N_{13}：缠绕方向（面朝外为 0，面朝里为 1，未确定为 9）；

N_{14}：拼接数（0～8 为实际数，9 为未知数）。

卷状产品的可变属性值应与相关贸易项目的 GTIN 一起使用。

数据名称为 DIMENSIONS。

其他以"8"开头的应用标识符可查阅 GB/T 16986—2018《商品条码 应用标识符》。

8. 以"9"开头的应用标识符

应用标识符"90"对应的数据编码的含义为贸易伙伴之间相互约定的信息，数据编码格式见表 10-23。

表 10-23　贸易伙伴之间相互约定的信息的应用标识

AI	数据编码
90	$X_1 \cdots X_j \, (j \leqslant 30)$

数据编码表示两个贸易伙伴之间达成一致的信息。数据编码为字母数字字符，长度可变，最长 30 位。字符详见 GB/T 16986—2018 附录 B。由于数据编码可以包含任何信息，应依据贸易伙伴预先达成的协议处理。

数据名称为 INTERNAL。

注 1：带有此数据编码的条码在离开贸易伙伴管辖范围时，须从项目上删除。

注 2：实际数据名称可由数据的发布者规定。

其他以"9"开头的应用标识符可查阅 GB/T 16986—2018《商品条码 应用标识符》。

任务 10.3　物流标签的设计与应用

任务描述

物流标签在货物管理和追踪货物移动过程中发挥着至关重要的作用，特别是在全球化的供应链和物流系统中。物流标签通过提供货物的详细信息，帮助优化仓库管理、提高运输效率、确保货物安全以及加强数据的准确性和可访问性。通过完成该学习任务，了解物流标签的格式与内容，可掌握物流单元标签的使用，设计物流单元标签。

10.3.1 物流标签的设计

1. 标签格式

一个完整的物流单元标签包括三个标签区段，从上到下的顺序通常为：承运商区段、客户区段和供应商区段。每个区段均采用两种基本形式表示一类信息的组合。标签文本内容位于标签区段的上方，条码符号位于标签区段的下方。其中，SSCC 条码符号应位于标签的最下端。标签实例如图 10-2 所示。

图 10-2 物流单元标签

SSCC 是所有物流单元标签的必备项，其他信息如果需要时应配合应用标识符 AI 使用。

（1）承运商区段。承运商区段通常包含在装货时就已确定的信息，如到货地邮政编码、托运代码、承运商特定路线和装卸信息。

（2）客户区段。客户区段通常包含供应商在订货和订单处理时就已确定的信息，主要包括到货地点、购货订单代码、客户特定路线和货物的装卸信息。

（3）供应商区段。供应商区段通常包含包装时供应商已确定的信息。SSCC 是物流单元应有的唯一的标识代码。

客户和承运商所需要的产品属性信息，如产品变体、生产日期、包装日期和有效期。批号（组号）、系列号等也可以在此区段显示。

2. 标签尺寸

用户可以根据需要选择 105 mm×148 mm（A6 规格）或 148 mm×210 mm（A5 规格）

两种尺寸。当只有 SSCC 或者其他少量数据时，可选择 105 mm×148 mm。

3. 技术要求

物流单元上的信息有两种表达形式。一种用于人工处理，由人可识读的文字与图形组成。另一种用于计算机处理，用条码符号表示。这两种形式通常存在于同一标签上，两种表达形式在物流单元标签上的要求如下。

（1）条码符号要求。物流单元标签上的条码符号应符合下列要求和 GB/T 15425—2014《商品条码 128 条码》的规定。

①尺寸要求。X 尺寸最小为 0.495mm，最大为 1.016mm。在指定范围内选择的 X 尺寸越大，扫描可靠性越高。条码符号的高度应大于等于 32mm。

②条码符号在标签上的位置。条码符号的条与空应垂直于物流单元的底面。在任何情况下，SSCC 条码符号都应位于标签的最下端。供人识读字符可以放在条码符号的上部或下部，包括应用标识符、数据内容、校验位，但不包括特殊符号字符或符号校验字符。应用标识符应通过圆括号与数据内容区分开来。供人识读字符的高度不小于 3mm，并且清晰易读，位于条码符号的下端。

③检测和质量评价。条码的符号等级不得低于 1.5/10/670，条码符号的检测和质量评价见 GB/T 18348—2022《商品条码 条码符号印制质量的检验》。

（2）标签的文本。

①文字与标记。标签的文字与标记包括发货人、收货人名字和地址、公司的标志等。标签文本要清晰易读，并且字符高度不小于 3mm。

②人工识读的数据。人工识读的数据由数据名称和数据内容组成，内容与条码表示的单元数据串一致，数据内容字符高度应不小于 7mm。

4. 标签的位置

（1）符号位置。每个完整的物流单元上至少应有一个印有条码符号的物流标签。物流标签宜放置在物流单元的直立面上。推荐在一个物流单元上使用两个相同的物流标签，并放置在相邻的两个面上，短的面右边和长的面右边各放一个，如图 10-3 所示。

国家标准：GB/T 18348—2022 原文链接二维码

拓展阅读 10.1：中国食品的跨国追溯

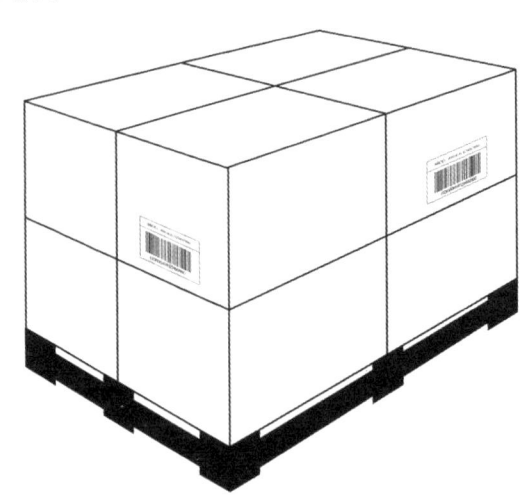

图 10-3　物流单元上条码符号的放置

（2）符号方向。条码符号应横向放置，使条码符号的条垂直于所在直立面的下边缘。

（3）条码符号放置：

①托盘包装。条码符号的下边缘宜处在单元底部以上 400～800mm 的高度（h）范围内，对于高度小于 400mm 的托盘包装，条码符号宜放置在单元底部以上尽可能高的位置；条码符号（包括空白区）到单元直立边的间距应不小于 50mm。在托盘包装上放置条码符号的示例如图 10-4 所示。

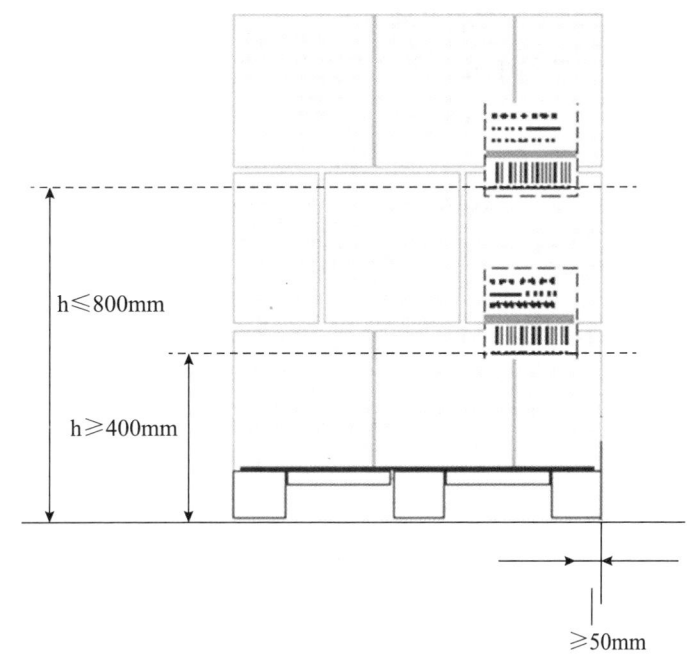

图 10-4　托盘包装上条码符号的放置

②箱包装。条码符号的下边缘宜在单元底部以上 32mm 处，条码符号（包括空白区）到单元直立边的间距应不小于 19mm，如图 10-5（a）所示。

如果包装上已经使用了 EAN-13、UPC-A、ITF-14 或 GS1-128 等标识贸易项目的条码符号，印有条码符号的物流标签应贴在上述条码符号的旁边，不能覆盖已有的条码符号；物流标签上的条码符号与已有的条码符号保持一致的水平位置，如图 10-5（b）所示。

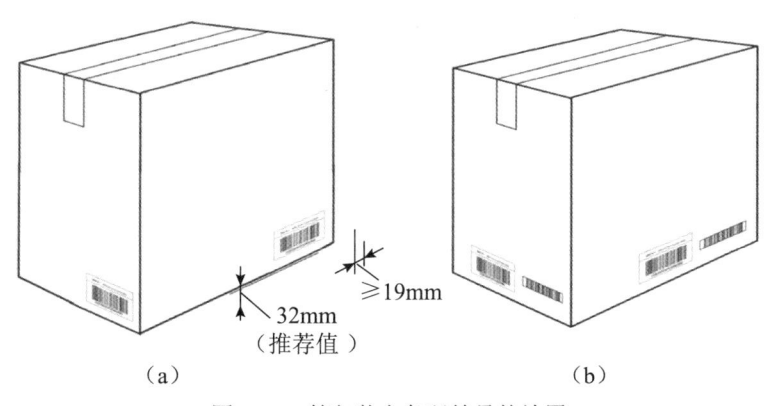

图 10-5　箱包装上条码符号的放置

10.3.2 物流标签的应用

现代物流作业中的信息采集速度与准确率已经达到相当高的水平。商品条码在我国建材物流单元上的应用，将帮助国内企业完成商品实物流与信息流的一体化管理，实现产品跟踪与溯源，提高供应链管理水平，提升国际竞争力。

1. 建材物流单元代码的编制

建材物流单元，是指为便于运输或仓储而在建材供应链中建立的临时性包装单元。一箱有不同规格、图案的瓷砖和腻子粉的组合包装，一个装有 12 箱油漆的托盘（每箱含 6 桶油漆），都可以视为一个物流单元。在供应链中，如果能对物流单元进行个体的跟踪与管理，通过扫描每个物流单元上的条码标签，就可以实现物流与相关信息流的链接，追踪每个物流单元的实物移动。物流单元的代码包括物流单元标识代码和附加信息代码。

（1）物流单元的标识代码。物流单元标识代码是标识物流单元身份的唯一代码，具有全球唯一性。物流单元标识代码采用系列货运包装箱代码（serial shipping container code, SSCC）表示。

（2）建材物流单元的附加信息代码。建材产品的物流单元除了需要标明其标识代码 SSCC 外，经常需要标明一些附加信息，如物流单元运输的目的地、物流包装重量、物流单元的长宽高尺寸等。对这些附加信息的编码应采用"应用标识符（AI）+附加信息代码"的结构表示。

2. 条码符号的选择

（1）SSCC 的条码表示。SSCC 代码结构必须采用 GS1—128 条码符号表示。图 10-6 所示是某建材产品物流单元的 GS1 128 条码示例。18 位数字代码 SSCC 前面的"（00）"是 SSCC 对应的应用标识符，表示其后数据段的含义为系列货运包装箱代码。

图 10-6　某建材产品物流单元 GS1 128 条码示例

（2）附加信息的条码表示。建材物流单元的附加信息代码采用 GS1 128 条码表示。图 10-7 所示为含 GTIN、保质期、批号、数量及物流单元内贸易项目数量的物流单元 GS1 128 条码示例。

3. 物流标签

物流标签是物流过程中用于表示物流单元有关信息的条码符号标签。每个物流单元都要有自己唯一的 SSCC。在实际应用中，一般不事先把包括 SSCC 在内的条码符号印刷在物流单元包装上。比较合理的做法是，在物流单元确定后，制作标签并粘贴在物流单元上面。

（1）标签内容。物流标签上的信息有两种表现形式：由文本和字符组成的供人识读的信息以及为自动数据采集设计的机读信息。

[条码图示]

(02)06901234567892(15)000214(10)4512XA(37)20

物流单元内所含贸易项目的保质期：2000年2月14日

物流单元内所含贸易项目的数量

(00)069012341234567894

批号：4512XA

物流单元内所含贸易项目的GTIN代码　　物流单元SSCC代码

图 10-7　含 GTIN、保质期、批号、数量及贸易项目数量的物流单元 GS1 128 条码示例

一个完整的物流标签可划分为三个区段：供应商区段、客户区段和承运商区段。每个区段均采用两种表现形式表示一类信息的组合。正文内容位于标签区段的上方，条码符号位于标签区段的下方。其中，SSCC 条码符号应位于标签的最下端，如图 10-8 所示为一个较完整的物流标签。

图 10-8　包含承运商、客户与供应商区段的标签

标签区段从上到下的顺序通常为：承运商区段、客户区段和供应商区段。这个顺序以及标签内容可以根据物流单元的尺寸和贸易过程来进行调整，如图 10-9、图 10-10 和图 10-11 所示都是在流通环节中常见的物流标签。

图 10-9 含有一个 SSCC 的基本物流单元标签

图 10-10 含有链接数据的供应商区段的标签

图 10-11 包含供应商和承运商区段的标签

SSCC 是所有物流标签的必备项，如果需要表示其他信息时应配合应用标识符（AI）。供应商区段所包含的信息一般是包装时供应商已经确定的信息。SSCC 在此用作物流单元的标识。对于客户和承运商所需要的产品属性信息，如生产日期、包装日期、有效期、保质期、批号、系列号等，也可以在此区段表示。承运商区段所包含的信息，如到货地邮政编码、托运代码、承运商特定运输路线、装卸信息等，通常是在装货时知晓的。客户区段所包含的信息，如到货地、购货订单代码、客户特定运输路线和装卸信息等，通常是在订购和供应商处理订单时知晓的。

（2）标签技术要求。物流标签上的条码符号的尺寸及印制质量应符合 GB/T 15425—2014《商品条码 128 条码》的要求。条码符号的条与空应垂直于物流单元的底面，在任何情况下，表示 SSCC 的条码符号都应位于标签的最下端。

拓展阅读 10.2：带托运输的应用

【项目综合实训】

在第 135 届中国进出口商品交易会（广交会）上，A 企业凭借着过硬的产品质量和完善的客户服务，赢得了西班牙采购商的一大笔订单：采购了 24 杯/箱的正山小种冷泡茶 300 箱，双方商定：产品的生产日期必须是发货前一周内生产，通过中欧班列运输。

1. 请你为 A 企业的此笔订单设计物流单元；
2. 每一个物流单元编制全球唯一的代码；
3. 求在物流标签上注明产品生产日期和发货日期，设计物流标签的人可识别的内容。

【思考题】

1. 如何对 SSCC 进行编码？
2. 简单描述一个完整的物流标签。
3. 物流单元标签的位置应如何摆放？
4. 物流单元标识代码的编制应遵循哪些原则？
5. 对物流单元标签的文本有什么要求？

【在线测试题】
扫描二维码，在线答题。

项目十一　认识其他常见条码

项目目标

知识目标：

1. 熟记各种一维条码和二维条码的字符集；
2. 理解各种一维条码和二维条码的特点；
3. 熟悉各种一维条码和二维条码适合应用的领域。

能力目标：

1. 清楚各种一维条码和二维条码适合应用的领域；
2. 能够根据应用领域的不同选择适合的一维条码和二维条码；
3. 能判别和区分行排式二维条码和矩阵式二维条码。

素质目标：

1. 培养学生信息处理能力；
2. 培养学生自我学习能力。

知识导图

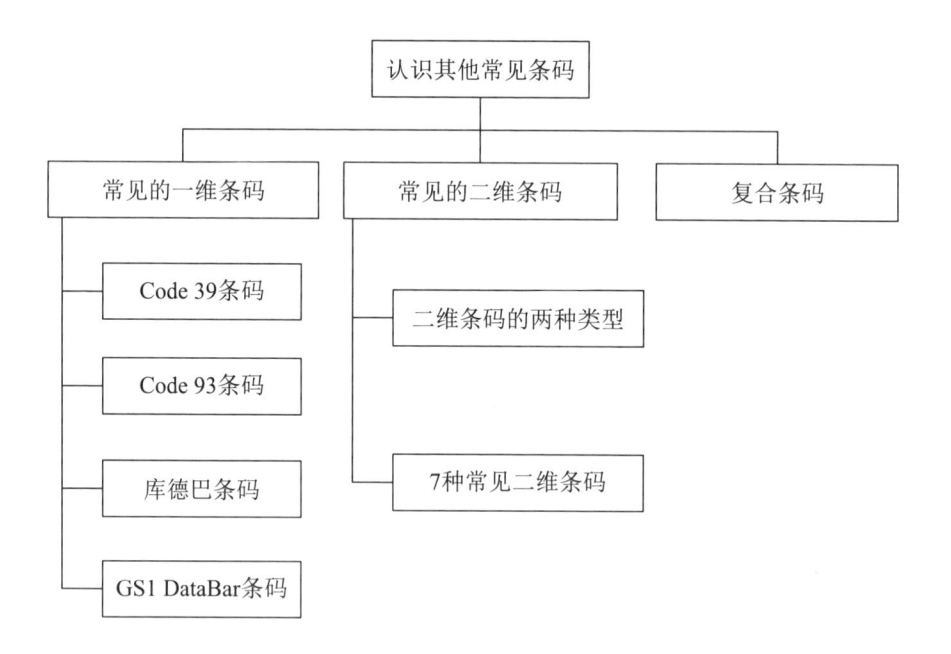

```
                        认识其他常见条码
          ┌──────────────────┼──────────────────┐
    常见的一维条码        常见的二维条码           复合条码
          │                  │
    ┌─ Code 39条码      ┌─ 二维条码的两种类型
    │
    ├─ Code 93条码
    │
    ├─ 库德巴条码       └─ 7种常见二维条码
    │
    └─ GS1 DataBar条码
```

导入案例

我国图书编码标准化案例

当你在书店翻阅和购买图书时，会发现书籍上都会印有ISBN编码，我国图书编码主要有统一书号和中国标准书号两种方式。

统一书号由图书分类号、出版社代号、序号三部分组成。一般印在图书版权页和封底下端。其中图书分类号将图书根据其内容范畴分为17类：马克思主义、列宁主义、毛泽东思想著作，哲学，政治，经济，军事，法律，文化教育，艺术，语言文字，文学，历史，地理，自然科学，医药卫生，工业技术，农业技术，综合参考；出版社代号：每1个出版社以3位阿拉伯数码为其代号，如中国大百科全书出版社的代号为197；序号：指同一出版社、同一类别的书、按发稿先后次序排列。通常在出版社代号与序号之间，加一个居中小圆点将统一书号隔为两段。如人民出版社出版的《邓小平文选》（1975～1982），分类号为3，出版社代号为001，此书是该社出版的政治类书籍的第1907种，统一书号为"3001·1907"。

自1987年1月1日起，中国标准书号取代全国统一书号。但是日历、台历、年画、标准、规程等出版物因其不适合使用标准书号，仍然沿用国内统一书号。

中国标准书号是一种国际通用的出版物编号系统，是中国ISBN中心在国际标准书号（ISBN）的基础上制定的一项标准，于1987年1月1日在全国正式实施。中国标准书号的实施，有效促进我国图书出版发行事业和文献情报工作的现代管理水平，使得我国出版社所出版的每一种出版物的每一个版本都有一个世界性的唯一标识代码。

中国标准书号的结构，由一个国际标准书号（ISBN）和一个图书分类、种次号两部分组成。中国标准书号的第一部分国际标准书号（ISBN）是这个编号系统的主体，可以单独使用。它由10位数组成，这10位数字之间用连字符"-"隔开，分成四个部分，分别表示组号、出版者号、书序号和校验位。

组号段代表出版者的国家、地理区域、语种或其他分组特征的编号。组号由国际ISBN中心设置和分配，分配给中国大陆的组号为"7"，可以出书1亿种。

出版者号段代表组区内所属的一个出版者（出版社、出版公司、独家发行商等）的编号。出版者号由其所隶属国家或地区ISBN中心设置和分配，其长度可以取1～7位数字。我国的出版者号由中国ISBN中心分配，其长度2～5位数字，如中国ISBN中心分配给人民出版社、云南人民出版社、外国文学出版社、云南美术出版社的出版者号分别为"01""222""5016""80695"。ISBN的前两段编号，即组号和出版者号合称为"出版者前缀"，它是一个出版者在国际上的唯一标准代号。

书序号段代表一个特定出版者出版的一种具体出版物的编号，每一种图书都有一个书序号，书序号由出版者自己分配，分配时一般可按出版时间的先后顺序编制流水号。书序号的位数是恒定的，其位数是9减去出版者前缀位数之差。

校验位是ISBN编号的最后一位数字，依据规定的校验位算法对前9位数进行计算得出。

中国标准书号的第二部分图书分类、种次号排在 ISBN 国际标准书号后面（或下面），并用斜线（或横线）隔开。ISBN 系统与我国过去沿用的全国统一书号相比，缺少图书分类标识，鉴于我国出版发行业及图书情报业的相当一部分仍为手工分类、排架、编目、建卡，因此在书上印上分类标识是十分必要的。

图书分类号是由出版社根据图书的学科范畴，参照中国图书馆图书分类法的基本大类编制。分类号除工业技术诸类图书用两个字母外，其他各学科门类图书均用一个字母。分类号不输入计算机，作为图书分类、排架、编目、建卡之用，它为书店进行图书分类统计和图书销售陈列创造了有利条件。

种次号是同一出版社所出版同一类图书的流水编号，由出版社自行给出，其最大数字不应超过 ISBN 编号第三段书序号的数字。例如，某图书的中国标准书号为 ISBN 7—307—00196—9/G 52，该图书组号为 7 代表出版者位于中国大陆；出版者号为 307 代表武汉大学出版社；书序号为 00196，一般而言，表示该图书为该出版社发行的第 196 种图书；校验位为 9，图书分类号为 G，表示该图书属于文化、科学、教育、体育类；种次号为 52，表示该图书是该出版社发行的第 52 种该类别图书。

从 2007 年 1 月 1 日起，全世界所有 ISBN 代理机构将只发布 13 位的 ISBN，各国 ISBN 机构尚未分配完的 10 位的 ISBN 可以在前面加前缀 978，而新申请的 ISBN 号码全部以 979 开始（将来还可能使用 980 作为前缀）。新的国际标准书号在国际上简称 "ISBN-13"，其由 3 位前缀（978、979、980）、组号、出版社号、书序号、校验位五部分组成。

在使用 ISBN-13 时，EAN-13 条码与 ISBN-13 数字码需同时排列，且 ISBN-13 数字码应排在 EAN-13 物品条码上方，它包括国际标准书号的标识符"ISBN"、数字号码以及数字号码各标识组间的连字符"-"。而与物品条码相同的 13 位数字则应连续排列（无连字符和空格）在物品条码下方，其前也无须添加国际标准书号的标识符"ISBN"。因此，通过扫描枪扫描 EAN-13 条码就可以快速读取 ISBN-13 编码信息。

（资料来源：中国 ISBN 中心.《中国标准书号使用手册》.）

任务 11.1　认识常见一维条码

任务描述

在条码的发展过程中，出现了各种各样的条码，除了前面学习过的条码外，还有一些条码，如 Code 39 条码、Code 93 条码、库德巴条码、GS1 DaraBar 条码，也得到了广泛的应用。通过完成该学习任务，应掌握常见的一维条码的字符集、符号结构和应用领域，并能够根据应用领域的不同选择适合的一维条码。

任务知识

11.1.1 Code 39 条码

Code 39 条码是于 1975 年由美国的 Intermec 公司研制的一种条码。它能够对数字、英文字母及其他字符等 44 个字符进行编码。由于 Code 39 条码具有自检验功能，使得它具有误读率低等优点，首先在美国国防部得到应用，目前广泛应用在汽车行业、材料管理、经济管理、医疗卫生和邮政、储运单元等领域。我国于 1991 年研究制定了 Code 39 条码标准，推荐在运输、仓储、工业生产线、图书情报、医疗卫生等领域应用 Code 39 条码。

Code 39 条码是一种条、空均表示信息的非连续型、非定长、具有自校验功能的双向条码。

1. 符号特征

Code 39 条码字符结构如图 11-1 所示。

图 11-1　表示"B2C3"的 39 条码

可以看出，Code 39 条码的每一个条码字符由 9 个单元组成（5 个条单元和 4 个空单元），采用宽度调节编码法，其中有 3 个宽单元（表示二进制的"1"），6 个窄单元（表示二进制的"0"），故称之为"39 条码"。Code 39 条码字符"A"的编码结构如图 11-2 所示。

图 11-2　Code 39 条码字符"A"的编码结构

2. 可编码的字符集

Code 39 条码可编码的字符集包括：

字母字符：A～Z。

数字字符：0～9。

特殊字符（7 个）：空格, $, %, +, -, ·, /。

起始符 / 终止符：*。

3. 符号结构

Code 39 条码符号包括左右两侧空白区，起始符、条码数据符（包括符号校验字符）及终止符，如图 11-3 所示。条码字符间隔是一个空，它可将条码字符分隔开。在供人识读的字符中，Code 39 条码的起始符和终止符通常用"*"表示。此字符不能在符号的其他位置作为数据的一部分，并且译码器不应将它输出。

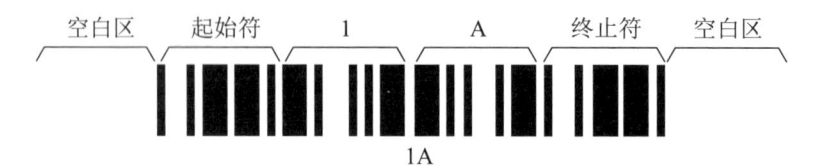

图 11-3　表示"1A"的 39 条码符号

4. 字符编码

Code 39 条码的字符集及字符编码如表 11-1 所示。

表 11-1　Code 39 条码的字符集及字符编码表

字符	B	S	B	S	B	S	B	S	B	ASCII 值
0	0	0	0	1	1	0	1	0	0	48
1	1	0	0	1	0	0	0	0	1	49
2	0	0	1	1	0	0	0	0	1	50
3	1	0	1	1	0	0	0	0	0	51
4	0	0	0	1	1	0	0	0	1	52
5	1	0	0	1	1	0	0	0	0	53
6	0	0	1	1	1	0	0	0	0	54
7	0	0	0	1	0	0	1	0	1	55
8	1	0	0	1	0	0	1	0	0	56
9	0	0	1	1	0	0	1	0	0	57
A	1	0	0	0	0	1	0	0	1	65
B	0	0	1	0	0	1	0	0	1	66
C	1	0	1	0	0	1	0	0	0	67
D	0	0	0	0	1	1	0	0	1	68
E	1	0	0	0	1	1	0	0	0	69
F	0	0	1	0	1	1	0	0	0	70
G	0	0	0	0	0	1	1	0	1	71
H	1	0	0	0	0	1	1	0	0	72
I	0	0	1	0	0	1	1	0	0	73
J	0	0	0	0	1	1	1	0	0	74
K	1	0	0	0	0	0	0	1	1	75
L	0	0	1	0	0	0	0	1	1	76

续表

字符	B	S	B	S	B	S	B	S	B	ASCII 值
M	1	0	1	0	0	0	0	1	0	77
N	0	0	0	0	1	0	0	1	1	78
O	1	0	0	0	1	0	0	1	0	79
P	0	0	1	0	1	0	0	1	0	80
Q	0	0	0	0	0	0	1	1	1	81
R	1	0	0	0	0	0	1	1	0	82
S	0	0	1	0	0	0	1	1	0	83
T	0	0	0	0	1	0	1	1	0	84
U	1	1	0	0	0	0	0	0	1	85
V	0	1	1	0	0	0	0	0	1	86
W	1	1	1	0	0	0	0	0	0	87
X	0	1	0	0	1	0	0	0	1	88
Y	1	1	0	0	1	0	0	0	0	89
Z	0	1	1	0	1	0	0	0	0	90
-	0	1	0	0	0	0	1	0	1	45
.	1	1	0	0	0	0	1	0	0	46
空格	0	1	1	0	0	0	1	0	0	32
$	0	1	0	1	0	1	0	0	0	36
/	0	1	0	1	0	0	0	1	0	47
+	0	1	0	0	0	1	0	1	0	43
%	0	0	0	1	0	1	0	1	0	37
*	0	1	0	0	1	0	1	0	0	无

说明：①*表示起始符/终止符。

②B表示条，S表示空，0代表一个窄单元，1代表一个宽单元。

11.1.2 Code 93 条码

Code 93 码的条码是 Intermec 公司于 1982 年以 Code 39 条码为基础，开发出的一种比 Code 39 条码密度高、安全性更强的连续型条码，采用双校验符，以降低识读的错误率。

1. 符号特征

Code 93 条码的每个条码字符是由 3 个条 3 个空共 6 个单元组成，采用的模块组配编码法，总模块数为 9。一个标准宽度的条模块表示二进制的"1"，一个标准宽度的空模块表示二进制的"0"。每一个条或空由 1~4 个标准宽度的模块组成。图 11-4 所示，为 Code 93 条码的"A"字符编码结构。

图 11-4　Code 93 条码的"A"字符编码结构

2. 可编码的字符集

Code 93 条码可编码的字符集包括：

数字字符：0～9。

字母字符：A～Z。

特殊字符（7个）：空格，$，%，+，-，•，/。

起始符/终止符：*。

3. 符号结构

Code 93 条码符号包括左右两侧空白区、起始符、条码数据符、第一校验字符 C（模 47）、第二校验字符 K（模 47）和终止符。一个典型的 Code 93 条码具有以下结构，如图 11-5 所示。

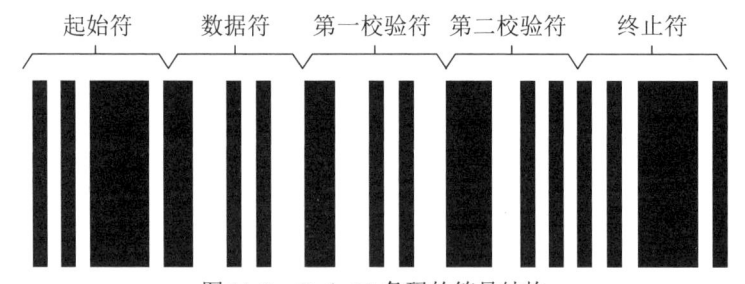

图 11-5　Code 93 条码的符号结构

拓展阅读 11.1：Code 93 条码的校验符

4. 字符编码

Code 93 条码的字符集及对应的二进制编码表示如表 11-2 所示。

表 11-2　Code 93 条码的字符集及对应的二进制编码表示

字符	二进制表示	ASCII 值	字符	二进制表示	ASCII 值
0	100010100	0	9	100001010	9
1	101001000	1	A	110101000	10
2	101000100	2	B	110100100	11
3	101000010	3	C	110100010	12
4	100101000	4	D	110010100	13
5	100100100	5	E	110010010	14
6	100100010	6	F	110001010	15
7	101010000	7	G	101101000	16
8	100010010	8	H	101100100	17

续表

字符	二进制表示	ASCII 值	字符	二进制表示	ASCII 值
I	101100010	18	X	101100110	33
J	100110100	19	Y	100110110	34
K	100011010	20	Z	100111010	35
L	101011000	21	-	100101110	36
M	101001100	22	.	111010100	37
N	101000110	23	space	111010010	38
O	100101100	24	$	111001010	39
P	100010110	25	/	101101110	40
Q	110110100	26	+	101110110	41
R	110110010	27	%	110101110	42
S	110101100	28	ⓢ	100100110	43
T	110100110	29	ⓜ	111011010	44
U	110010110	30	ⓛ	111010110	45
V	110011010	31	⊕	100110010	46
W	101101100	32	*	101011110	无

11.1.3 库德巴条码

库德巴条码是 1972 年研制出来的，它广泛应用于医疗卫生和图书馆行业，也用于邮政快件中。美国输血协会还将库德巴条码规定为血袋标识的代码，以确保操作准确。

我国于 1991 年研究制定了库德巴条码国家标准。库德巴条码是一种条、空均表示信息的非连续型、非定长、具有自校验功能的双向条码。它由条码字符及对应的供人识别字符组成。

国家标准：GB/T 12907—2008 原文链接二维码

1. 符号特征

库德巴条码的每一个字符由 7 个单元组成（4 个条单元和 3 个空单元），其中 2 个或 3 个是宽单元（表示二进制的"1"），其余是窄单元（表示二进制的"0"）。

2. 可编码的字符集

库德巴条码可编码的字符集包括：

数字字符：0～9。

起始符/终止符：A、B、C、D。

附加字符："-"（减号）、"$"（美元符号）、":"（冒号）、"/"（斜杠）、"."（下位点）、"+"（加号）。

3. 符号结构

库德巴条码由左侧空白区、起始符、数据符、终止符及右侧空白区构成。它的符号结构如图 11-6 所示。库德巴条码字符集中的字母 A、B、C、D 只用作起始符和终止符，其选择可任意组合。

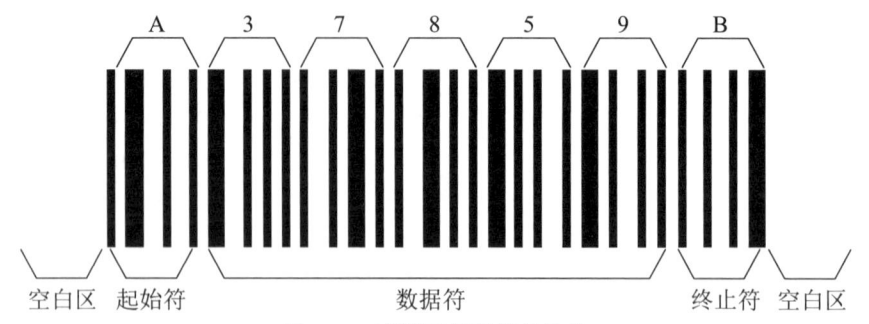

图 11-6 库德巴条码符号结构

4. 字符编码

库德巴条码的字符编码及二进制表示如表 11-3 所示。

表 11-3 库德巴条码的字符编码及二进制表示对照表

字符	条码字符	条	空	字符	条码字符	条	空
1		0010	001	$		0100	010
2		0001	010	-		0010	010
3		1000	100	:		1011	000
4		0100	001	/		1101	000
5		1000	001	.		1110	000
6		0001	100	+		0111	000
7		0010	100	A		0100	011
8		0100	100	B		0001	110
9		1000	010	C		0001	011
0		0001	001	D		0010	011

11.1.4 GS1 DataBar 条码

GS1 DataBar 条码属于 GS1 系统使用的一维条码符号。GS1 DataBar 条码有 3 组不同类型，其中的两种具有满足不同应用要求的优化变体。

第一组 GS1 DataBar 条码对 AI（01）进行编码，包括：

● 标准全向 GS1 DataBar 条码（见图 11-7），是为全方位扫描器识读而设计的，如零售台式扫描器。

● 截短式 GS1 DataBar 条码（见图 11-8），是将全向式 GS1 DataBar 条码的高度减小的形式，主要是为不需要全方位扫描识读的小项目而设计的。

● 层排式 GS1 DataBar 条码（见图 11-9），是全向式 GS1 DataBar 条码高度减小的两行样式，主要是为不需要全方位扫描器识别的小项目而设计的。

● 全向层排式 GS1 DataBar 条码（见图 11-10），是全向式 GS1 DataBar 条码的完全高度的两行样式，是为全方位扫描识读而设计的。

图 11-7　标准全向 GS1 DataBar 条码　　　　　图 11-8　截短式 GS1 DataBar 条码

图 11-9　层排式 GS1 DataBar 条码　　　　图 11-10　全向层排式 GS1 DataBar 条码

第二组 GS1 DataBar 条码对 AI（01）进行编码，用于不能在全方位扫描环境中扫描的小型贸易项目，仅有一种如下：

- 限定式 GS1 DataBar 条码（见图 11-11），是为无须在 POS 全方位扫描识读的小项目而设计的。

图 11-11　限定式 GS1 DataBar 条码

第三组 GS1 DataBar 条码是扩展式 GS1 DataBar，它将 GS1 系统贸易项目主标识和诸如重量以及有效期的附加 AI 单元数据串编码在一维条码中，可被全方位扫描器扫描，主要是为 POS 系统及其他应用中项目的主要数据和补充数据进行编码而设计的。它主要是为重量可变的商品、容易变质（短保质期）的商品、可追踪的零售商品和优惠券设计的。具体包括：

- 单行扩展式 GS1 DataBar 条码，如图 11-12 所示。

图 11-12　单行扩展式 GS1 DataBar 条码

- 层排扩展式 GS1 DataBar 条码，如图 11-13 所示。

(01)90614141000015(3202)000150

图 11-13　层排扩展式 GS1 DataBar 条码

层排式 GS1 DataBar 条码是第一组 GS1 DataBar 条码中的一个变体，在应用中当普通条码太长放不下的时候，它可以在两行中进行层排使用。它有两种形式：适宜于小包装标识的截短形式和适用于全方位扫描器识读的高维形式。扩展式 GS1 DataBar 条码也可以作为层排符号印刷成多行。

GS1 DataBar 系列的条码都能够作为独立的一维条码进行印刷，或是作为复合码的 GS1 DataBar 一维组成部分，印在二维复合组分的下部。

GS1 DataBar 系列条码的完整描述见国际标准 ISO/IEC 24724 和国家标准 GB/T 36069—2018。

国家标准：GB/T 36069—2018 原文链接二维码

任务 11.2　认识常见二维条码

任务描述

二维条码和一维条码都是信息表示、携带和识读的手段。但二者的应用侧重点不同，一维条码用于对物品进行标识，二维条码用于对物品进行描述。编码信息容量大、安全性高、读取率高、错误纠正能力强是二维条码主要的特性。通过任务学习，认识 Code 49 条码、Code 16K 条码、Data Matrix 条码、Maxi Code 条码、Code One 条码、CM 条码、龙贝码的特性和应用。

任务知识

11.2.1　二维条码的两种类型

二维条码通常分为以下两种类型。

1. 行排式二维条码

行排式二维条码（又称堆积式二维条码或层排式二维条码），其编码原理是建立在一维条码基础之上，按需要堆积成二行或多行。它在编码设计、校验原理和识读方式等方面继承了一维条码的一些特点，识读设备、条码印刷与一维条码技术兼容。但由于行数的增加，需要对行进行判定，其译码算法与软件也不完全相同于一维条码。代表性的行排式二维条码有 Code 49、Code 16K、PDF417 等。

2. 矩阵式二维条码

矩阵式二维条码（又称棋盘式二维条码），是在一个矩形空间通过黑、白像素在矩阵中的不同分布进行编码。在矩阵相应元素位置上，用点（方点、圆点或其他形状）的出现表示二进制"1"，用点的不出现表示二进制"0"。点的排列组合确定了矩阵式二维条码所代表的意义。矩阵式二维条码是建立在计算机图像处理技术、组合编码原理等基础上的一种新型图形符号自动识读处理码制。代表性的矩阵式二维条码有 QR Code、Data Matrix、Maxi Code、Code One、CM 码（Compact Matrix）、龙贝码等。

11.2.2 7 种常见二维条码

1. Code 49 条码

Code 49 条码是一种多层、连续型、可变长度的条码符号，Code 49 条码符号示例如图 11-14 所示。它可以表示全部的 128 个 ASCII 字符。每个 Code 49 条码符号由 2 到 8 层组成，每层有 18 个条和 17 个空。层与层之间由一个层分隔条分开。每层包含一个层标识符，最后一层包含表示符号层数的信息。

图 11-14 Code 49 条码符号示例

Code 49 条码的特性如表 11-4 所示。

表 11-4 Code 49 条码的特性

项　　目	特　　性
可编码字符集	全部 128 个 ASCII 字符
类型	连续型，多层
每个符号字符单元数	8（4 条，4 空）
每个符号字符模块总数	16
符号宽度	81X（包括空白区）
符号高度	可变（2-8 层）
数据容量	2 层符号：9 个数字字母型字符或 15 个数字字符
	8 层符号：49 个数字字母型字符或 81 个数字字符
层自校验功能	有
符号校验字符	2 个或 3 个，强制型
双向可译码性	是，通过层
其他特性	工业特定标志，字段分隔符，信息追加，序列符号连接

2. Code 16K 条码

Code 16K 条码是一种多层、连续型、可变长度的条码符号,Code 16K 条码符号示例如图 11-15 所示。它可以表示全 ASCII 字符集的 128 个字符及扩展 ASCII 字符。它采用 UPC 及 Code128 字符。一个 16 层的 Code 16K 符号,可以表示 77 个 ASCII 字符或 154 个数字字符。Code 16K 通过唯一的起始符/终止符标识层号,通过字符自校验及两个模数 107 的校验字符进行错误校验。

图 11-15　Code 16K 条码

Code 16K 条码的特性如表 11-5 所示。

表 11-5　Code 16K 条码的特性

项　目	特　性
可编码字符集	全部 128 个 ASCII 字符,全 128 个扩展 ASCII 字符
类型	连续型,多层
每个符号字符单元数	6(3 条,3 空)
每个符号字符模块数	11
符号宽度	81X(包括空白区)
符号高度	可变(2～16 层)
数据容量	2 层符号:7 个 ASCII 字符或 14 个数字字符
	8 层符号:49 个 ASCII 字符或 154 个数字字符
层自校验功能	有
符号校验字符	2 个,强制型
双向可译码性	是,通过层(任意次序)
其他特性	工业特定标志,区域分隔符字符,信息追加,序列符号连接,扩展数量长度选择

3. Data Matrix 条码

Data Matrix 条码(又称为 GS1 数据矩阵码)是一种矩阵式二维条码,其外观是一个由许多小方格所组成的正方形或长方形符号,以浅色与深色方格的不同排列组合来储存信息,以二位元码(Binary-code)方式来编码,电脑可直接读取其资料内容,不需要像传统一维条码一样在读取过程中使用符号对应表。Data Matrix 条码符号如图 11-16 所示,深色代表"1",浅色代表"0",再利用成串(String)的浅色与深色方格来描述特殊的字元信息,这些字串再列成一个完整的矩阵式二维码,从而形成 Data Matrix 条码。

图 11-16 Data Matrix 条码符号

Data Matrix 条码的尺寸可任意调整，最大可到 14 平方英寸，最小仅为 10×10 模块，这是目前一维与二维条码中的最小尺寸。另外，大多数的条码的大小与编入的资料量有绝对的关系，但是 Data Matrix 条码的尺寸与其编入的资料量却是相互独立的，所以它的尺寸比较有弹性。

Data Matrix 条码有两种类型，即 ECC000-140 和 ECC200。ECC000-140 具有几种不同等级的卷积纠错功能；而 ECC200 则使用 Reed-Solomon 纠错。ISO 标准推荐在公共场合使用 ECC200 规范，ECC000-140 现在用得很少，仅限于一个单独的部门控制产品和条码符号的识别，并负责整个系统运行的情况。

由于 Data Matrix 条码只需要读取资料的 20% 即可精确辨读，因此适用于条码容易受损的场所，如在暴露于高热、化学清洁剂、机械剥蚀等特殊环境的零件上以及电子行业的小零件上。

Data Matrix 条码的特性如表 11-6 所示。

表 11-6 Data Matrix 条码的特性

项 目	特 性
可编码字符集	全部 ASCII 字符及扩展 ASCII 字符
类型	矩阵式二维条码
符号宽度	ECC000-140：9-49，ECC200：10-144
符号高度	ECC000-140：9-49，ECC200：10-144
最大数据容量	2335 个文本字符，3116 个数字或 1556 个字节
数据追加	允许一个数据文件使用最多 16 个条码符号表示

每个 Data Matrix 符号由规则排列的方形模块构成的数据区组成。数据区的四周由寻像图形包围，寻像图形的四周则由空白区包围。寻像图形是数据区域的一个周界，为一个模块宽度。两条邻边（左边的和下面的）为暗实线，形成了一个 L 形边界，主要用于限定物理尺寸、定位和符号失真。

ECC000-140 符号有奇数行和奇数列，符号是正方形，尺寸从 9×9 至 49×49，不包括空白区。ECC200 符号有偶数行和偶数列，有些符号是正方形，尺寸从 10×10 至 144×144，不包括空白区；有些符号是长方形，尺寸从 8×18 至 16×48，不包括空白区。

4. Maxi Code 条码

Maxi Code 条码是一种固定长度（尺寸）的矩阵式二维条码，在 20 世纪 90 年代由美国 UPS（United Parcel Service）快递公司研发。如图 11-17 所示，它由紧密相连的平行六边形模块和位于符号中央位置的定位图形组成。Maxi Code 符号共有 7 种模式（包括两种作废模式），可表示全部 ASCII 字符和扩展 ASCII 字符。

图 11-17　Maxi Code 条码符号

Maxi Code 条码主要有以下特点：

（1）外形接近正方形，由位于符号中央的同心圆（或称公牛眼）定位图形及其周围六边形蜂巢式结构的资料位元所组成，这种排列方式使得 Maxi Code 可从任意方向快速扫描。

（2）符号大小固定。为了方便定位，使解码更容易以加快扫描速度，Maxi Code 条码的图形大小与资料容量大小都是固定的，图形固定约 1 平方英寸，资料容量最多 93 个字元。

（3）定位图形。Maxi Code 条码具有一个大小固定且唯一的中央定位图形，为三个黑色同心圆，用于扫描定位，此定位图形位在资料模组所围成的虚拟六边形的正中央，在此虚拟六边形的六个顶点上各有 3 个黑白色不同组合式所构成的模组（被称为方位丛），负责为扫描器提供重要的方位资讯。

（4）每个 Maxi Code 条码均将资料栏位划分为两大部分。围在定位图形周围的深灰色蜂巢称为主要信息，其包含的资料较少，主要用来储存高安全性的资料，通常是用来分类或追踪的关键信息，包括 60 个资料位元（bits）和 60 个错误纠正位元。在主要信息外围的淡灰色部分用来存储次要信息，其提供额外的信息，如来源地、目的地等人工分类时所需的重要信息。

Maxi Code 条码的特性如表 11-7 所示。

表 11-7　Maxi Code 条码的特性

项目	特性
可编码字符集	全部 ASCII 字符及扩展 ASCII 字符，符号控制字符
类型	矩阵式二维条码
符号宽度	名义尺寸：28.14mm
符号高度	名义尺寸：26.91mm
最大数据容量	93 个文本字符，138 个数字
定位独立	是
字符自校验	有
纠错码词	50 或 66 个
附加特性	扩充解释，结构追加

5. Code one 条码

Code one 条码是一种用成像设备识别的矩阵式二维条码，如图 11-18 所示。Code one 条码符号中包含可由快速线性探测器识别的识别图案。每一模块的宽和高的尺寸为 X。

图 11-18 Code one 条码符号

Code one 条码符号共有 10 种版本及 14 种尺寸。最大的符号，即版本 B，可以表示 2 218 个文本字符或 3 550 个数字字符，以及 560 个纠错字符。Code one 条码可以表示全部 256 个 ASCII 字符，另加 4 个功能字符及 1 个填充字符。

Code one 条码版本中的 A、B、C、D、E、F、G、H 八种版本为一般应用而设计，可用大多数印刷方法制作。这八种版本可以表示较大的数据长度范围。每一种版本符号的面积及最大数据容量都是它前一种版本（按字母顺序排列）的两倍。通常情况下，会选择表示数据所需的最小版本。

Code one 条码的版本 S 和 T 有固定高度，所以可以用具有固定数量垂直单元的打印头（如喷墨打印机）印制。版本 S 的高度为 8 个印刷单元高度；版本 T 的高度为 16 个印刷单元高度。这两种版本各有 3 种子版本，它们是 S-10、S-20、S-30、T-16、T-32 与 T-48。子版本的版本号则是由数据区中的列数确定的。应用中具体版本的选定由打印头的尺寸及所需数据内容决定。

Code One 条码的特性如表 11-8 所示。

表 11-8 Code One 条码的特性

项 目	特 性
可编码字符集	全部 ASCII 字符及扩展 ASCII 字符，4 个功能字符，一个填充/信息分隔符，8 位二进制数据
类型	矩阵式二维条码
符号宽度	版本 S-10：$13X$，版本 H：$134X$
符号高度	版本 S-10：$9X$，版本 H：$148X$
最大数据容量	2218 个文本字符，3550 个数字或 1478 个字节
定位独立	是
字符自校验	无
纠错码词	4～560 个

6. CM 条码

CM 条码（Compact Matrix Code）是矽感公司开发的矩阵式二维条码，结合其 CIS 光学传感器技术，可以提供分辨率在 200DPI-1200DPI，尺寸 A3-A8，扫描速度 0.1954 毫秒/线－5 毫秒/线的核心光电元件，具有独立的自主知识产权，可以大大降低生产成本。CM 条码如图 11-19 所示。

图 11-19　CM 二维条码符号

技术特点：

（1）编码容量：在第 6 级纠错等级的情况下可以达到 32KB 的容量，还可以利用其宏功能，将 256 块 CM 条码连接，满足 8M 的容量需求。

（2）纠错能力：具有 1-8 级纠错等级可选，最高可以允许 64% 以内的污损。由于该码没有定位图形，所以首读率高（因为发生在定位图形上的污损是影响识读的）。

（3）汉字编码和自定义参数：可以用 13Bit 表示一个汉字，支持用户根据需要自定义解释参数，可作为专用条码使用。

（4）任意的长宽比例：其长宽比例可根据需要调整。

（5）读取方式：支持正向、正向镜像、反向、反向镜像读取。

国家标准：GB/T 27767—2011
原文链接二维码

7. 龙贝码

龙贝码英文全称是"Lots Perception Matrix Code"，简称"LP code"，是龙贝公司开发的具有自主知识产权、完整技术体系以及大数据容量的矩阵式二维条码，也是我国第一个完全自主原创的、唯一拥有底层核心算法国际发明专利的全新二维码制。龙贝码图形如图 11-20 所示。

图 11-20　龙贝码

龙贝码与国际上现有的二维码相比，具有更高的信息密度、更强的加密功能和更大的信息存储能力；可以对全汉字集进行编码、适用于包括 CMOS、CCD、CIS、Laser 激光线性扫描等各种类型的传感识读；可支持使用多达 32 种语种转译对接；具有全方位多向编码译码功能、极强的抗畸变性能、可任意调整码符图形的长宽比。龙贝码是目前唯一能够无须转换直接压缩存储所有数据类型的全信息矩阵式二维码。

技术特点：

（1）龙贝码具备高安全性加密功能；

（2）龙贝码拥有超强的信息密度，信息容量大于300KB；

（3）龙贝码是全球目前唯一的全信息码制，不受形状和版本的限制；

（4）龙贝码可以有效地解决现有二维码抗畸变（如透视畸变、扫描速度畸变、球形畸变和凹凸畸变等）能力差的问题，具有超强识读和纠错能力。用户可自定义纠错等级，纠错能力超过50%；

（5）龙贝码条码符号外形尺寸及比例可以根据用户需求任意调整，能充分适应载体介质的特征。

任务11.3 认识复合条码

任务描述

GS1系统复合条码是将GS1系统线性符号（即一维条码）和2D（二维条码，包括行排式和矩阵式）复合组分组合起来的一种码制。通过完成该学习任务，认识复合条码的结构和应用。

任务知识

GS1系统复条码是将GS1系统一维条码符号和二维复合组分组合起来的一种码制。GS1复合码有A、B、C三种复合码类型，每种分别有不同的编码规则。编码器型号可以自动选择适当的类型并优化。

一维组分对项目的主要标识进行编码，相邻的2D复合组分（简写为CC）对附加数据如批号和有效日期进行编码。GS1复合码总是包括一维组分，所以主标识可以被所有扫描器识别。GS1复合码总是包括一个多行2D复合组分，可以被线性的、面阵CCD扫描器以及线性的光栅激光扫描器识读。复合码标准参见AIM ITS 99-002《国际码制规范 复合码》。

1. GS1复合码特征

（1）编码类型。一维组分：连续型一维条码码制。2D复合组分：连续型层排式条码码制。

（2）最大数字数据容量。一维组分：GS1-128条码最多48位；EAN/UPC条码8位、12位或13位数字；扩展式GS1 DataBar条码最多74位；其他GS1 DataBar条码16位。2D复合组分：CC-A（微PDF417的编码），最多56位；CC-B（新编码规则的微PDF417）最多338位；CC-C（新编码规则的PDF417条码）最多2361位。

（3）错误检测与纠正。一维组分：以校验码的值进行校验。2D复合组分：固定或变化数目的 Reed-Solomon 纠错码字，取决于具体的 2D 复合组分。

（4）字符自校验。

（5）双向可译码。

2. 符号结构

每个 GS1 复合码由线性组分和多行 2D 复合组分组成。2D 复合组分印刷在线性组分之上。两个组分被分隔符所分开。在分隔符和 2D 复合组分之间允许最多 3 个模块宽的空，以便可以更容易地分别印刷两种组分。然而，如果两种组分同时印制，应按照图 11-21 所示那样进行对齐。

(01)13112345678906(17)010615(10)A123456

图 11-21 具有 CC-A 的限定式 GS1 DataBar 复合码

在图 11-21 中，AI（01）全球贸易项目代码（GTIN）在限定式 GS1 DataBar 一维组分中进行编码。AI（17）有效期和 AI（10）批号在 CC-A 2D 复合组分中进行编码。

一维组分，是下列中的一种：

- EAN/UPC 码制（GS1-13，GS1-8，GS1-12）中的一种；
- GS1 Databar 码制系列中的一种；
- GS1-128 条码。

一维组分的选择决定了 GS1 复合码的名称，如 GS1-13 复合码或者 GS1-128 复合码。

2D 复合组分的选择是根据所选的一维组分和编码的附加数据量来决定的。三种 2D 复合组分按照最大数据容量由小到大排列如下：

- CC-A：微 PDF417 的编码；
- CC-B：新编码规则的微 PDF417；
- CC-C：新编码规则的 PDF417 条码。

在图 11-22 所示中，一维组分 GS1-128 对 AI（01）GTIN 进行编码。CC-C 2D 复合组分对 AI（10）批号和 AI（410）交货地址进行编码。

(01)03812345678908(10)ABCD123456(410)3898765432108

图 11-22 具有 CC-C 的 GS1-128 复合码

3. 复合码中供人识读字符

GS1 复合条码的线性组分中供人识读字符必须出现在线性组分之下。如果有 2D 复合组分的供人识读字符，则没有位置要求，但它应该靠近 GS1 复合条码。

GS1 复合条码没有具体规定供人识读字符的准确位置和字体大小。但是，字符应该容易辨认（比如 OCR-B），并且与符号有明显关联。

应用标识符（AI）应该清晰，易于识别和键盘录入。将 AI 置于供人识读字符的括号之间可以实现上述要求。

注意：码中的括号不是数据的一部分，在条码中不进行编码，并且遵守 GS1-128 条码使用的相同的原则。

由于 GS1 复合条码可对大量数据进行编码，以供人识读形式显示所有数据可能是行不通的，即使有那么多的空间以这种形式来表示，录入那么多的数据也是不实际的。在这种情况下，供人识读字符的部分数据可以省略，但是主要的标识符数据，比如全球贸易项目代码（GTIN）和系列货运集装箱代码（SSCC）必须标识出来。应用规范也规定了供人识读字符指南。

【项目综合实训】

设计一张个人名片。要求：
（1）上面须有一个包含本人信息的二维条码；
（2）与同桌用手机相互扫描识读，并保存信息；
（3）展示个人作品；
（4）提交设计成果并附上文字说明。

【思考题】

1. Code 39 条码和 Code 93 条码符号的编码方式是什么？字符结构的组成是怎样的？
2. GS1 DataBar 条码包含哪几种类型？分别包括哪几种形式？
3. 二维条码分为哪几种类型？分别列举其典型的条码。
4. Data Matrix 符号结构特征是什么？
5. GS1 复合码的一维组分和二维复合组分可以分别是哪些码制？

【在线测试题】
扫描二维码，在线答题。

项目十二 条码技术与新兴技术的融合

项目目标

知识目标：
1. 熟记二维条码技术的优势；
2. 了解移动商务的特点；
3. 理解二维码技术在移动商务中的应用；
4. 了解全球二维码迁移计划（GM2D）和我国全球二维码迁移计划建设情况。

能力目标：
1. 能熟练运用二维码技术和智能手机进行移动商务操作。

素质目标：
1. 培养运用手机进行信息处理的能力；
2. 培养创新意识。

知识导图

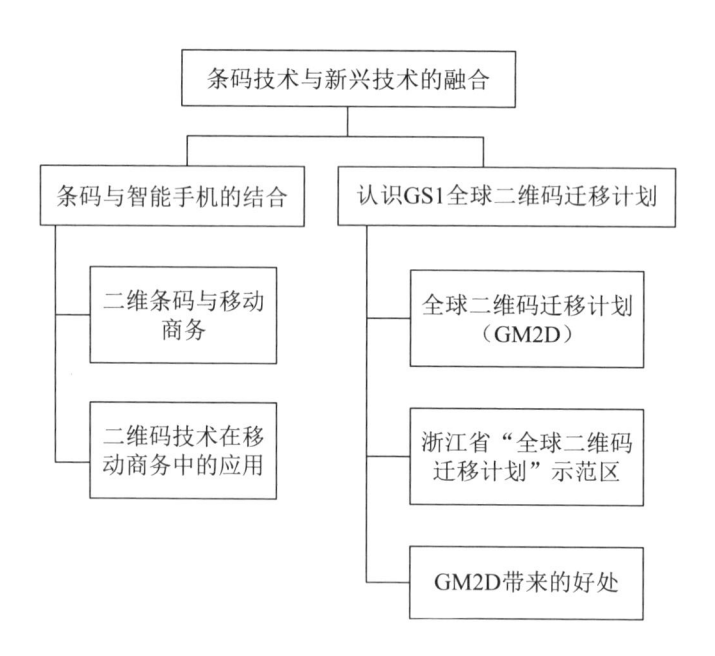

项目十二 条码技术与新兴技术的融合

导入案例

GM2D 技术"亮相"浙江国潮美妆生活节

2024年4月12日，首届浙江国潮美妆生活节在杭州市隆重开幕。该节以"国货潮品 浙妆有礼"为主题，汇聚众多知名品牌和美妆精品，搭建专业化、市场化、平台化的高水平美妆交流合作平台，以 GM2D 二维码电子化数字标签应用技术的正式亮相为最大亮点，引领化妆品行业数字化发展新篇章。

活动现场，浙江省标准化研究院专家发表了以"GM2D 二维码赋能美妆"为主题的演讲，深入阐述了物品编码发展历程、GM2D 示范区工作背景及建设成果，重点介绍了 GM2D 技术对数字化追溯和电子化数字标签的重要意义。该演讲内容深入浅出、形式图文并茂，为现场观众带来了一场关于物品编码的知识盛宴。

GM2D 技术的亮相无疑为化妆品行业注入了新活力。全球二维码迁移计划（GM2D）通过统一的商品二维码编码规则，实现产品信息、生产流程、销售渠道等全链条的数字化管理。GM2D 技术在化妆品行业的应用，意味着消费者可通过扫描产品二维码轻松获取产品详细信息，包括成分、生产日期、保质期品牌文化、检测报告等，更好实现"放心消费"。企业通过数字化追溯，可以更精准地把握市场需求，优化生产流程，提高产品质量，消费者也能享受到更便捷、更透明的购物体验，进一步提升浙江美妆品牌的知名度和影响力。

此项技术的应用是浙江美妆行业数字化进程中的关键一步。未来，随着技术的发展和完善，浙江美妆行业将在数字化道路上走出一条"美丽经济"的康庄大道，为广大消费者带来更多高品质、更安心的美妆产品。

（资料来源：浙江省标准化研究院，http://www.zis.org.cn/Item/7455.aspx .）

任务 12.1 条码与智能手机的结合

任务描述

通过完成该学习任务，了解二维码的技术优势，熟悉二维码技术在移动支付、营销、防伪等商务中的应用。

任务知识

12.1.1 二维码技术与移动商务

21世纪以来，随着移动通信、移动计算技术的发展，移动设备特别是手机的计算、存储能力越来越强，移动商务的热潮席卷全球。条码特别是二维码作为一种信息容量大、应用方便的数据载体，受到人们的广泛关注，移动商务已成为人们日常生活中不可或缺的一部分。条码支付作为移动支付的一种重要形式，以便捷、高效的特点受到广大用户的青睐。

1. 二维码技术的优势

二维码技术与手机的结合大大增加了二维码技术的应用价值。二维码技术具体的优势主要有以下几个方面：

（1）容纳的信息量大。二维码可以存储大量的信息，包括数字、字母、汉字、图片、声音、指纹等多种数据。相比于传统的条码，二维码的信息容量更大，可以容纳更多的信息。

（2）读取速度快。二维码能被高速读取，其扫描速度远快于手动输入信息。用户只需使用手机或其他设备上的二维码扫描应用功能，即可快速准确地读取信息。

（3）误码率低。二维码具有良好的容错性，即使二维码部分损坏或污染，仍然可以正确读取信息。这使得二维码可应用于复杂环境中。

（4）编码方式多样。二维码支持多种编码方式，如数字编码、字母数字编码、二进制编码等。企业可以根据不同的应用场景和需求，选择合适的编码方式。

（5）易于推广和应用。二维码具有跨平台、跨行业的特性，可以广泛应用于各个领域。无论是移动支付、产品防伪、营销推广、还是会议签到、信息查询等场景，二维码都能发挥重要作用。

（6）安全性较高。二维码可以通过加密技术来保护信息的安全，防止信息被篡改或泄漏。此外，二维码还可以与其他安全措施相结合，如数字签名、时间戳等，进一步提高安全性。

（7）易于分享和传播。二维码可以轻松地通过社交媒体、短信、电子邮件等方式进行分享和传播。用户只需扫描二维码，即可快速访问链接、下载应用、参与活动等。

（8）提高效率。二维码可以简化繁琐的操作步骤，提高工作效率。例如，在会议签到、景点入园等场景，用户只需扫描二维码，即可快速完成操作。

2. 移动商务

移动商务（mobile commerce，M-Commerce）是指通过移动设备（如智能手机、平板电脑、可穿戴设备等）进行的电子商务活动。它结合了移动通信技术和电子商务的概念，允许用户在任何时间、任何地点进行商务交易和商业活动。移动商务具有以下特点：

（1）便捷性。移动商务的最大优势在于其便捷性。用户可以随时随地进行购物、支付、预订等，不受地点和时间的限制。

（2）多样化的服务。移动商务涵盖了多种服务，包括在线购物、电子支付、电子票务、在线银行、移动广告、位置服务等。

（3）支付方式。移动商务提供了多种支付方式，如移动支付、二维码支付、近场通信（NFC）支付等。这些支付方式为用户提供了便捷、快速的支付体验。

（4）个性化体验。移动商务可以根据用户的购买历史、浏览习惯、位置等信息，为用户提供个性化的商品推荐和服务，提高用户体验。

（5）社交媒体整合。移动商务与社交媒体紧密结合，企业可以通过社交媒体平台进行产品推广、用户互动，提高品牌知名度和用户参与度。

（6）数据分析。移动商务积累了大量用户数据，企业可以通过分析这些数据，了解用户需求、优化产品策略、提高营销效果。

移动商务作为一种新型的商业模式，以其便捷性、多样化、个性化等优势，正在改变人们的消费习惯和生活方式。随着人工智能、大数据、物联网等技术的发展，移动商务将朝着更加智能化的方向发展，为用户提供更加便捷、个性化的服务。

12.1.2 二维码技术在移动商务中的应用

随着科技的飞速发展，移动商务已经成为现代社会的重要组成部分。在这个领域中，二维码技术发挥着举足轻重的作用。

1. 二维码支付

二维码支付是移动商务中最为广泛的应用之一。近年来，随着腾讯、阿里巴巴等企业将二维码应用到移动支付中，扫描二维码收款、付款已经被消费者广泛接受，用户通过手机上的支付应用生成收款或付款二维码，使用手机进行扫描，即可完成支付。这种支付方式简化了交易过程，提高了支付效率，降低了交易成本。简单、便捷的操作改变了人们的生活习惯，越来越多的人出门不带现金，呈现"一机在手任我行"的局面。

（1）数据加密。为了确保二维码支付的安全性，支付系统会对支付信息进行加密处理。这意味着用户的支付信息在传输过程中会被加密，只有授权的接收方才能解密并获取信息。这种加密技术可以有效防止黑客或其他恶意攻击者截取和窃取支付信息。

（2）二维码动态生成。为了增强支付的安全性，支付系统会动态生成二维码。每个支付请求都会生成一个唯一的二维码，并且这个二维码在一定时间后会失效。这样可以防止恶意攻击者使用同一个二维码进行多次支付，从而保护用户的资金安全。

（3）二维码防篡改。支付系统会对生成的二维码进行防篡改处理。二维码中的支付信息会被加密并存储在一个安全的环境中，只有授权的接收方才能解密并获取信息。这样可以防止恶意攻击者对二维码进行篡改或伪造，从而保护用户的支付安全。

（4）支付限额和二次验证。为了进一步保护用户的支付安全，支付系统可以设置支付限额和二次验证机制。用户可以在支付系统中设置每日或每笔交易的支付限额，以防止支付金额过大导致资金损失。此外，支付系统还可以要求用户在进行大额支付时进行二次验证，如输入密码、验证码或其他身份验证方式，以增加支付的安全性。

（5）风险监测和预警。支付系统会实时监测用户的支付行为，并根据用户的支付习惯和风险模型进行分析。如果发现异常支付行为或高风险交易，支付系统会及时发出预警并采取相应的措施，如限制支付金额、要求用户进行二次验证等，以保护用户的支付安全。

二维码技术在移动商务中的应用为支付安全提供了重要的保障。通过数据加密、动态生成二维码、防篡改、支付限额和二次验证以及风险监测和预警等措施，支付系统可以有效防止恶意攻击和欺诈行为，保护用户的资金安全和隐私。随着科技的不断发展，二维码支付的安全性将不断提高，为用户带来更加便捷和安全的支付体验。

2. 二维码营销

二维码技术在移动商务中的另一个应用是二维码营销。企业可以将二维码印制在产品包装、宣传材料、户外广告等地方，用户扫描二维码后可以获取优惠券、参与活动、查看产品信息等。这种营销方式既提高了用户参与度，又增加了企业的销售额。

（1）优惠促销。企业可以在宣传材料、户外广告、产品包装等地方放置二维码，用户扫描后可以获取优惠券、折扣信息或赠品。这种方式可以激发用户的购买欲望，增加销售量。

（2）产品信息展示。企业可以在二维码中存储产品详细信息，如产品特点、使用方法、用户评价等。用户扫描二维码后，可以更全面地了解产品，提高购买决策的准确性。

（3）线上线下互动。二维码可以作为连接线上线下活动的桥梁。例如，企业可以在活动现场放置二维码，用户扫描后可以参与线上活动、投票、抽奖等。这种方式可以增加用户参与度，提高活动的趣味性。

（4）品牌宣传。企业可以将品牌宣传视频、形象广告等放置在二维码中。用户扫描后，可以观看宣传内容，加深其对品牌的了解和认知。

（5）社交媒体推广。企业可以在二维码中添加社交媒体链接，用户扫描后可以直接关注企业的社交媒体账号，如微信公众号、微博等。这种方式可以扩大企业的粉丝群体，提高品牌影响力。

（6）数据收集与分析。企业可以通过二维码收集用户数据，如扫描时间、地点、频率等。这些数据可以帮助企业了解用户需求和行为，优化营销策略。

（7）客户服务。企业可以在二维码中添加客户服务信息，如售后服务、在线咨询等。用户扫描后，可以快速获取服务支持，提高客户满意度。

（8）场景营销。企业可以根据不同场景，如商场、餐厅、机场等，设置具有针对性的二维码营销活动。用户在特定场景下扫描二维码，可以获取相关优惠或服务，提高购买转化率。

（9）跨界合作。企业可以与其他行业或品牌合作，共同开展二维码营销活动。例如，在电影票、演唱会门票等地方放置合作企业的二维码，用户扫描后可以获取相关优惠或福利。这种方式可以实现资源共享，提高品牌曝光度。

二维码营销具有多样化和灵活性的特点，可以满足企业不同的营销需求。通过巧妙运用二维码技术，企业可以吸引更多潜在客户，提高品牌知名度和市场份额。

3.二维码防伪

在移动商务中，二维码技术还可以用于产品防伪。企业为每个产品生成一个唯一的二维码，消费者购买产品后，通过手机扫描二维码，即可验证产品的真伪。这种防伪方式简单便捷，有效降低了假冒伪劣产品的流通。

（1）产品的唯一性。每个产品上的二维码都是唯一的，相当于产品的数字身份证。在生产过程中，企业为每个产品分配一个唯一的二维码，并将其关联到产品的详细信息，如生产批次、生产日期、产地等。

（2）信息的安全性。二维码可以采用加密技术，确保信息在传输和存储过程中的安全性。这意味着即使二维码被复制或扫描，没有相应的解密密钥，信息也无法被篡改或解读。

（3）易于验证。消费者可以通过智能手机上的二维码扫描应用功能轻松扫描产品上的二维码，立即验证产品的真伪。验证过程通常包括扫描二维码、比对数据库中的信息以及接收验证结果。

（4）实时更新。二维码防伪系统可以实时更新数据库中的信息，这意味着一旦产品被验证，系统就可以记录下验证的时间、地点等信息。这样的机制可以帮助企业追踪产品的流通情况，及时发现和打击假冒行为。

二维码防伪技术为企业和消费者提供了一种简便、高效的防伪解决方案。它不仅有助于保护企业的品牌形象和市场份额，还能够保障消费者的合法权益，减少假冒伪劣产品对市场的破坏。

任务 12.2　认识 GS1 全球二维码迁移计划

任务描述

随着网络信息技术和新零售业的迅速发展，品牌商、零售商、消费者，以及监管机构都迫切需要在多元场景下获取更丰富准确的数据信息。二维码作为全渠道零售中不可或缺的数据载体，已成为众多数字化解决方案的关键，物品编码由一维条码向二维条码迁移成为必然趋势。通过完成该学习任务，了解全球二维码迁移计划（global migration to 2D，GM2D）和我国全球二维码迁移计划的建设情况。

任务知识

12.2.1　全球二维码迁移计划

1. 什么是 GM2D

全球二维码迁移计划是国际物品编码组织（GS1）于 2020 年年底提出的，旨在推动在 2027 年前全球范围内实现从一维码向二维码的过渡迁移，推动各领域全面实现商品二维码的识读解析等功能，实现行业间数据信息的互联。简单来说，就是国际编码组织（GS1）希望能在 2027 年年底以前使全球零售 POS 端增加对商品二维码结算的支持，并将商品条码的应用逐步过渡到商品二维码。

众所周知，商品条码技术的标准化和国际化应用，催生了超市、卖场等全新的商贸形态。现今，物流商贸的数字化转型，商品、用户业务数据的数字化和信息汇集分析，都需要商品信息的支持，即通过扫码，将纷繁复杂的物流、信息流与物品本身的管理建立对应关系。2017 年以来，在中国物品编码中心对《商品二维码》国家标准发布、宣传和重要应用的推动下，国际物品编码组织（GS1）设立了"GS1 Digital Link（Web URI）项目"，旨在推出适用于移动互联网新时代的全球统一编码标识标准，它是全球二维码迁移项目（Global Migration to 2D）的支撑性标准，推进零售商品条码系统升级，开启新的商业消费机会，促进企业数字化转型，推动经济全球化发展。

国际物品编码组织（GS1）发起的全球二维码迁移项目受到全球大中型制造商、零售商、物流企业等系统用户及自动识别与数据采集技术提供商的广泛关注和支持，目前已经有中国、美国、澳大利亚、巴西等二十多个国家和地区加入了该计划。

2. GM2D 的目标

全球二维码迁移计划的目标是引领全球各行业广泛应用符合 GS1 统一标准的二维码，以确保商品标识信息的一致性和系统间的可交互操作性，促进全球商品数字化信息统一、安全、高效地传递，实现全球贸易便利化。

全球二维码迁移是 GS1 系统的整体升级和换代，在商品条码服务全球商贸物流系统 50 年的基础上，为政府、企业和消费者提供更为可靠的商品数据信息：商品具体来自哪里、是否含有导致过敏的成分、是否有机、如何被回收，以及可能对环境产生的影响等。这种新的信息交互模式将帮助企业提高智能化管理效率，开展全球交流，促进信息共享，创造新价值；让商业运转更高效、让全球贸易往来更顺畅、让人们的生活更美好。

12.2.2 浙江省"全球二维码迁移计划"示范区

2022 年 5 月 19 日浙江省市场监督管理局与国际物品编码组织、中国物品编码中心签署三方联合声明，推动浙江省率先建设全球二维码迁移计划（GM2D）示范区，共同推进"浙食链"成为 GM2D 在全球的首个推广应用项目。

1. 工作背景

数字经济时代，数据感知、数据交互、数据串联已成为全球产业链供应链整体提升的核心动能。二维码作为万物互联的重要载体，是商品的"身份证"和国际"通行证"，也是连接数字世界和物理世界的重要纽带，已广泛渗透到经济社会各领域，对促进数字规则重塑、产业链供应链升级、国际贸易便利化等均具有重要作用。2022 年 5 月 19 日，浙江省市场监督管理局与国际物品编码组织（GS1）、中国物品编码中心签署三方联合声明，在浙江建设全球首个 GM2D 示范区，推动在全球率先完成生产、流通、仓储、消费各环节全面运用二维码进行供应链管理，为 GM2D 全球推广形成一批可复制的标准案例。浙江省委省政府高度重视 GM2D 示范区建设。省委第十五届委员会第二次全体会议《决定》指出，要纵深推进全国市场监管数字化试验区建设，加快打造"全球二维码迁移计划"示范区，打造市场强省。省政府《关于深化数字政府建设的实施意见》中明确指出，要加快建设全球二维码迁移计划示范区。

2. 示范区建设

示范区建设以"GM2D 在线"为依托，以"码"为核心要素，以规则为主题主线，充分发挥二维码数据承载量大、解析速度快、安全系数高等优势，打破商品编码认知不齐、规则不一、数据参差等瓶颈，实现政府侧、社会侧、企业侧、个人侧"四侧"贯通，打造准确识码、科学编码、规范派码、分类赋码、顺畅用码、依法管码的全社会应用格局，有效提升信息交换效率、降低社会交易成本，加快供应链、产业链、创新链深度融合。

3. 阶段性成效

GM2D 示范区建设以来，浙江省立足全球原点和原创定位，深化规则创新、技术创新、治理创新、模式创新，聚力做好"规则研究、技术攻关、机制保障、数字赋能、多方发动"五篇文章，积极探索全球数字变革高地的浙江实践，取得了较为突出的成效。2023 年 5 月 31 日至 6 月 3 日国际物品编码组织总裁兼首席执行官雷诺德·巴布艾特、首席财务和行政官巴特·亚当一行来访浙江，在接受采访时称赞，"浙江试点的规模和成功让人印象深刻、鼓舞人心，为推广 GM2D 探索了一种新模式"。

（1）实践应用。建成二维码数字平台——"GM2D 在线"，作为 GM2D 示范区建设的数字大脑核心和数字交互中枢，"GM2D 在线"系统构建"一库、一图、四清单、六场景"的"1146"体系框架，聚焦"国际性"，构建全球统一的物品编码数据库和物品信息接入口，搭建国际化的商品二维码公共服务平台，打破国际商品信息壁垒，贯通全省、覆盖全国、辐射全球，构建国际首个商品二维码全程信息数据库；聚焦"重塑性"，在实践中完善国际物品编码组织编码规则体系；通过"一码溯源""消费结算""公共采购"等用码场景，大大拓展了物品编码数字化治理体系；突出"综合性"，系统集成数据矩阵、要素清单、规则体系、应用环节，突出全量派码、全类赋码、全域用码、全新升级、全力支持，打造"一码知全貌、一码管终身、一码行天下"的二维码应用新生态。截至 2023 年 5 月 31 日，已同步开发上线英语、法语、俄语、西班牙语、日语、韩语 6 种外语版本，成功为 7.6 万家市场经营主体的 24.8 万种产品发放 2.5 亿张商品"二代身份证"，累计归集流通、消费扫码用码数 1.2 亿次；较示范区建设之初，注册市场经营主体数增长 51.00%，赋码产品种类增长 218.18%，赋码量增长 276.59%。浙江"GM2D"示范区建设的推进，让"一码溯源"推广至各类商品，促进产品质量有效管控，实现"一物一码"全链条溯源。

（2）接轨国际。深入实施《商品条码 服务关系编码与条码表示》等 3 项国家标准和《基于 GS1 系统的重要产品统一编码规范》等 4 项地方标准，推进制修订《浙江省商品条码管理办法》《浙江省食品安全信息追溯管理办法》等重要制度文件，深度接轨国际技术规则。

（3）示范推广。2022 年 10 月在首届全球数字贸易博览会上发布重大阶段性成果，设立 GM2D 示范区建设专区。2023 年 2 月在国际物品编码组织（GS1）的 2023 年全球论坛上向全球 111 个国家和地区的代表展示浙江 GM2D 示范区的重大成果。全省各地积极探索，杭州余杭区"订单码"、宁波北仑区进口商品赋码、德清县"一物一码"赋码技术应用、江山市商超零售二维码改造、苍南县"一物一码公共服务舱"等创新应用不断呈现。

12.2.3　GM2D 带来的好处

（1）对生产企业来说，可以在商品包装上放入图文、视频等企业介绍，帮助企业直接与客户建立连接而不需要通过第三方营销中介，可降低营销成本，强化品牌宣传效应，实施精准营销。

（2）对商超来说，在商品管理上可实现颗粒度最小化，进一步提高仓储精细化管理水平。包含批次信息的二维码不仅为商超的库存管理带来了极大便利，在扫码结算时还能及时拦截过期商品，避免了消费纠纷的产生。

（3）对监管部门来说，可以节省更多监管成本，比如通过二维码进行产品溯源，或者通过系统精准查找问题产品的具体位置。

（4）对消费者来说，消费体验会更优质，可以获取更多产品信息，除产品名称、制造商、规格、型号等基本信息外，还可包括产品使用说明、注意事项、产品批次检测报告、产品生产过程信息，甚至获取产品的使用说明书和售后渠道。

全球二维码迁移计划下一步的工作需要全产业链各方甚至全社会合力推进，特别是在相关国际标准和国家标准引领下，关注重要试点工作中暴露出来的技术和应用问题，适时总结并提炼新的标准化成果；同时进一步加强宣传和广泛合作，将标准化的商品二维码在食品、化妆品等重点行业及领域试点的优秀应用成果展示给广大企业和用户，形成技术应用标准的滚动式发展。

【项目综合实训】

1. 设计一个产品的二维码营销方案，包括产品展示、品牌宣传、媒体推广、场景营销、客户服务等内容。
2. 提交设计成果并附上文字说明。

【思考题】

1. 二维条码技术的优势有哪些？
2. 移动商务的特点是什么？
3. 二维码支付的优势有哪些？
4. 什么是 GM2D？
5. 为什么要推动 GM2D？

【在线测试题】
扫描二维码，在线答题。

项目十三　条码应用系统设计

项目目标

知识目标：
1. 了解条码应用系统的组成；
2. 掌握条码应用系统开发的步骤及其注意事项；
3. 理解系统集成的要点。

能力目标：
1. 能够进行条码应用系统的开发；
2. 能够进行条码设备的选择；
3. 能对不同的条码应用系统进行数据库设计。

素质目标：
1. 养成条码应用系统开发的逻辑思想；
2. 正确使用条码应用系统的习惯素养。

知识导图

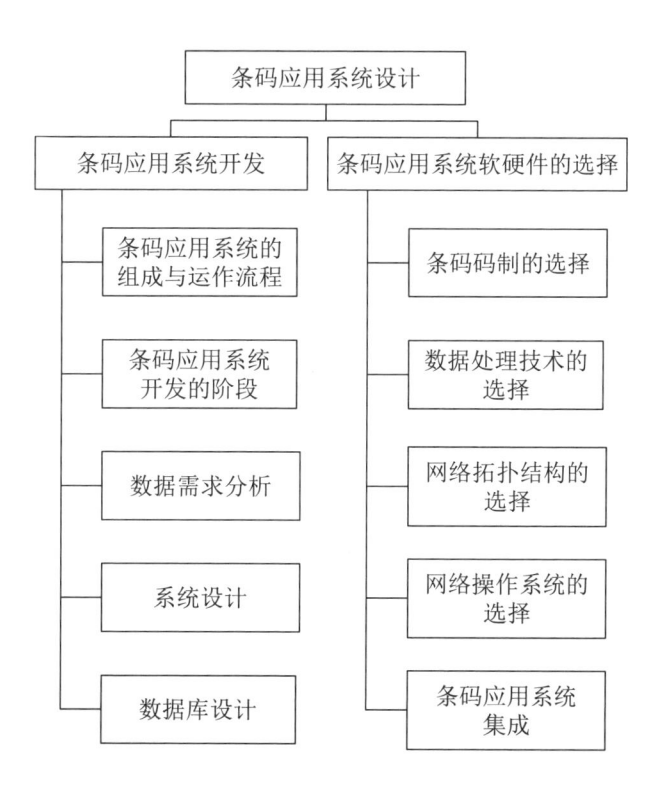

```
                    条码应用系统设计
                    ┌─────┴─────┐
            条码应用系统开发    条码应用系统软硬件的选择
                │                    │
         条码应用系统的           条码码制的选择
         组成与运作流程
                │                    │
         条码应用系统           数据处理技术的
           开发的阶段                 选择
                │                    │
           数据需求分析          网络拓扑结构的
                                     选择
                │                    │
            系统设计             网络操作系统的
                                     选择
                │                    │
           数据库设计           条码应用系统
                                     集成
```

导入案例

供应链管理中条码技术的应用

在现代化工业大规模生产流水线上，时间是以秒为单位计算的，手工方式既费时、费力，又容易产生错误。企业为了满足市场需求多元化的要求，生产制造从过去的大批量、单调品种的模式向小批量、多品种的模式转移，给传统的手工方式带来了更大的压力。手工方式效率低，加之各个环节的统计数据的时间滞后性，易造成统计数据在时序上的混乱，难以进行整体的数据分析进而无法给管理决策提供真实、可靠的依据。对生产制造业的物流信息进行采集跟踪的管理信息系统，通过对生产制造业的物流跟踪，可满足企业针对物料准备、生产制造、仓储运输、市场销售、售后服务、质量控制等方面的管理需求。

1. 物料管理

物料管理应建立完整的产品档案。该管理系统包括库存量控制、采购控制、制造命令控制、供应商资料管理、零件缺件控制、盘点管理等功能，可对物料仓库进行基本的进、销、存管理，建立物料质量检验档案，产生质量检验报告。

2. 生产及流通管理

制定产品识别码（PIN）。在生产中可用产品识别码来监控生产，采集生产测试数据以及生产质量检查数据，进行产品完工检查，建立产品识别码和产品档案。产品识别码可帮助企业决策者监视各个采集点的运行情况，保证采集网络的各个采集点正常工作，图表或表格实时反映产品的未上线、在线、完工情况从而保证生产的正常运行，提高生产效率，并通过一系列的生产图表或表格监控生产运行。通过产品标识条码可在生产线采集质量检测数据，以产品质量标准为准绳判定产品是否合格，从而控制产品在生产线上的流向。

3. 仓库管理

仓库管理是根据货物的品名、型号、规格、产地、牌名、包装等划分货物品种，并且分配唯一的编码，也就是"货号"，分货号管理货物库存并管理货号的单件集合。采用产品标识条码可记录单件产品所经过的状态，从而实现对单件产品的跟踪管理。仓库业务管理包括：出库、入库、盘库、月盘库、移库，不同业务以各自的方式进行，完成仓库的进、销、存管理。对仓库的日常业务建立台账，月初开盘，月底结盘，可保证仓库的进、销、存的有机进行，并且提供差错处理。

4. 市场销售链管理

对销售链进行管理控制，可跟踪产品销售过程。应针对不同销售采取相应的销售跟踪策略：企业直接销售（企业下属销售实体的销售）在仓库销售出库过程中完成跟踪；其他单位销售按其上报销售单件报表或用户信息返回卡建立跟踪。市场销售跟踪应建立完整销售链，并且根据销售规范进行检查。

5. 产品售后跟踪服务

产品用户信息处理提供销售跟踪和全面市场分析。通过售后维修产品检查，可控制售后维修产品。通过检查产品是否符合维修条件和维修范围，企业能够进一步提高产品售后维修服务水平。通过产品维修点反馈产品售后维修记录，建立售后维修跟踪记录，并记录统计维修原因。维修部件管理是对产品维修部件实行基本的进、销、存管理。

（资料来源：张成海，张铎，张志强，陆光耀.条码技术与应用（高职分册）[M].第2版.北京：清华大学出版社，2018.有改动）

任务 13.1　条码应用系统开发

任务描述

条码应用系统就是将条码技术应用于某一系统中，充分发挥条码技术的优点，使应用系统更加完善。通过完成该学习任务，了解条码应用系统的组成与运作流程，清晰条码应用系统开发的步骤和应用系统的设计。

任务知识

13.1.1　条码应用系统的组成与运作流程

管理信息系统一般由四大部分组成，即信息源、信息处理器、信息用户和信息管理者，如图13-1所示。

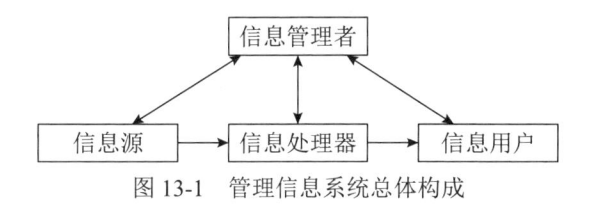

图13-1　管理信息系统总体构成

条码技术应用于管理信息系统中，使信息源（条码符号）→信息处理器（条码扫描器POS终端、计算器）→信息用户（使用者）的过程自动化，不需要更多的人工介入。这将大大提高计算机管理信息系统的实用性。

1. 条码技术应用系统组成

条码应用系统的组成如图13-2所示。

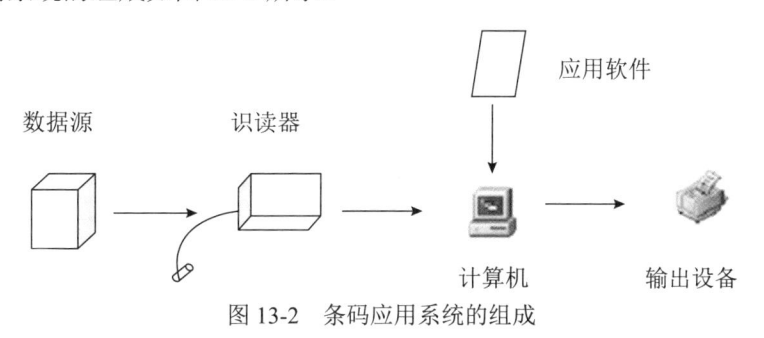

图13-2　条码应用系统的组成

数据源标志着客观事物的符号集合，是反映客观事物原始状态的依据，其准确性直接影响系统处理的结果。因此，完整准确的数据源是正确决策的基础。在条码应用系统中，数据源是用条码表示的，如图书管理中图书的编号、商场管理中货物的代码等。目前，国际上有许多条码码制。在某一应用系统中选择合适的码制是非常重要的。

条码识读器是条码应用系统的数据采集设备。它可以快速准确地捕捉到条码表示的数据源，并将这一数据送给计算机处理。随着计算机技术的发展，其运算速度和存储能力有了很大提高，但计算机的数据输入却成了计算机发挥潜力的一个主要障碍。条码识读器较好地解决了计算机输入中的"瓶颈"问题，大大提高了计算机应用系统的实用性。

计算机是条码应用系统中的数据存储与处理设备。由于计算机存储容量大，运算速度快，使许多繁冗的数据处理工作变得方便、迅速、及时。计算机用于管理，可以大幅度减轻劳动者的劳动强度，提高工作效率。近年来，计算机技术在我国得到了广泛应用，从单机系统到大的计算机网络，几乎普及到社会的各个领域，极大地推动了现代科学技术的发展。条码技术与计算机技术的结合，使应用系统从数据采集到处理分析构成了一个强大协调的体系，为国民经济的发展起到了重要的作用。

应用软件是条码应用系统的一个组成部分。它是以系统软件为基础为解决各类实际问题而编制的各种程序。应用程序一般是用高级语言编写的，把要处理的数据放在各个数据文件中，由操作系统来控制各个应用程序的执行，并自动对数据文件进行各种操作。程序设计人员不必再考虑数据在存储器中的实际位置，为程序设计带来了方便。在条码管理系统中，应用软件包括以下功能：

（1）定义数据库，包括全局逻辑数据结构定义、局部逻辑结构定义、存储结构定义及信息格式定义等。

（2）管理数据库，包括对整个数据库系统运行的控制、数据存取、增删、检索、修改等操作进行管理。

（3）建立和维护数据库，包括数据库的建立、数据库更新、数据库再组织、数据库恢复及性能监测等。

（4）数据通信，包括具备与操作系统的联系处理能力、分时处理能力及远程数据输入与处理能力。

信息输出则是把数据经过计算机处理后得到的信息以文件、表格或图形方式输出，供管理者及时准确地掌握信息并制定正确的决策。

2. 条码应用系统的运作流程

条码应用系统的运作流程如图 13-3 所示。

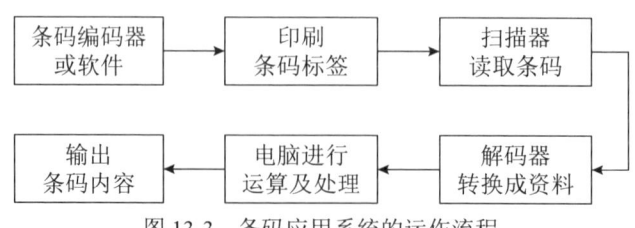

图 13-3　条码应用系统的运作流程

条码应用系统运作流程主要涉及下列要素。

（1）条码编码方式。依不同需求选择适当的条码编码标准，如使用最普遍的 EAN、UPC 或地域性的 CAN、JAN 等，一般以最容易与交易伙伴流通的编码方式为最佳。

（2）条码打印机。它是专门用来打印条码标签的打印机，大部分应用在工作环境较恶劣的工厂中。由于必须能负荷长时间的工作，所以在设计时特别重视打印机的耐用性和稳定性，但其价格也比一般打印机高。有些公司也提供各式特殊设计的纸张，可供一般的激光打印机及点阵式打印机印制条码。大多数条码打印机属于热敏式或热转印式中的一种。

此外，一般常用的打印机也可以打印条码，其中以激光打印机的品质最好。目前市面上彩色打印机也相当普遍，而条码在打印时颜色的选择也是十分重要的，一般是以黑色当作条色，如果无法使用黑色，可利用青色、蓝色或绿色系列取代。而底色最好以白色为主，如果无法使用白色，可利用红色或黄色系列取代。

（3）条码识读器。用以扫描条码，读取条码所代表字符、数值及符号的周边的设备称为条码识读器。其工作原理是由光源发出光线经光学系统照射到条码符号上，由于条码符号的空比条反射回来的光更强，光电转换器接收不同强度的反射光产生不同的电信号，然后再经由解码器译成资料信息。

（4）编码器和解码器。编码器和解码器是介于资料与条码间的转换工具。编码器可将资料编成条码。而解码器原理是由传入的条码扫描信号解析出条码符号条、空的宽度，然后根据编码原则，将条码资料解读出来，再经过电子元件的转换后，转成计算机所能接收的数字信号。

13.1.2 条码应用系统开发的阶段

条码应用系统开发过程可以划分为以下 8 个阶段。

1. 可行性分析

可行性分析的任务是判断项目是否可行。一个应用系统的开发建设不仅需要大量资金的投入，还需要技术、人力资源及管理上的保证。可行性分析从资金可行性、技术可行性和管理可行性三个方面来分析整个项目在资金上是否有保证，现有技术能否满足业务功能的需求，企业在管理机制、管理人员的素质及业务人员的水平是否能保证系统的正常开发和运行。可行性分析的结果是《可行性分析报告》。

2. 系统规划

就像盖房子要先画出设计图纸一样，条码应用系统规划的任务是画出整个信息系统的蓝图，它站在全局的角度，对所开发的系统中的信息进行统一的、总体的考虑。具体内容包括：如何实现信息的共享、合理安排各种资源、制订开发计划、确定计算机网络配置方案。

3. 系统分析

系统分析的任务是在详细调查的基础上确定应用系统逻辑功能的过程。它从应用的角度确定系统"做什么"，并且经过详细的调查，确定系统的数据需求和功能需求。

数据需求：系统涉及哪些数据，数据的格式、数量、发生频率、来源、去向等。

功能需求：对数据做哪些加工处理，加工数据的来源，加工结果的去向；然后用合适的工具描述这些需求。系统分析的结果是《逻辑设计说明书》(《系统分析报告》)。

4. 系统设计

系统设计的任务是确定系统"如何做"。它从技术的角度考虑系统的技术实现方案。例如,超市中销售数据的采集方案,货物盘点的技术实现,库存自动报警功能的实现,商品编码的设计等。系统设计的成果是《系统设计说明书》。

5. 开发实施

系统设计得到的方案还停留在纸面上,开发实施的任务是把方案变成实实在在的产品,具体工作包括:用选定的开发环境和语言编写应用程序、硬件设备的购买安装及调试。

6. 应用系统测试

在系统分析、系统设计和编写程序的过程中,由于各种各样的原因,可能存在这样那样的问题,应用系统测试的目的就是要发现并解决这些问题。测试的内容包括:系统程序的语法错误、逻辑错误、模块之间的调用关系、系统的运行效率、系统的可靠性、功能实现情况。测试的结果为《系统测试报告》。

7. 应用系统安装调试

应用系统的安装调试包括:

系统安装:硬件平台、软件平台和应用系统的集成调试。

数据加载:将原来系统中的数据装入新系统中。

数据准备:按系统中的数据格式要求来准备各种业务数据。

数据编码:将需要编码的数据按编码要求编码。

数据输入:将各种业务所需的基础数据录入数据库中。

联合调试:利用实验数据来验证系统的正确性。

8. 系统运行维护

保证系统正常、正确运行所采取的措施。由于企业所处的环境不断变化,技术不断发展,系统测试不可能发现所有的错误和问题,系统随时可能遭到恶意攻击,所以条码应用系统也要"随需应变"。在系统的运行过程中,通过系统运行日志的建立、保存和使用,可随时发现系统的问题,并及时进行维护和修改。

13.1.3 数据需求分析

1. 数据需求分析的任务

需求分析的任务是通过详细的调查研究,充分了解用户的业务规则、各种应用以及对数据的需求,收集系统所需要的基础数据和对这些数据的处理要求,为数据库的设计提供依据。下面以一个图书销售管理系统为例,来说明需求分析的任务。

(1)系统本身是不断变化的,用户的需求必须不断调整。例如,随着技术的发展和读者个性化需求的变化,读者希望能够在网上下载电子图书;读者希望建立网上读者俱乐部,定期交流读书的感想,好书、新书的介绍等。

(2)由于一般用户缺少计算机和数据库方面的专业知识,要表达他们的需求非常困难。如何根据读者近期的购书情况给予一定的奖励?时间段怎样划分?已经参与奖励的订单在下一次中是否继续考虑？如果这些问题不清楚，就无法确定数据库中应该存储哪些数据。

（3）由于开发人员缺少实际业务经验，所以对用户的需求描述不能正确理解。即使是数据库应用的行家，由于他对实际业务流程不熟悉，设计出的数据库也不可能完全满足整个业务的需求。如在设计订书奖励时，由于对奖励规则和实际操作流程不清楚，可能会导致实际的奖励结果与期望不一致。

因此，在数据的需求分析过程中，系统设计人员与业务人员的密切配合也是非常重要的。这里也提出一个大家非常关心的问题：IT 技术只是一个工具，这个工具是否能够恰当使用，不仅取决于对技术的掌握，更重要的是对实际业务以及数据处理要求的理解。

2. 需求分析的步骤

需求分析大致可以分为三个步骤：需求信息的收集、分析整理和评审。

（1）需求信息的收集，又称为系统调查。为了充分地了解用户可能提出的要求，在调查研究之前，要做好充分的准备工作，明确调查的目的、调查的内容和调查的方式。

① 调查的目的。了解应用系统提供的功能、业务活动、工作流程和流程中涉及的数据。

② 调查的内容，包括以下几项。
- 图书销售提供的功能：系统提供的功能，如图书查询、网上订购、读者往来、促销、折扣、读后感交流、新书推介、统计分析、读者服务等。
- 信息的种类：订单、读者会员卡、图书信息等。
- 信息处理的流程：通过调查，可以详细了解每一项功能的输入数据、处理过程、输出数据、输入数据的来源，输出数据的来源。例如，读者订单查询功能：读者输入查询的条件，可以是订单号，也可以是订单日期，甚至是订单上的某一本图书，接收到条件后，可从数据库中查询与条件匹配的所有订单，输出的结果就是与输入条件匹配的订单。
- 信息的数量：大概的输出存储数量，如有多少会员读者，增长速度，销售图书种类等。
- 信息处理的频度：如每天的订单数量。
- 信息的安全性需求：什么人、对什么数据、有什么样的处理权利，如修改权、删除权、查看权等。
- 信息之间的约束关系：如一旦订单被确认以后，库存中的图书数量要相应减少。

③ 调查方式，有以下几种。
- 开座谈会：适合于确定大致的业务范围、岗位划分、存在问题及希望改进的内容。
- 填写调查表：适合调查那些非常规范的业务，有明确的输入、规范的处理流程、明确的输出。
- 查看业务单据：包括业务记录、票据、表格等。
- 个别交谈：适合了解某一项业务的详细工作流程。
- 实地考察和参与：便于系统开发人员对业务处理形式感性认识。

（2）需求信息的分析整理。调查的结果往往是零散的、杂乱无章的，需要对这些信息进行分类整理，然后将其清楚地描述出来。数据的需求分析需要整理出下列清单，分类编写。

①数据项清单：列出每一个数据项的名称、含义、来源、类型、长度等。例如，图书编号、读者会员编号、订单编号、购书日期等都是所需要的数据项。将整个系统中设计的所有数据项整理出来，最后填写在如表 13-1 所示的表格中。

表 13-1 数据项清单

数据项名称	含义	来源	类型	长度	约束
图书编号	每一种图书的唯一标志	新书录入	字符型	8	不能为空，必须唯一
图书名称	图书的名称	新书录入	字符型	30	

②业务活动清单：列出系统中最基本的工作任务，包括任务名称、功能描述、输入数据和输出数据。填写业务活动清单，如表 13-2 所示。

表 13-2 业务活动清单

业务活动名称	功能描述	输入数据/来源	输出数据/去向	备注
图书查询	查询读者需要的图书，并将查询结果提交给读者	读者键盘输入，图书数据库文件	满足条件的图书详细信息，屏幕显示	
图书订购	给网站下订单，可以同时订购多本图书	图书数据库文件，键盘输入	订单数据库文件，屏幕显示	

③性能要求：描述系统数据处理的性能要求。例如，规定图书信息的查询响应时间不能超过 5s。

④数据结构描述：也就是系统中涉及的单证、表格等数据。例如，订单就是一个单证，它的格式和内容如表 13-3 所示。

表 13-3 图 书 订 单

订单号：					订单日期：		
读者编号：			读者姓名：				
联系电话：			送货地址：			送货时间：	
图书编号	图书名称	出版社	作者	单价	数量	折扣	
总金额							

⑤安全性、一致性描述，主要描述什么人、对什么数据、有什么样的访问权力。我们一般把数据的访问权分为读（read）、写（write）和执行（execute）三种基本权力。"读权力"就是可以看数据，但不能修改；"写权力"是既可以看，又可以修改；"执行权力"一般是指添加表、创建索引等新的内容。例如，我们规定读者只能查看图书信息，但不能修改；订单管理员只能查看订单，不能随意修改订单；读者的在线信用卡信息谁都不能随意读、写（除了读者本人到指定的网上银行或其他开户行外）。

（3）评审。评审的目的在于判断某一阶段的任务是否完成，以免出现重大的疏漏或错误。一般来说，评审工作的参与人员应该是由开发小组以外的有经验的专家以及用户来组成，以保证评审工作的客观性和质量。评审工作可能会导致调查工作和数据分析工作的重复，即根据评审意见修改提交的需求分析结果，然后再进行评审。

在整个数据分析的过程中，需要特别注意的是，有一些数据是业务处理的需要，但还有一些数据是为了数据管理而增设的。就像到超市买东西开发票一样，已经开具发票的购物小票上都作上了标记，注明"发票已开"，这样商家就不会重复开发票、重复交税了。因此，在进行数据的需求分析时，还要考虑数据管理的需求，根据管理需要确定系统中需要哪些信息。

13.1.4 系统设计

1. 系统设计阶段的任务

系统设计阶段的任务是根据新系统的逻辑模型，考虑实际的技术、经济和运行环境等条件，确定系统的物理实施方案，即解决"系统如何做"的问题。系统设计阶段的主要活动有：

（1）系统总体设计，包括模块结构设计，计算机与网络系统配置方案设计，数据库设计。

（2）系统详细设计，包括代码设计，输入设计，输出设计，人机对话方式设计，计算机处理过程设计。

（3）编写系统设计说明书。

2. 系统设计的原则

（1）系统的工作效率，是指系统处理能力、速度、响应时间等与时间有关的指标。它取决于系统的硬件及其组织结构、人机接口的合理性、计算机处理过程的设计质量等。

（2）系统的可靠性，即系统在运行过程中抗干扰和保证正常工作的能力。

（3）系统的可变性，即系统修改和维护的难易程度。

（4）系统的工作质量，即系统提供信息的准确性、及时性、使用的方便性等。

（5）系统的经济性，即系统的收益应大于支出的总费用。

3. 代码设计

代码就是用数字或符号来代表客观实体的符号，如职工编号、商品编号等。在信息系统中，由于要处理大量的信息，并且种类很多，为了便于信息的分类、校对、统计及检索，需设计出一套好的代码方案。

代码设计的基本原则和常用编码方式在项目四中已详细介绍。

13.1.5 数据库设计

1. 条码应用系统中数据库设计的要求

在条码应用系统中，被管理对象的详细信息以数据库的形式存储在计算机系统中。条码识读设备采集到管理对象的条码符号信息后，通过通信线路将其传输到计算机系统中。在计算机系统中，应用程序根据这个编码在数据库中匹配相应的记录，从而得到对象的详细信息，并在屏幕上显示出来，如图 13-4 所示。

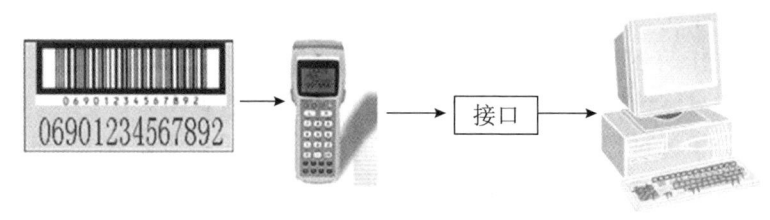

图 13-4　条码识读过程示意

为了能够及时得到条码对象的详细信息，在设计数据库时，必须在表结构设计中设计一个字段来记录对象的条码值。这样才能正确地从数据库中得到对象的信息，如表 13-4 所示。

表 13-4　表结构设计中的条码值与对象的对应表

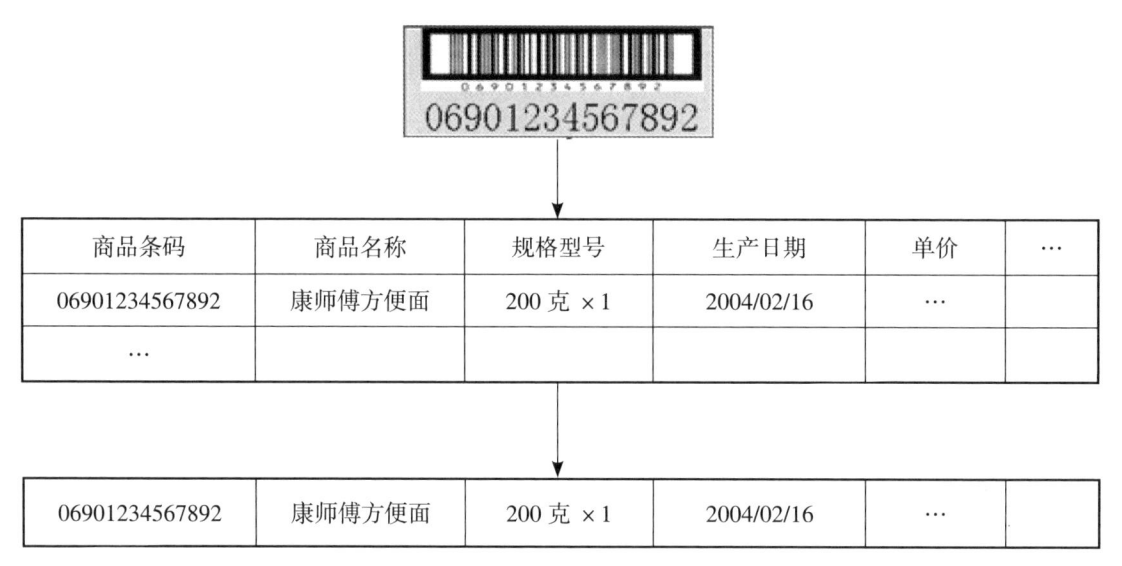

商品条码	商品名称	规格型号	生产日期	单价	…
06901234567892	康师傅方便面	200 克 ×1	2004/02/16	…	
…					

06901234567892	康师傅方便面	200 克 ×1	2004/02/16	…	

2. 识读设备与数据库接口设计

同一个条码识读设备可以识读多种编码的条码。同时，在一个企业或超市中，不同的对象可以采用不同的编码，如 GS1-128、GS1-13、GS1-8 等。也就是说，条码识读设备采集到的条码数据的长度是不同的。为了查询时能够得到正确的结果，在数据库中设计条码的字段长度通常有两种策略：

（1）采用小型数据库管理系统。像 Visual FoxPro 这样的小型数据库管理系统，其字符型数据的长度是定长的，在设计数据库时只能按照最长的数据需求来定义字段长度。因此，我们需要把读入的较短的代码通过"补零"的方式来补齐。如果数据库中的条码字段为 13 位，而某些商品使用的是 GS1-8 条码，就需要将读入的 GS1-8 条码的左边补上 5 个"0"后，再与数据库中的关键字进行匹配。

（2）采用大型数据库管理系统。大型数据库管理系统，如 SQL Server、Oracle、Sybase、DB2 等，它们都提供了一种可变长度的字符类型 varchar，可以使用变长字符类型来定义对象的条码字段。

任务 13.2 条码应用系统软硬件的选择

任务描述

用户在设计条码应用系统时，软硬件的选择也至关重要，因为它会影响系统运行的工作效率。通过完成该学习任务，熟悉条码应用系统的硬件、码制、网络平台、拓扑结构和网络操作系统的选择。

任务知识

从技术层面上来讲，一个完善的条码应用系统应该包含如下层次：
①网络基础设施：网络拓扑、网络介质、网络设备及网络协议。
②硬件平台：服务器、客户机、终端、输入设备、输出设备等。
③系统软件平台：操作系统、数据库管理系统、WEB 服务器、网络协议等。
④支撑软件平台：VB、PB、DELTHI、VC++ 等。
⑤应用软件：满足各种业务需求的软件。
条码应用系统如图 13-5 所示。

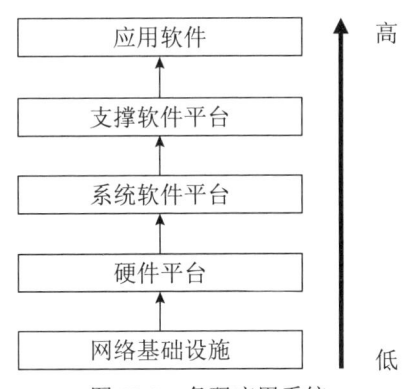

图 13-5 条码应用系统

在搭建应用系统平台时，可以选择的技术有很多，它们的价格、性能、安全性、使用方便程度等都存在很大的差别。在这里详细介绍硬件和网络平台的选择。

13.2.1 条码码制的选择

用户在设计自己的条码应用系统时，码制的选择是一项十分重要的内容。选择合适的码制会使条码应用系统充分发挥其快速、准确、低成本等优势，达到事半功倍的目的。选择的码制不适合会使自己的条码应用系统丧失其优点，有时甚至导致相反的结果。影响码制选择的因素很多，如识读设备的精度、识读范围、印刷条件及条码字集中包含字符的个数等。在选择码制时我们通常遵循以下原则。

1. 使用国家标准的码制

必须优先从国家（或国际）标准中选择码制，如通用商品条码（EAN 条码）。EAN

条码是一种在全球范围完全通用的条码,所以我们在自己的商品上印制条码时,不得选用EAN/UPC 码制以外的条码,否则无法在流通中通用。为了实现信息交换与资源共享,对于已制定为强制性国家标准的条码,必须严格执行此原则。

在没有合适的国家标准可供选择时,需参考一些国外的应用经验。有些码制是为满足特定场合实际需要而设计的,如库德巴条码,它起源于图书行业,发展于医疗卫生系统。国外的图书情报、医疗卫生领域大都采用库德巴条码,并已形成一套行业规范。因此,在图书和医疗卫生系统领域最好选用库德巴条码。贸易项目的标识、物流单元的标识、资产的标识、位置的标识、服务关系的标识和特殊应用六大应用领域大都采用 GS1 系统 128 码。

2. 条码字符集

条码字符集的大小是衡量一种码制优劣的重要标志。码制设计者在设计码制时往往希望自己的码制具有尽可能大的字符集及尽可能少的替代错误,但这两点是很难同时满足的。因为在选择每种码制的条码字符构成形式时需要考虑自检验等因素。每一种码制都有特定的条码字符集,所以用户系统中所需代码字符必须包含在要选择的字符集中。比如,用户代码为"5S12BC",可以选择 Code39 条码,但不能选择库德巴条码。

3. 印刷面积与印刷条件

当印刷面积较大时,可选择密度低、易实现印刷精确的码制,如 25 条码、Code 39 条码。若印刷条件允许,可选择密度较高的条码,如库德巴条码。当印刷条件较好时,可选择高密度条码,反之则选择低密度条码。一般来讲,某种码制的密度高低是针对该种码制的最高密度,因为每一种码制的条码由于选择的放大系数不同可做成不同密度的条码符号。问题的关键是如何在不同码制之间或一种码制的不同密度之间进行综合考虑,从而使自己的码制和密度选择更科学合理,以充分发挥条码应用系统的优越性。

4. 识读设备

每一种识读设备都有自己的识读范围,有的可同时识读多种码制,有的只能识读一种或几种码制。所以当用户在选择码制时也应考虑现有识读设备的条件,以便与自己的现有设备相匹配。

5. 尽量选择常用码制

即使用户所涉及的条码应用系统是封闭系统,考虑到设备的兼容性和将来系统的延拓,最好还是选择常用码制。当然对于一些保密系统,用户可选择自己设计的码制。

需要指出的是,任何一个条码系统,在选择码制时,都不能顾此失彼,需根据以上原则综合考虑,择优选择,以达到最好的效果。

13.2.2 数据处理技术的选择

信息处理的集中化(Centralized)和分布化(Distributed)问题是信息处理技术中值得研究的问题。随着计算机和通信技术的发展,分布式数据处理越来越多地应用到组织的信息处理中。

1. 集中化的信息处理(Centralized Data Processing)

在集中式处理中,信息存储、控制、管理和处理都集中在一台或几台计算机上。一般都是放在大型机或一个中心数据处理部门。这里集中的含义包括:

（1）集中化的计算机，如一台或几台计算机放在一起。

（2）集中化的数据处理，即所有的应用都在数据处理中心完成，不论实际企业的地理位置分布如何。

（3）集中化的数据存储，即所有的数据以文件或数据库的形式存储在中央设备上，由中央计算机控制和存取，包括那些被很多部门使用的数据，如存货数据。

（4）集中化的控制，即由信息系统管理员集中负责整个系统的正常运行。根据企业规模和重要程度，可以由中层领导管理，也可由企业的副经理层领导。

（5）集中化的技术支持，即由统一的技术支持小组提供技术支持。

（6）集中化的信息处理，便于充分发挥设备和软件的功能。大型的中央处理机构拥有专业化的程序员来满足各部门的需求，便于数据控制和保证数据的安全。

（7）集中化数据处理的典型应用是航空机票订票系统和饭店预订系统。在饭店预订系统中，由单一的中心预订系统维护所有饭店可用的资源，保证最大的占有率。另外，中心预订系统收集和保存了所有客户的详细信息，如客户个人信息、住宿习惯、生活习惯等信息，饭店可以从不同角度分析这些数据来满足客户的需求。例如，美国的假日饭店（Holiday Inn）通过记录客户对房间用品（洗发水、浴液等）的偏好，当客户下次预订房间时，饭店早已为客户准备好了他喜欢的用品，从而赢得了大量顾客的青睐。

2. 分布式数据处理（Distributed Data Processing，DDP）

分布式数据处理是指计算机（一般是小型机或微机）分布在整个企业中。这样分布的目的是从操作方便、经济性或地理因素等方面来进行更有效的数据处理。这种系统由若干台结构独立的计算机组成。它们能独立承担分配给它的任务，但通过通信线路联结在一起。整个系统根据信息存储和处理的需要，将目标和任务事先按一定的规则和方式分散给各个子系统。各子系统往往都由各自的处理设备来控制和管理，必要时可以进行信息交换和总体协调。

一个典型的分布式数据处理的例子是风险抵押系统。每一个业务员都有很多客户，每个客户都需要计算安全系数。

随着现代网络技术、贸易全球化和企业发展全球化的发展，分布式数据处理系统得到了广泛的应用。

13.2.3 网络拓扑结构的选择

计算机网络体系结构是由企业网络的商业模型决定的。它是关于整个网络系统的蓝图，这张蓝图勾勒出基本的网络拓扑结构。

所谓网络拓扑结构是指网络中各个节点相互连接的方法和方式。选择网络拓扑结构的第一步是确定信息和各种资源在网络上的分布。企业网络中的计算机资源可以是集中式的，也可以是分布式的。在集中式网络拓扑结构中，只有一个节点被设计成数据中心，其他节点只有很弱的数据服务功能，它们主要依赖于数据中心节点的服务。而在分布式网络拓扑结构中，网络资源都分散在整个网络的各个局部节点上，这些节点都可以为其他节点提供数据服务。

集中式网络拓扑结构和分布式网络拓扑结构都有它们各自的优缺点。因此，网络拓扑结构的选择除了考虑传输介质和介质访问控制方法外，还要着重考虑网络拓扑适合于企业和公司的商业需要，并且符合企业的商务管理原则，以及企业网络技术人员的技术水平和企业建网的预算。

1. 集中式网络拓扑结构

集中式网络拓扑结构就是星型拓扑结构。它是由中央节点和通过点对点的连接方式连接到中央节点的各网络节点组成的（见图13-6）。中央节点执行集中式通信控制策略，所以中央节点相当复杂，它集中了联网硬件、通信设备、网络管理服务设备，并为各个站点提供各种网络服务。和中央节点相连的各用户节点的通信负担都很小，它们之间不能直接通信，只能通过中央节点间接通信。传统的、以大型机或中型机为数据处理中心的计算机网络都采用这种星型结构。虽然目前有些采用星型拓扑结构的网络系统可以将一部分工作分派到某些非中央节点上，但是总的来说大部分计算和信息处理任务及共享的网络资源仍然集中在中央节点上。

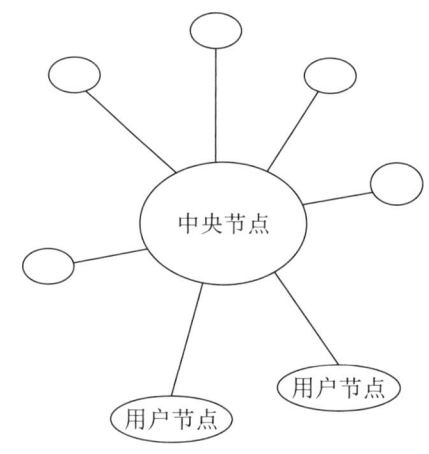

图13-6　星型网络拓扑结构图

星型拓扑结构的一个变种是中央网络星型拓扑结构，如图13-7所示。多个中央节点集中在一起是基于冗余技术的考虑。用这种方式建成的网络，即使一个中央站点瘫痪了，其他中央站点仍然可以继续维持整个网络的运行，所以该网络具有容错功能。

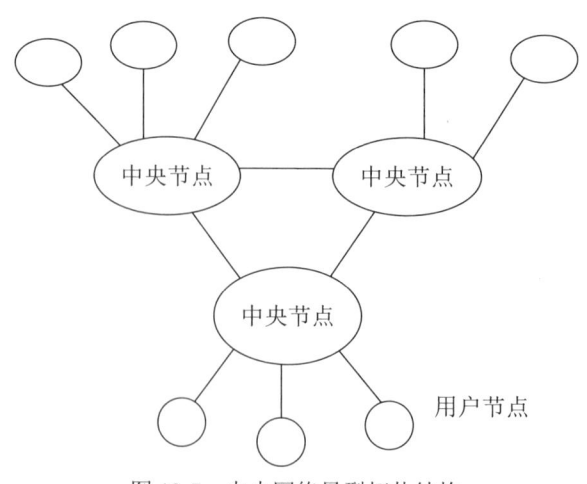

图13-7　中央网络星型拓扑结构

星型拓扑结构最适合于实现面向主机或数据处理中心的计算机网络。如果正在建网，这个企业有一个总部和许多分散的分支机构，如子公司、销售网点和厂区等，而企业总部又要求及时对它的分支机构进行集中管理，那么选用集中式网络拓扑结构比较合适。

集中式网络拓扑结构在一个很小的区域内集中了大部分计算机和设备，网络的管理和故障检修相对而言比较容易，一个用户节点的瘫痪不会波及其他用户。集中式网络需要的管理人员也很少，因为一般它们只要集中在中央节点就可以管理网络并进行维修工作，这也是集中式网络的优点。

星型网络拓扑结构也存在着一些缺点。由于每一个用户节点都需要一条单独的物理线路同中央节点相连，如果站点很多而又距离很远时，线路费用就会很高。另外，一旦中央节点瘫痪，该结构的整个网络都无法工作。只能采用冗余技术进行补救，即常备两个或多个数据处理设备及多个关键通信设备。如果主要关键设备失效，就可以启动备用设备，从而降低了整个网络瘫痪的概率。

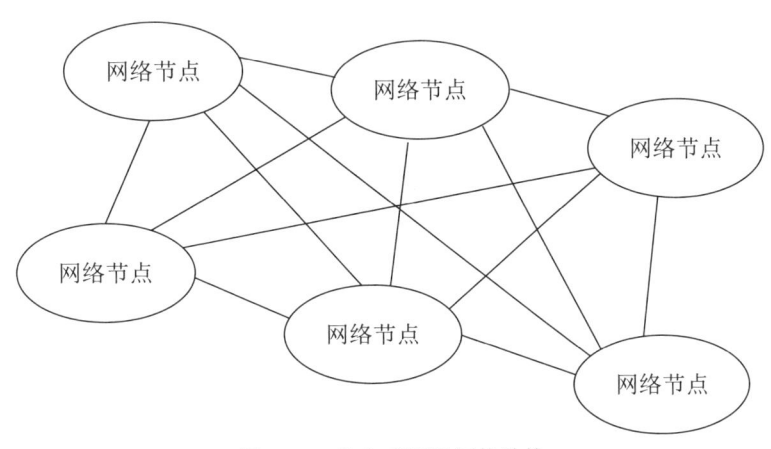

2. 分布式网络拓扑结构

分布式网络拓扑结构一般呈网格状，如图 13-8 所示。与集中式网络拓扑结构不同，分布式网络拓扑结构的节点间不再是网络节点对中央节点的通信方式，而是网络节点对网络节点的通信方式。通信方式的这种改变使得客户机/服务器的网络模型和网络的计算信息处理模型更易于分布式地实现。在分布式网络结构中，每一个节点既是网络服务对象，又是网络服务提供者。

图 13-8　分布式网络拓扑结构

如果公司的各个部门是分散的，而且各个部门或子公司都从事同等重要的商业功能，那么选择分布式网络拓扑结构是合适的。各个部门都需要和其他部门直接通信，分布式网络拓扑可给予用户更多的灵活性。

分布式网络拓扑的优点体现在以下方面：

（1）电缆长度短，连线容易。任何一个想要入网的计算机设备只需就近连入网络，而不必直接连接到中央节点。

（2）可靠性高。网状拓扑结构保证了冗余度。由于任何两个节点至少有两条链路，所以当一条链路中断或一个节点失效时，网络其他站点的通信不受影响。

（3）易于扩充。增加新的站点时，在网络的任何节点都可以将其加入。

但是，分布式网络拓扑结构也存在着一些缺点，这些缺点体现在以下方面：

①建网复杂，网络难于管理。

②故障诊断困难。分布式结构的网络不能集中控制，故障检测只能逐个检查各个节点。

③需要更多的网络技术人员和管理人员。因为各个站点彼此分散，而且每个站点的维护、管理工作都不简单，所以需要配备网络专业技术人员定期维护，必要时还需要专职人员进行日常维护和管理。

3. 混合式网络拓扑结构

星型网络拓扑和分布式网络拓扑各有自己的优缺点，一个折中的设计方案就是混合式网络拓扑结构，如图13-9所示。网络中存在多个数据中心时，它们之间可采用网状拓扑结构来保证一定的冗余度。用户站点和中心站点之间可采用星型结构，也可以采用网状结构。

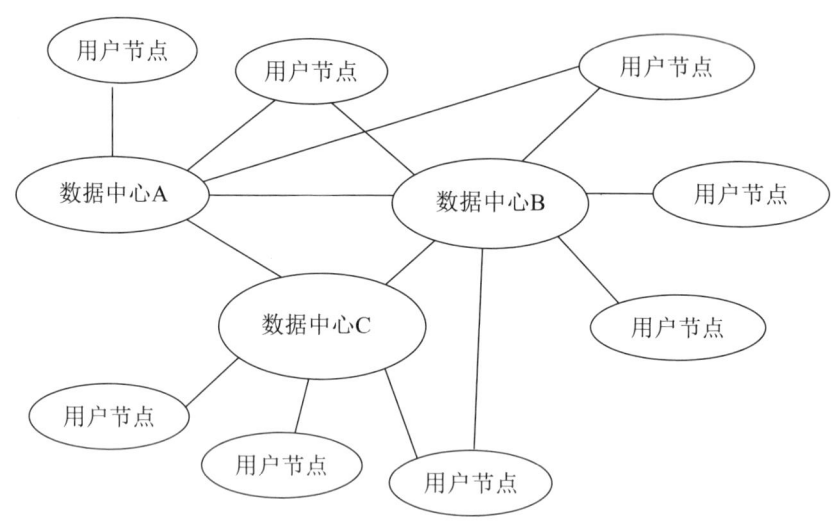

图 13-9　混合式网络拓扑结构

星型网络给用户带来不便，而分布式处理会给网络管理带来困难。因此，可以说最佳设计应该是星型结构和分布式结构结合的混合型网络结构。值得注意的是，选择什么样的网络结构，应该由企业的商业功能和管理宗旨所决定，即企业的商业目的决定了企业网络拓扑结构的选择。

13.2.4　网络操作系统的选择

网络操作系统是向网络用户提供各种服务的复杂网络软件。网络操作系统是整个网络的"大管家"，它为通信和资源共享提供便利，决定网络使用设备的类型，仲裁用户的设备要求。从本质上说，网络操作系统的选择决定了整个网络的设计。

1. 网络操作系统概述

网络操作系统是一个很重要的系统软件，它由许多功能模块组成。一些功能模块安装在网络上的计算机中充当服务器（Server），另一些模块则安装在其他的网络资源中。这些模块协同工作，为网络用户提供各种网络服务，如为两个用户提供通信服务、共享文件、应用程序和打印机等。虽然网络操作系统在很大程度上对用户来说是不透明的，但系统的优劣对最终网络用户的影响极大。因此，在进行网络设计时，应当分析各种网络操作系统的现有产品。

2. 网络操作系统分类

从应用的角度来讲，可将网络操作系统分为两大类：部门级网络操作系统和企业级网络操作系统。部门级网络操作系统通常局限于一个部门或一个工作小组，为本部门的网络用户提供网络服务，包括文件、数据、程序及各种昂贵设备的共享，还提供一定程度的容错能力，如磁盘镜像（disk mirroring）和服务器镜像（server mirroring）。然而，它的安全性较差，不同系统的互联能力也比较弱。

企业级网络操作系统是整个企业网络的"神经中枢"。它负责整个企业网络的通信服务，为不同系统提供互操作服务，协调多种不同的协议。因此，企业网络操作系统要求具有更高性能，提供更复杂的网络管理服务。如果企业网络的各个子网采用不同的网络操作系统，那么企业网络操作系统必须保证这些系统可以互联。

3. 企业网络操作系统的基本功能

尽管不同的计算机公司所推出的局域网的操作系统都各有自己的特点，但提供的网络服务功能却有很多相同之处。局域网操作系统通过文件服务器向网络工作站提供各种有效的服务。这些服务包括文件服务、打印服务、数据库服务、通信服务、信息服务、发布式目录服务和网络管理服务。

（1）文件服务。文件服务是局域网操作系统中最基本的网络服务功能。文件服务器以集中方式管理共享文件，网络工作站可以根据用户的权限对文件进行读、写以及其他各种操作。文件服务器为网络用户的文件安全和保密提供必要的控制方法。

（2）打印服务。打印服务也是局域网操作系统中最基本的网络服务功能。通过打印服务功能，局域网可以设置一台或几台打印机，使网络用户实现远程共享网络打印机。

（3）数据库服务。选择适当的网络数据库软件，依照客户端/服务器的工作模式，开发出客户端和服务器端数据库应用程序，这样客户端就可以使用结构化查询语言（SQL）向数据库服务器发送查询请求，服务器进行查询后将查询结果传送到客户端。客户/服务器工作模式优化了局域网操作系统的协同操作模式，有效地改善了局域网应用系统的性能。

（4）通信服务，包括工作站与工作站之间的通信服务和工作站与主机之间的通信服务。

（5）信息服务，用存储转发方式或点对点通信方式完成电子邮件服务。

（6）分布式目录服务。局域网操作系统为支持分布式服务功能提出了一种新的网络资源管理机制，即分布式目录服务。它将分布在不同地理位置的互联局域网中的资源组织在一个全局的、可复制的分布数据库中，网络中多台服务器上都有该数据库的副本，用户在一个服务器上注册便可与多个服务器连接。

（7）网络管理服务。局域网操作系统提供了丰富的网络管理服务工具，可以提供网络性能分析、网络状态监控、存储管理等多种管理服务。

（8）Internet/Intranet 服务。为了适应 Internet/Intranet 的应用，局域网操作系统一般都支持 TCP/IP，提供各种 Internet 服务，支持 Java 应用开发工具，可使局域网服务器成为 Web Server，全面支持 Internet/Intranet 的访问。

4. 常用的网络操作系统

（1）"广泛适用"的 NetWare。NetWare 是通用性很强的网络操作系统软件，其内置的 NDS（novell directory server）提供了一个跨平台、跨地域的目录服务，可以在单台服务器或多台服务器上管理所有的网络资源，能为各种不同的客户端提供很好的支持，并且在不同的服务器上也只需登录一次。另外，它对硬件的要求不高。

（2）"平易近人"的 Windows NT。Windows NT 的最大优点是内置 Internet 工具，包括 FTP 和 Telnet 远程登录，邮件服务器 Exchange 系统，以及用于网页发布 IIS，再加上 DNS，为互联网提供了全方位的系统支持。Windows NT 特别注意对系统稳定性的改进，对最新的硬件和设备都有良好的支持。在网络方面，更加有效地简化网络用户和资源的管理，使用户可以更容易地使用网络中的资源。它在"活动目录"服务基础上建立了一套全方位的分布式服务。其中 VPN（虚拟专用网）支持、集成式终端服务及 IIS5.0 都是吸引使用者目光的焦点。

（3）"老当益壮"的 Unix。Unix 是一个通用、多用户、分时网络操作系统，提供了所有 Internet 服务。其最主要的特点是具有开放性和很强的可移植性，TCP/IP 是该系统的标准协议。它在安全性和稳定性上都有较出色的表现，用户权限以及数据都有严格的保护措施。Unix 在大型网络操作系统中几乎"独霸天下"。

（4）"新颖独特"的 Linux。Linux 是自由软件的典型。由于 Linux 的源代码开放，所以它的二次开发性很强，能够让人们在开发过程中"各取所需"。

选择什么样的网络操作系统，取决于组织对企业网络系统的总体性能要求和功能要求，也取决于整个系统的规模。

13.2.5 条码应用系统集成

1. 硬件设备的采购、安装和调试

硬件设备的采购包括条码识读设备的采购、计算机（包括服务器和客户机）的选购、网络设备的采购等。能够提供满足需要的产品的厂家很多，应该选择那些产品质量好、售后服务完善、技术先进的品牌，而且要考虑条码识读设备与计算机系统的接口标准。我们知道，计算机技术发展迅速，今天先进的技术和产品，明天可能就成了过时的产品。因此，产品技术的生命力和兼容能力就变得非常重要。

采购设备以后，还需要安装和调试，包括网络布线、设备安装、设备物理连接、接口调试等等。在条码应用系统中，条码识读设备和计算机之间的接口调试非常重要，因为它们的工作原理、信号表示方式都不相同，需要转换以后才能被计算机系统识别和接收。

2. 系统软件的安装、设置与调试

系统软件的安装与配置包括操作系统的安装与配置，数据库管理系统的安装与配置，语言处理程序的安装与配置等。一般来说，操作系统是在购买硬件时安装好的，用户可以根据自己的特殊需要对某些参数进行重新设置，也可以根据自己的需要重新部署和安装。

例如，文件服务器、打印服务器、数据库服务器和邮件服务器等可以安装在一台服务器上，也可以分别安装在不同的物理服务器上，这由系统的业务量和计算机的性能来决定。

3. 数据库的建立、数据加载

在条码应用系统中，被管理对象的详细信息是以数据库的形式存储在计算机系统中的。当条码识读设备采集到管理对象的条码符号信息后，通过通信线路将其传输到计算机系统中。在计算机系统中，应用程序根据这个编码到数据库中匹配相应的记录，从而得到对象的详细信息，并在屏幕上显示出来。数据库是条码应用系统的核心，也是应用系统中所有数据的来源和目的。从条码设备输入的数据，只有经过与数据库中的详细数据进行匹配并读取以后，才能得到业务需要的各种数据。在数据库的建设中，业务数据的输入是最艰巨、最烦琐的工作。

首先，需要按照数据库管理系统的要求和数据库逻辑设计方案的要求，将业务数据格式化，使这些数据的数据格式、数据类型满足数据库管理的需要，并且分析数据之间的约束关系和取值的限制，满足数据一致性和安全性的需要。例如，在超市条码应用系统中，同一种商品可以有不同的包装单位，零售价格也可以不同。如何详细地描述这些特性，需要认真整理、分析，然后用不同的记录来区分。

然后，将整理过的原始数据输入数据库中。将大量的业务数据输入计算机，是一个非常繁重的工作，因此输入方式的选择就显得非常重要。如果原来是手工管理，业务数据都存放在纸质介质上，只能采用键盘录入的方式来输入数据。如果企业原来已经使用了数据库或文件管理，可以采用"导入"的方式，也就是通过一个计算机程序，将原来数据库中的数据自动、批量转换到新数据库中。但在转换的过程中，要注意数据类型、数据长度、数据格式的不一致问题。

4. 应用程序的安装、调试

应用程序开发完成后，需要集成安装到企业的应用系统中。在整个条码应用系统中，对数据的加工处理是由应用程序来完成的。因此，应用程序与数据库的接口是否正确成了应用程序调试中的一个重要内容。另外，应用程序之间数据的传递是通过网络完成的。如果数据无法正确共享，可能是传输线路的问题，也可能是端口连接的问题，还可能是应用程序的问题，因此计算机网络、应用程序和数据库的配合也是测试的重要内容。

5. 整个系统的联合调试和运行

在所有的硬件平台和软件平台都搭建完成后，设备、软件安装、调试完毕，就可以投入试运行了。在试运行的过程中，用户和系统开发人员需要随时记录系统运行的情况，包括条码识读的速度、首读率、误码率、系统响应时间及读取数据的准确率等指标，以及用户操作使用的方便程度等。用户在使用过程中的问题，也需要一一记录下来，作为后期维护和完善的重要依据。

条码应用系统的开发是一个综合、复杂的系统工程，开发人员不仅需要具备丰富的IT应用知识和条码技术知识，还要全面理解行业业务处理的需求，并且能够将条码技术、IT技术和企业的应用有机结合起来，从整体的角度来实现业务需求。

【项目综合实训】

某市建立的可追溯体系架构，如图13-10所示。

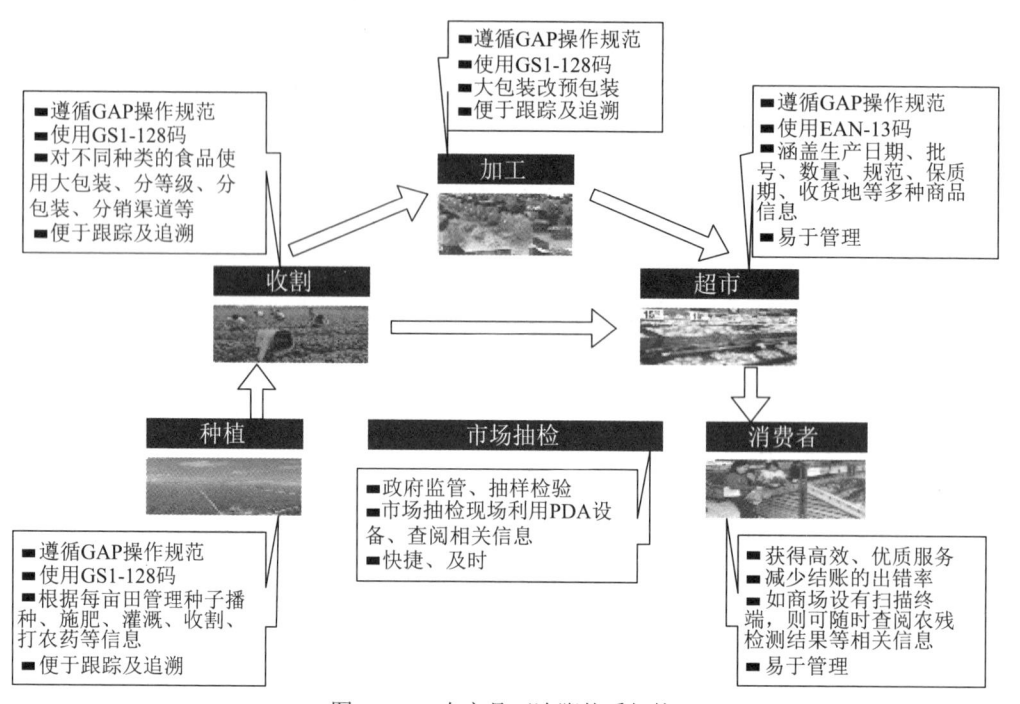

图13-10 农产品可追溯体系架构

拟采用的编码方案如下：

采用 GS1 系统中的 EAN-13 码和 GS1-128 码对公司、产品、农田等信息进行标识。

1. 注册公司厂商识别代码，全球唯一的企业身份标识，8位数字"69XXXXXX"。

2. 对生产的产品进行编码，不同的品种、等级编制不同的码，4位数字"XXXX"。

产品代码GTIN：厂商识别代码+产品编码+校验码，用EAN-13标识，如图13-11所示。

图13-11 产品标识条码 EAN-13

3. 对农田或农户进行编码，区分不同的农田或农户，4～6位字母或数字标识"XXXX"。

4. 批号编码：

采用流水号编码，6～8位字母或数字标识"XXXXXX"。

批号是分配给一批货物的代码，该批货物在相似条件下生产、制造或包装。

将产品代码＋农户代码＋批号代码用 GS1-128 码标识，如图 13-12 所示，粘贴在采收后的产品包装上。

(01) 0 69XXXXXXXXXX (251) XXXX (10) XXXXX

图 13-12　采收环节的标识

图中应用标示符 AI 的含义如下：

AI（01）：产品的 GTIN，不同的产品品种、等级编制不同的代码；

AI（251）：农田或农户代码，4～6 位字母数字标识"XXXX"；

AI（10）：批号，采用流水号编码，6～8 位数字标识"XXXXXX"。

批号是分配给一批货物的代码，该批货物在相似条件下生产、制造或包装；公司名称、品种、收获日期、重量等可以文字方式表示。

5. 零售包装（定量包装）：同时采用 EAN-13 条码和 GS1-128 条码，如图 13-13 所示。

69X XXXX XXXXXX　　　　　　(251) XXXX (10) XXXXX

图 13-13　定量包装 EAN-13 条码和 GS1-128 条码表示

EAN-13 条码：产品的 GTIN，贸易和零售结算用，可预先印刷在包装袋上；

GS1-128 条码：农田代码和批号用于追溯。

GTIN 需保持唯一性和稳定性，在贸易单元变化很小的情况下，GTIN 可保持不变；有重大变化时，需要修改 GTIN。

6. 零售包装（非定量包装）：店内码＋GS1-128 条码，如图 13-14 所示。

2XXXXXXXXXXX　　　　　　(01)069XXXXXXXX(251)XXXX (10) XXXXX

图 13-14　非定量包装 EAN-13 条码和 GS1-128 条码表示

店内码：超市即时生成，零售结算用店内码的前缀码范围为 20～29；

GS1-128 条码：GTIN、农田代码、批号，用于追溯。

任务：

根据上述描述，结合软件 Codesoft2023 的功能，为某一种农产品设计产品代码、农户代码和批号，并分别生成零售条码标签、采购包装条码标签。

【思考题】

1. 简述条码应用系统的一般运作流程。
2. 条码应用系统开发过程有哪几个阶段?
3. 在选择码制时通常遵循哪些原则?
4. 网络体系结构有哪几种?各有什么优缺点?
5. 网络操作系统具有哪些功能?

【在线测试题】

扫描二维码,在线答题。

参 考 文 献

[1] 张成海，张铎，赵守香，许国银．条码技术与应用（本科分册）[M]．第 2 版．北京：清华大学出版社，2018.

[2] 张成海，张铎，张志强，陆光耀．条码技术与应用（高职分册）[M]．第 2 版．北京：清华大学出版社，2018.

[3] 中国物品编码中心．GS1 通用规范 [M]．第 24 版，北京：中国标准出版社，2024.

[4] 张成海．条码 [M]．北京：清华大学出版社，2022.

[5] 中国物品编码中心，中国条码技术与应用协会．2023 年中国条码发展研究白皮书 [M].2024.

[6] 张成海，张铎．物联网与产品电子代码 [M]．武汉：武汉大学出版社，2010.

[7] 中国物品编码中心．二维条码技术与应用 [M]．北京：中国计量出版社，2007.

[8] 中国物品编码中心．物流领域条码技术应用指南 [M]．北京：中国计量出版社，2008.

[9] 张成海，张铎．物流条码实用手册 [M]．北京：清华大学出版社，2013.

[10] GB 12904 商品条码 零售商品编码与条码表示 [S].

[11] GB/T 12905 条码术语 [S].

[12] GB/T 14257 商品条码符号位置 [S].

[13] GB/T 16830 商品条码 储运包装商品编码与条码表示 [S].

[14] GB/T 16986 商品条码 应用标识符 [S].

[15] GB/T 18284 快速响应矩阵码 [S].

[16] GB/T 18348 商品条码 条码符号印制质量的检验 [S].

[17] GB/T 21049 汉信码 [S].

[18] GB/T 23704 二维条码符号印制质量的检验 [S].

[19] GB/T 33993 商品二维码 [S].

[20] GB/T 41208 数据矩阵码 [S].

[21] 张羽．RFID 技术在物流领域的应用研究 [J]．电声技术，2021，45（12）：92-94. DOI：10.16311/j.audioe.2021.12.025.

[22] 王勇．物联网和语音识别技术在实测实量系统中的应用研究 [D]．南京邮电大学，2023. DOI：10.27251/d.cnki.gnjdc.2023.000807.

[23] 何阿妹，蔡贤玲，陈珉惺．指纹识别技术发展及应用现状 [J]．产业创新研究，2023（06）：102-104.

[24] 马文杰，黄彦天．虹膜识别技术的发展综述 [J]．现代计算机，2023，29（17）：18-24.

[25]《条码与信息系统》[J] 2015（01）.

[26] 中国物品编码中心网站，http：//ancc.org.cn/.

[27] 浙江省标准化研究院，http：//www.zis.org.cn/Item/7455.aspx.

[28] RFID 世界网，https：//www.rfidworld.com.cn/.

[29] 中科院之声，https：//mp.weixin.qq.com/s/O2PjfDg_662-63sBU4kjOQ.

[30] 河北省标准化研究院，http：//scjg.hebei.gov.cn/.

[31] 中国 ISBN 中心．《中国标准书号使用手册》[S]. 2007.

教师服务

感谢您选用清华大学出版社的教材！为了更好地服务教学，我们为授课教师提供本书的教学辅助资源，以及本学科重点教材信息。请您扫码获取。

》教辅获取

本书教辅资源，授课教师扫码获取

》样书赠送

管理科学与工程类重点教材，教师扫码获取样书

清华大学出版社

E-mail: tupfuwu@163.com
电话：010-83470332 / 83470142
地址：北京市海淀区双清路学研大厦 B 座 509

网址：https://www.tup.com.cn/
传真：8610-83470107
邮编：100084